"十二五"国家重点出版物出版规划项目

高速铁路供电系统 RAMS 评估理论及其应用

RAMS Evaluation for Power Supply System of High-Speed Railways: Theory and Application

吴俊勇 著

北京交通大学出版社

·北京·

内容简介

本书是根据作者主持的国家自然科学基金项目“高速铁路牵引供电系统 RAMS 评估理论及其应用”（编号：60674005）的研究成果整理而成，书中所有内容都是首次出版。本书写作的特点是理论联系实际，不仅系统地建立了高铁供电系统 RAMS 评估的完整理论体系，还紧密结合我国第一条高速铁路京津城际的实际，开发了高铁接触网精细化维修管理系统和风险评估系统，有些成果已得到成功应用。

本书内容共分 8 章：第 1 章是 RAMS 概述，阐述了本书研究的背景和意义，提出了高速铁路供电系统 RAMS 评估的主要研究内容和目标；第 2 章是 RAMS 评估的常用方法介绍；第 3 章是外部电力系统对高速铁路牵引供电的可靠性评估；第 4 章是高速铁路牵引变电站接入电力系统的电压等级研究，从多个方面回答了这一焦点问题；第 5 章是牵引变电站主接线及 10 kV 电力供电系统的可靠性评估；第 6 章是接触网设备及系统的可靠性评估；第 7 章为接触网系统预防性维修计划的多目标优化；第 8 章为基于风险理论的牵引供电系统安全性评估，对大风、覆冰和雷击等恶劣天气下高铁供电系统的综合风险进行实时定量评估，为高速铁路供电系统的早期故障预警奠定了理论基础。

本书适合铁道电气化、电气工程、可靠性工程等领域的专业人士和大中专院校的学生阅读，也可作为铁道规划、勘察、设计、运营、铁路变电和供电、接触网维护等技术人员的参考书。

图书在版编目（CIP）数据

高速铁路供电系统 RAMS 评估理论及其应用/吴俊勇著. —北京：北京交通大学出版社，2013.10

ISBN 978-7-5121-1688-7

Ⅰ.①高… Ⅱ.①吴… Ⅲ.①高速铁路-供电系统 Ⅳ.①U238

中国版本图书馆 CIP 数据核字（2013）第 248393 号

策划编辑：赵彩云
责任编辑：赵彩云　吴嫦娥
出版发行：北京交通大学出版社　电话：010-51686414
北京市海淀区高梁桥斜街 44 号　邮编：100044
印 刷 者：北京艺堂印刷有限公司
经　　销：全国新华书店
开　　本：185×260　印张：14.75　字数：372 千字
版　　次：2013 年 12 月第 1 版　2013 年 12 月第 1 次印刷
书　　号：ISBN 978-7-5121-1688-7/U・159
印　　数：1～1 500 册　定价：49.00 元

本书如有质量问题，请向北京交通大学出版社质监组反映。对您的意见和批评，我们表示欢迎和感谢。
投诉电话：010-51686043，51686008；传真：010-62225406；E-mail：press@bjtu.edu.cn。

序

铁路是国家的重要基础设施，对促进经济、社会的健康发展具有十分重要的作用和意义。“十一五”期间，我国铁道部迈进了引进、消化、吸收、再创新的中国式高速铁路跨越式发展的道路。目前，我国建成并运行高速铁路已达到 8 358 km，所建成的高速铁路网已成为世界上最大的高速铁路网络。京津城际、武广高铁特别是京沪高铁的相继开通，使我国一跃成为世界高速铁路大国，现在无论是高速铁路的已投运里程、在建规模，还是最高运营速度，都处于世界领先水平，我国高速铁路的建设和发展已经取得了令世人瞩目的成就。

在我国高速铁路实现跨越式发展的同时，高速铁路在运行过程中故障的发生也引起了全社会的高度关注。武广高铁在开通的第一年里就发生了 8 次故障，其中 4 次是供电系统的故障。2011 年 7 月 10 日至 14 日，刚开通运营不到半个月的京沪高铁在 5 天时间内连续发生 4 次事故。更为严重的是，7 月 23 日发生了震惊中外的甬温线特大铁路交通事故，造成 40 人遇难。这些事故的发生大多与供电系统故障有着直接或间接的联系。据铁道部运输局对全国 2 万公里电气化铁路运营事故调查统计的结果表明，因牵引供电系统和电力供电系统发生故障导致铁路运营中断的事故，占所有事故的一半以上。高速铁路中频繁发生的故障给我们敲响了警钟，说明我国在快速发展高速铁路的同时，还必须同时密切关注高速铁路运行中的可靠性和安全性问题，使我国真正从一个高速铁路大国发展到一个高速铁路强国。

《高速铁路供电系统 RAMS 评估理论及其应用》一书的出版符合国家的这一重大需求，也代表了该领域科研水平的最新进展，具有重要的理论意义和实用价值。该著作从保证高速铁路供电的可靠性、可用性、可维护性和安全性（简称 RAMS）出发，就 RAMS 评估的常用方法、外部电力系统对高速铁路供电的可靠性评估、高速铁路牵引变电站对电力系统的接入、牵引变电站主接线及 10 kV 电力供电系统的可靠性评估、接触网设备及系统的可靠性评估、接触网系统预防性维修计划的多目标优化、基于风险理论的牵引供电系统安全性评估等问题进行了系统的总结和介绍，是该书作者们长期研究工作的总结。该书是我国第一部系统地阐述高速铁路供电系统 RAMS 评估理论的学术专著。

这部专著的写作特点是理论结合实际，专著的作者在系统介绍高速铁路供电系统 RAMS 评估理论的同时，还介绍了他们将理论研究成果应用于我国第一条高速铁路京津城际的可靠性评估和精细化维修的成果，以及所提到的极具工程实用价值的建议。相信这些研究成果及其在我国高速铁路上的推广应用，一定会对高速铁路的安全可靠运行起到积极的推动作用，有助于将我国高速铁路供电系统的可靠性、可用性、可维护性和安全性提高到一个新的水平，使我国真正进入高铁强国的行列。

这部著作具有理论上的系统性和工程上的实用性，不仅是一部高速铁路供电系统

RAMS 评估理论的基础性读物，而且对于专门从事该领域研究工作的读者来说也是一部具有相当高参考价值的学术专著，读者可以从中了解到该领域的最新成果，并以此为起点，进行更深入的研究。

我衷心祝贺专著作者取得的丰硕学术研究成果，并预祝他们将来取得更大的成就。

中国科学院院士
华中科技大学教授
2012 年 8 月

前 言

铁路作为国民经济大动脉，是国家的重要基础设施，对促进经济社会发展、实现我国全面建设小康社会宏伟目标具有重要意义。为适应全面建设小康社会的目标要求，铁路网要扩大规模，完善结构，提高质量，快速扩充运输能力，迅速提高装备水平。从 1997 年至今，铁路实施了六次大面积提速。2004 年 1 月，国务院批准了我国铁路史上第一个《中长期铁路网规划》，确定到 2020 年，我国铁路营业里程将达到 10 万 km，其中客运专线 1.2 万 km，复线率和电气化率均达 50%。2008 年 8 月 1 日，京津城际高速铁路投入运营，线路全长 120 km，最高运营速度达到 350 km/h，是我国第一条真正意义上的高速铁路，也是目前世界上运营速度最高的铁路。2009 年 12 月 26 日武广高铁开通运营。2008 年 4 月 18 日京沪高铁开工建设，2011 年 6 月 3 日正式投入运营，线路全长 1 318 公里，是新中国成立以来一次建成里程最长、投资规模最大、技术标准最高的高速铁路。“十一五”期间，铁道部迈进了引进、消化、吸收、再创新的具有中国特色的高速铁路跨越式发展的道路，投入运营的高速铁路已达到 8 358 km，成为世界上最大的高速铁路网络，在建的高速铁路有 1 万多 km，到 2012 年将建成 12 500 km 的高速铁路，其中时速 250 km 的高速铁路 6 000 km，时速 350 km 的高速铁路 6 500 km，建成京哈、京沪、京广、沿海通道、沿江通道、沪昆通道、东陇海、青太等高速铁路构成“四纵四横”高速铁路网的基本构架，城际高速铁路覆盖环渤海、长三角和珠三角经济圈。

在我国高速铁路实现跨越式发展的同时，高速铁路的故障频发，也引起了全社会高度关注。武广高铁在开通的第一年里就发生了 8 次故障，其中 4 次是供电系统的故障。特别是 2011 年初湖南、湖北普降暴雪，武广高铁减速运行，1 月 19 日和 23 日因暴雪两次导致供电系统故障。2011 年 7 月 10 日至 14 日，刚开通运营不到半个月的京沪高铁在 5 天时间内连续发生 4 次事故。更为严重的是，7 月 23 日 20 时 50 分，甬温线永嘉至温州南区间，供电系统遭雷击接触网停电，使 D3115 次列车失去动力临时停车，而后信号系统发生故障，D301 次列车与 D3115 次列车发生追尾，导致 6 节车厢脱轨，事故造成 40 人遇难，192 人受伤，酿成了震惊中外的“7.23”甬温线特大铁路交通事故。这些事故的发生大多与供电系统故障有着直接或间接的联系。据铁道部运输局对全国 2 万 km 电气化铁路运营事故调查统计的结果表明，因牵引供电系统和电力供电系统发生故障导致铁路运营中断的事故，占所有事故的一半以上。高铁频繁发生的故障告诉我们，我们在高速铁路特别是供电系统的安全运营和安全保障技术方面还有很大的提升空间，高速铁路供电系统的可靠性和安全性的研究不但非常必要，而且具有很强的紧迫性。

RAMS 是可靠性（Reliability）、可用性（Availability）、可维护性（Maintainability）和安全性（Safety）四个英文单词首字母的组合。可靠性的定义是指，系统或部件在指定的条件下，在一定时间内完成指定功能的能力。可用性的定义是指，在所需外部条件已经全部满足的前提下，某产品或系统在给定的条件和给定时间间隔内，完成所要求功能的能力。可维护性的定义是指，在给定的条件下，按照指定的程序并使用给定的资源进行维护工作的前提下，可在指定的时间间隔内完成指定维护工作的可能性。安全性的定义是指，没有无法接受的伤害的风险。国外对高速铁路的可靠性和安全性的研究非常重视，最早有关铁道可靠性和安全性的国际标准是 EN 50126:1999，现在该标准已上升为《铁路应用：铁道可靠性、可用性、可维护性和安全性（RAMS）的规范和说明》（IEC 62278:2002）。作者曾有幸参加了我国第一条高速铁路京津城际的引进技术谈判。当看到西门子公司在投标书中拿出了全套京津城际 RAMS 设计和实施方案时，令作者大开眼界，也看到了我们在可靠性和安全性技术方面与国际先进水平之间的差距。在作者主持的国家自然科学基金项目“高速铁路牵引供电系统 RAMS 评估理论及其应用”（编号：60674005）的资助下，我们对高速铁路 27.5 kV 供电系统的牵引变电站和接触网，以及 10 kV 电力供电系统，在可靠性和可用性评估、维修策略的优化和安全性评估等方面开展了系统的研究，取得了一定的研究成果。本书就是在这些成果的基础上整理而成的。

本书主要内容包括 8 章：第 1 章是 RAMS 概述，阐述了本书的研究背景和意义，提出了高速铁路供电系统 RAMS 评估的主要研究内容和目标；第 2 章是 RAMS 评估的常用方法介绍；第 3 章是外部电力系统对高速铁路牵引供电的可靠性评估，考虑牵引供电系统的特殊性，提出并推导了外部电源供电可靠性评估指标和灵敏度表达式，开发了两种快速削负荷算法，并通过算例对评估指标和算法的有效性进行了验证；第 4 章是高速铁路牵引变电站接入电力系统的电压等级研究，从接触网电压损失、三相电压不平衡度和谐波等方面，详细分析了普速电气化铁路和高速电气化铁路接入电力系统时，对电力系统短路容量的要求和对其造成的影响，讨论了电气化铁路接入电力系统的电压等级问题，给出了牵引变电站接入点电压等级选择的理论依据和建议，为高速铁路的规划决策和电网的配套建设提供了理论参考；第 5 章是牵引变电站主接线及 10 kV 电力供电系统的可靠性评估，提出了电气主接线和电力供电系统的可靠性评估指标，运用邻接节点矩阵法搜索故障模式，通过故障后果分析制定牵引供电系统的故障判据，评估了京津客运专线的牵引变电站主接线和电力供电系统的供电可靠性；第 6 章是接触网设备及系统的可靠性评估，对高速铁路接触网设备缺陷和故障及其处理措施进行了分类统计，针对京津客运专线开通以来的故障数据进行可靠性建模和寿命分析，为维修策略多目标优化研究奠定了理论基础，本章还给出了京津城际接触网精细化维修辅助决策管理系统的实例；第 7 章为接触网系统预防性维修计划的多目标优化，建立了周期预防性维修方式下接触网设备和系统的动态可靠性模型和维修费用模型，提出了一种新的混沌自适应进化算法求解系统平均可靠性—维修费用的双目标优化问题，算例结果验证了该算法在最优解分布的完整性、多样性和工程策略的选取方面优越性显著；第 8 章为基于风险理论的高速铁路供电系统安全性评估，建立了大风、覆冰和雷击等极端恶劣天气下供电系统风险评估的指标体系，用严重程度函数表征接触网各区段实时载荷风险，用雷击跳闸率和行车密度来评估雷击停运风险，分析了牵引供电系统的风险评估层次，提出了基于层次分析理论和灰度最大关联度法的风险定量评估方法，最后通过 RBTS 系统的供电风险综合评估验证了该方法的有效性，为高速铁路供电系统综合风险的实时定量评估和早期故障预警奠定了理论基础。

本书的主要研究成果都是在本人的指导下，由我和我的学生们共同完成的。在研究过程中和本书的撰写过程中，他们也付出了艰巨的劳动，做出了重要的贡献。可以说，没有他们的付出，要取得这些成果和完成本书的出版几乎是不可能的。各章的编写人员如下：第 1 章和第 2 章由吴俊勇撰写，第 3 章由杨媛和吴俊勇撰写，第 4 章由张小瑜和吴俊勇撰写，第 5 章由杨媛、谢将剑、刘海军和吴俊勇撰写，第 6 章由杨媛、李雪和吴俊勇撰写，第 7 章由杨媛、刘晓民和吴俊勇撰写，第 8 章由杨媛、王勇喆和吴俊勇撰写。全书由吴俊勇统稿。

在本书的编写过程中，华中科技大学程时杰院士，铁道部第三勘察设计院蒋先国，铁道科学研究院张继元，华北电力大学韩民晓，北京交通大学吴命利、刘明光、范瑜、王毅、刘小青、和敬涵等专家和专业人士对本书中相关课题的研究都提出了很多建设性的意见和建议，在研究过程和本书的撰写中还得到了博士生吴燕、田建伟、徐敏杰、宋洪磊、冀鲁豫和硕士生周东鹏、吴林峰、张西鲁、贺电、黄鹏洲、杜明军、高立志、刘印磊、夏冬、余淑琴、徐伟艳、胡艳梅等给予的诸多帮助，在此一并表示感谢。

本书适合铁道电气化、电气工程、可靠性工程等领域的专业人士和大中专院校的学生阅读，也可作为铁道规划、勘察、设计、运营、铁路变电和供电、接触网维护等技术人员的参考书。

限于作者水平，书中难免有疏漏与不足之处，请读者批评指正。

北京交通大学
吴俊勇
2013 年 12 月

目 录

第1章

RAMS概述

1.1 研究背景及意义

1.1.1 我国高速铁路发展现状

铁路作为国民经济大动脉，是国家的重要基础设施，其发展对促进经济社会发展，实现我国全面建设小康社会宏伟目标有重要意义。为适应全面建设小康社会的目标要求，铁路网要扩大规模，完善结构，提高质量，快速扩充运输能力，迅速提高装备水平。自 1997 年至今铁路实施了六次大面积提速。2004 年 1 月，国务院批准了我国铁路史上第一个《中长期铁路网规划》，确定到 2020 年，我国铁路营业里程将达到 10 万 km，其中客运专线1.2万 km；复线率和电气化率均达 50%[1]。

高速铁路是指具有高加速和高减速性能及对列车运行进行自动控制，时速在 200 km 以上的铁路。作为一种安全可靠、快捷舒适、超大运量、低碳环保的运输方式，高速铁路已经成为世界铁路发展的重要趋势，是解决客运供需矛盾的重要手段之一。与其他运输方式相比，高速铁路具有全天候、安全好、运能大、速度快、耗能低、污染轻等优点。从 20 世纪初至 50 年代，德、法、日等国都开展了大量的有关高速列车的理论研究和试验工作。铁路高速技术至 60 年代已进入实用阶段，80 年代又取得了一系列新突破，90 年代后进入建设与发展的新时期。例如，日本的新干线于 1964 年投入运用，法国的高速列车 TGV 于 1981 年开始运行，意大利的摆式列车在 1988 年连接了米兰和罗马，德国的高技术 ICE 列车在 1961 年 6 月正式通车，等等[2]。法国的 TGV 高速列车于 2007 年创造了 578.4 km 的最高测试时速。2010 年 12 月，第七届世界高速铁路大会宣布，全球投入运营的高速铁路已近 2.5 万公里，分布在中国、日本、法国、德国、意大利等 17 个国家和地区。

2007 年 4 月 18 日，通过区间半径的改造，路、桥、隧道的加固和改造，提速道岔的更换，以及列车提速系统装备、客运设施、跨线设施和相关检修设施的提升，在京哈、京沪、京广、京九、陇海、沪昆、兰新、广深、胶济等 18 条既有干线上成功实施了第六次大面积提速。提速以后既有线列车最高运营速度提高到了 200 km/h，部分区间达到了 250 km/h，全国铁路时速 200 km 及以上线路里程达到 6003 km，其中速度 250 km/h 的线路延展长度达到 840 km。具有自主知识产权的国产系列时速 250 km 和谐号动车组成功应用于铁路第六次大面积提速。截至 2008 年底，时速 250 km 和谐号动车组已投入运营 140 余列，它采用动力分散方式，可以两端驾驶。开行列车型号分别是 CHR1 型、CHR2 型、CHR3 型、CHR5 型。

2008 年 8 月 1 日，京津城际铁路投入运营，最高运营速度达到 350 km/h。全长 120 km,其中 87%为桥梁工程，采用公交化城际列车和跨线列车混合开行的运输组织模式，全程运行时间在 30 min 内，列车最小追踪间隔 3 min。京津城际铁路开行具有自主知识产权的时速 350 km CHR3 型和 CHR2－300 型和谐号动车组，在高架桥梁线路设计、无砟轨道、无缝线路、列车运行控制、节能环保、安全防灾和舒适性设计等方面取得了大量创新，并实现了成套装备国产化，基本形成由高速列车、工务工程、牵引供电、运行控制、客运服务、运营调度等子系统构成的高速铁路技术体系，标志着我国高速铁路建设跨入世界先进行列。

2008 年 4 月 18 日，京沪高速铁路全面开工建设，作为国家“十一五”期间规模最大的基础设施建设项目，是中国高速铁路建设的重点项目。技术方面，京沪高铁需要克服区域跨度、持续运营速度、运输需求、运营维护、节能环保、安全防灾等方面的诸多挑战。2010 年 11 月 15 日，京沪高铁全线铺通，标志着以线下工程和铺轨为主的站前工程全部结束，全力推进以牵引供电、通信、信号、电力“四电集成”施工和站房建设为主的站后工程施工，展开全线联调联试。2010 年 12 月 3 日，在京沪高铁枣庄至蚌埠间的先导段联调联试和综合试验中，国产 CRH380A 新一代高速动车组最高运行时速达到 486.1 km。这是继 9 月 28 日沪杭高铁试运行创下时速 416.6 km 之后，中国高铁再次刷新世界铁路运营试验最高速度记录。作为京广高速铁路的重要组成部分，武广铁路已于 2009 年 12 月 26 日开通运营。

“十一五”期间，铁道部走出了引进、消化、吸收、再创新的中国式高速铁路发展的道路。运行的高速铁路已达到 8 358 km，成为世界上最大的高速铁路网络，在建的高速铁路有 1 万多 km，到 2012 年将建成 12 500 km 的高速铁路，其中时速 250 km 的高速铁路 6 000 km，时速 350 km 的高速铁路 6 500 km，建成京哈、京沪、京广、沿海通道、沿江通道、沪昆通道、东陇海、青太等高速铁路，构成“四纵四横”高速铁路网的基本构架，城际高速铁路覆盖环渤海、长三角和珠三角经济圈。到“十二五”末，铁路新线投产总规模控制在 3 万 km，全国铁路运营里程将增加到 12 万 km 左右。其中，快速铁路 4.5 万 km 左右，西部地区铁路 5 万 km 左右，复线率和电化率分别达到 50%和 60%以上。

中国高速铁路的快速发展，提升了中国铁路现代化的水平和铁路运输保障的能力，有效地缓解了铁路运力不足对经济社会发展的严重制约，有利地带动了装备制造、新材料研发，以及各类服务业的快速发展；在促进技术创新，产业结构优化升级，减少土地占用，节能减排，改善民生等方面，发挥了重要的作用，取得了良好的经济和社会效益。《中长期铁路网规划（2008 年调整）》规划到 2020 年将建成 16 000 km 时速 250 km 以上的高速铁路，铁路“瓶颈”制约基本消除，铁路对经济社会发展的保障能力明显增强。铁路在综合交通骨干地位的作用进一步突显，为国家节能减排、建设资源节约型和环境友好型社会发挥重要作用。

1.1.2 高速铁路供电系统的特点

高速铁路供电系统分为牵引供电系统和电力供电系统两部分，其中牵引供电系统（Traction Power Supply System，TPSS）的主要功能是从外部电力系统获取电能（AC220 kV 或 AC330 kV），通过牵引变电所变压为适合电力机车运行的电压制式（AC25 kV 或 AC2×25 kV），然后通过接触网将电能连续传送给高速动车组。铁路电力供电系统从公共电网获取电能，通过铁路沿线的 10 kV 贯通线向沿线的信号基站、远动操动机构和车站供电。

1. 高速铁路的运行特点

按照 2008 年世界高速铁路大会的定义，高速铁路必须具备三个条件：新建的专用铁路、时速 250km 动车组列车、专用的列车控制系统。中国的客运专线和城际铁路就是典型的高速铁路。高速铁路具备速度快、安全可靠、经济实惠和运载量大四大优势。在运行方面，我国的高速铁路具备两大突出特点。

1）列车功率大

在采用 CRH 系列动车组之前，我国拥有 SS3、SS4、SS6、SS7、SS8、SS9 等交直传动电力机车和“春城”号、“大白鲨”号交直传动电动车组。之后研制出来的交直交传动电动车组有动车分散型的“中原之星”号和“先锋”号、动力集中型的“蓝剑”号和“中华之星”号，编组车辆数较少、载客量少、轴重大、速度一般在 200 km/h 以下（中华之星 270 km/h）。功率较小，单机功率一般为 4 800 kW 或 6 400 kW。

现在客运专线采用的 CRH 系列动车组，250 km/h 长编组动车组功率一般为 2×5 500 kW，350 km/h 长编组动车组功率一般为 2×8 800 kW/9 600 kW。

试验表明空气阻力与列车的运行速度平方成正比，机械阻力与速度一次方成正比。列车运行阻力可以表示为

$$\omega_0 = a + b \times v + c \times v^2 \tag{1-1}$$

式中，ω_0 为列车运行基本阻力；v 为列车速度；a，b，c 为常数。

时速 200 km 动车组的阻力公式表示为

$$\omega_0 = 1.65 + 0.000\,1v + 0.000\,117\,9v^2 \tag{1-2}$$

列车牵引功率一般是指在平直道上以目标速度运行时所具备的功率，同时还需要具备一定的加速能力。列车牵引功率的计算模型为

$$P_k \geqslant P[\omega_0 \times g \times 10^{-3} + a(1+\gamma)] \times v \times 1\,000/3\,600 \tag{1-3}$$

式中，v 为列车速度（km/h）；P_k 为列车功率（kW）；P 为列车牵引质量（t）；a 为列车剩余加速度（m/s^2）；γ 为回转质量系数；ω_0 为单位运行阻力（N/kN）。

在高速区段，列车需要功率可认为与速度的 3 次方成正比。

图 1-1 为列车牵引功率和列车速度关系曲线。

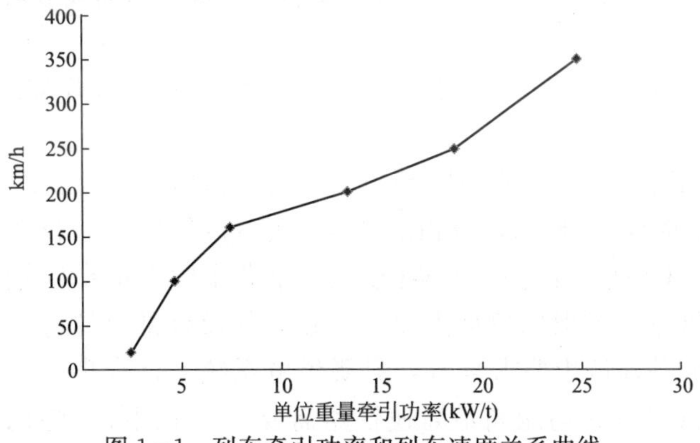

图 1-1　列车牵引功率和列车速度关系曲线

2）行车密度大

普速铁路列车最小追踪间隔一般为 6 min，高速铁路的最小追踪间隔为 3 min，高速铁路

列车对数也多，如武广客专有些区段客车设计对数达到216对之多。

2. 考虑供电质量下的高速铁路牵引供电系统特点

与普通的客货共线铁路相比，我国高速铁路具有高密度、长编组等特点，高速铁路的电力牵引负荷较大。16辆编组动车组以时速350 km、间隔3 min运行时，牵引变电所负荷高峰时可达130 MVA，瞬时可达170 MVA[3]。为保证供电可靠性，满足高速铁路在运行时速和追踪间隔方面的要求，以及综合考虑对电力系统产生的高次谐波和负序，与普速电气化铁路相比，高速铁路牵引供电系统具有以下特点。

1）牵引供电外部电源电压等级

电力牵引负荷按一级供电负荷设计，牵引变电所由两路独立220 kV或330 kV电源供电，互为热备用。

为满足最高时速350 km的电动车组和3 min追踪运行间隔的牵引负荷要求，其功率需求将达到1.5～2.0 MW/km，每座牵引变电所主变压器安装容量应达到63～100 MVA。从牵引负荷的需用功率与电力系统输送功率匹配来看，牵引变电所的外部电源宜采用220 kV或330 kV。这样可以提高整个电力系统的经济运行指标，保证牵引供电系统具有较高的供电质量，改善电气化铁道对电力系统的负序和谐波的影响，使系统具有更大的负序承受能力，减少电压畸变，从而保证牵引供电系统具有较高的安全可靠性。

2）牵引变压器结线和供电方式

从供电质量的要求及变压器的容量利用率、节约能源、降低运营费用的角度考虑，目前我国高速铁路牵引变压器多采用单相结线与三相—两相平衡变压器。

单相结线变压器的优点为变压器容量利用率高，一次设备简单，有利于动车组再生制动时产生电能的内部平衡消耗；接触网电分相数量较其他形式减少一半，有利于动车组的高速运行。但其产生负序较大，对电力系统短路容量高；超大容量的单相结线变压器（80 MVA以上）尚无成熟设备，且二次侧电流较高，断路器、隔离开关及母线等设备选用较为困难。而三相V接变压器恰恰弥补了上述缺点。

结合我国高速铁路需求，近期牵引变压器接线优先采用单相结线；但在安装容量较大的牵引变电所预留三相V结线条件，电力系统短路容量小或变压器安装容量大的，采用V结线形式。

Scott变压器是一种典型的三相V接变压器，典型的Scott变压器结线牵引供电系统结构示意图如图1-2所示。

图中TPS表示牵引变电所，它采用Scott变压器接线方式；T、R、F分别表示牵引网的接触线、钢轨和正馈线；DK表示分相绝缘器（图中共有10个，仅2个有标号）。为了改善三相不平衡状况，变电所一次侧采用换相连接。各供电臂之间采用分相绝缘器分隔。

牵引供电系统供电方式根据负荷大小、线路条件及外部电源等因素确定。从保证动车组供电电压水平和载流能力要求来看，只要供电系统设计合理，带回流线的直接供电方式和自耦变压器供电方式均能满足高速铁路需要[4]。在国外，除德国高速铁路采用带加强线的直供带回流供电方式外，日本、法国和西班牙高速铁路均采用2×25 kV的AT供电方式。

图1-3所示为AT供电方式下Scott变压器在牵引变电所内部的接线原理图[5]。

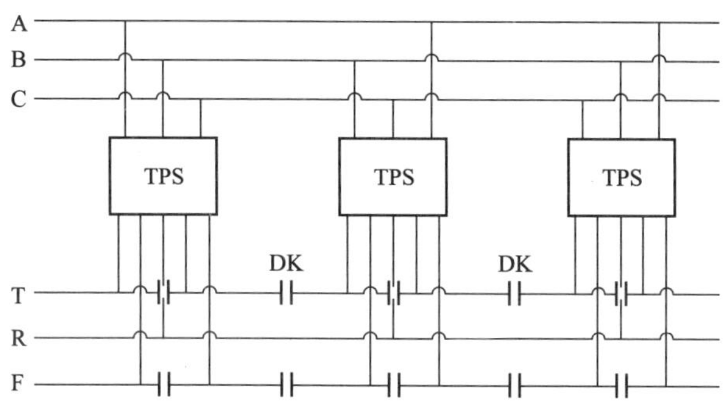

图 1-2　牵引供电系统 AT 供电方式

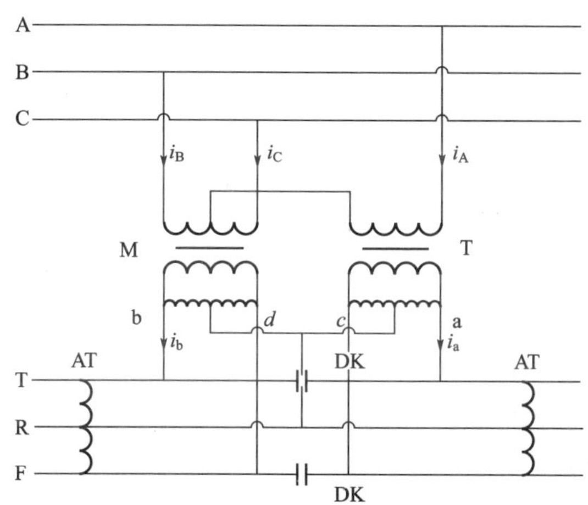

图 1-3　Scott 变压器在牵引变电所内部的接线原理图

这种供电方式的优点如下。[4]

(1) 牵引网阻抗小，约为 BT（吸流变压器）供电方式牵引网阻抗的 1/4 左右，从而提高了牵引网的供电能力，大大减小了牵引网的电压损失和电能损失。牵引变电所间距可进一步增大，减小变电所数量，降低投资；经分析和试验表明，AT 供电方式对邻近通信线的综合防护效果优于 BT 供电方式[7]。

(2) 无须在 AT 处实行电分段，故有利于高速、重载列车顺利通过。

(3) 当变电所 2 个供电臂负荷完全相同时，系统三相完全平衡。也就是说，当$\dot{i}_a = j\dot{i}_b = I$时，则

$$\begin{bmatrix} \dot{i}_A \\ \dot{i}_B \\ \dot{i}_C \end{bmatrix} = \frac{2I}{\sqrt{3}K_M} \begin{bmatrix} 1 \\ e^{-j120^\circ} \\ e^{-j240^\circ} \end{bmatrix} \tag{1-4}$$

式中，$K_M = 110/55$ 为 M 座变压器变比。

为适应高速度、高密度、大功率的需要，国内在建 300～350 km/h 客运专线铁路均采用 AT 供电方式，在建 200～250 km/h 客货共线铁路以采用 AT 供电方式为主。鉴于 AT 供电方式具有高电能传输的能力，同时可降低对接触悬挂载流量的要求和减轻牵引网电流密

度，有利于大运量客运专线接触网的轻型化和系统匹配设计。铁道部铁集成函［2007］273号文中规定“构建时速200～250公里、300～350公里客运专线技术平台和技术体系，优先采用220 kV进线电源、AT供电方式”。《高速铁路设计规范（试行）》（TB/ 10020—2009）中11.2.3规定“正线牵引网宜采用2×25 kV供电方式；枢纽地区跨线列车联络线、动车组走行线和动车段（所、场）等可采用1×25 kV供电方式”。以2008年建成的京津客专为例，正线及天津站城际场采用单相工频交流AT供电方式供电；北京南站采用带回流线直接供电方式供电。正常情况下牵引变电所通过4个供电臂向两侧上、下行区间供电，特殊情况下具备相邻变电所越区供电条件。已实施的武广、郑西、合武、合宁客运专线正线均采用2×25 kV供电方式。

3）越区供电

与电力系统配电网相比，牵引供电系统最突出的特点是能够实现越区供电。以AT供电方式为例，牵引供电设施由变电所、分区所、AT所、开闭所（分区所兼开闭所、AT所兼开闭所）。变电所间距一般为50～80 km（视负荷大小而定），变电所和分区所之间设有1个或2个AT所（视供电臂长度而定，AT间距一般为10～15 km）。牵引变电所出口附近接触网设有电分相，负荷电流经钢轨、回流线、大地最终流回牵引变电所。如图1-4所示，正常时一个变电所（图中TPS2）对其左右A、B供电臂供电，当该变电所（TPS2）停电时，其相邻变电所（TPS1、TPS3）将通过分区所分别对故障变电所（TPS2）的A、B两供电臂进行越区供电。分区所是实现越区供电的关键设施，正常供电情况下，分区所用于实现上下行接触网并联运行；越区供电情况下，分区所用于实现其左右供电臂的串联运行（此时分区所处的上下行接触网一般不再并联）。高速铁路牵引供电系统中AT所需具备上下行并联供电运行条件。

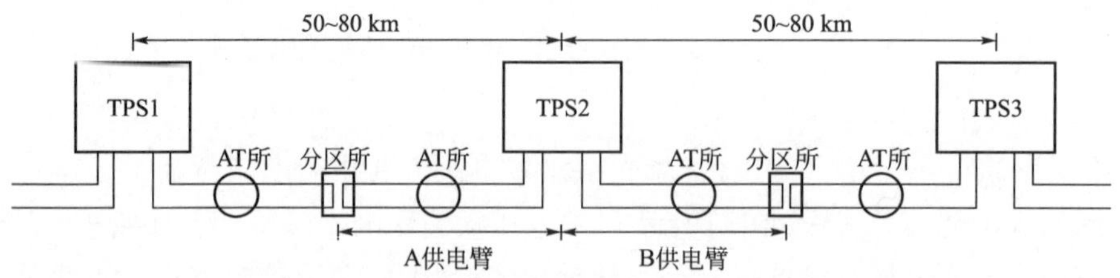

图1-4 AT供电方式牵引供电设施分布示意图

4）变电子系统主接线及电气设备选用

高速铁路变电子系统设计原则为：具有较高的可靠性、集成化及自动化程度，优化主接线设计和设备选型，减少占地面积、节约能源和提高设备防灾水平。

变电所电源侧接线方式采用线路变压器组或线路分支接线，二次侧母线采用单母线分段接线；电源侧高压设备优先采用室外布置设计、单体设备，在地形困难或重污秽地区及主要城市可采用气体绝缘组合电器（GIS）；时速300 km及以上高速铁路的27.5 kV配电装置采用无维修的220 kV SF6气体绝缘开关柜（GIS），分区所、开闭所、AT所除AT变压器外采用箱式布置。

变电子系统的各所配备具有远动终端功能综合自动化系统、安全监控系统，实现变电设施的自动化、远动化和无人值班；各所设置独立的接地网，并纳入综合接地系统。

5）接触网子系统主要技术

（1）悬挂类型和主要技术参数

高速铁路接触网悬挂类型均采用全补偿简单链型悬挂或全补偿弹性链型悬挂。双弓或多弓取流时宜采用弹性链型悬挂[6]。

时速 300～350 km 接触网主要技术参数如表 1-1 所示。

表 1-1 时速 300～350 km 接触网主要技术参数

项目名称	数值	备注
导线悬挂点高度/最低点高度（mm）	5 300/5 150	
标准结构高度/最小结构高度（mm）	1 600/1 100	
标准跨距/最大跨距（m）	50/55 或 60/65	后者为弹链标准
正线侧面限界（mm）	3 000 和 3 100	有砟轨道为 3 100
正线最大锚段长度（m）	2×700	
预留弛度（m）	$L\times0.5‰$	弹链不设，L 为跨距
锚段关节形式	5 跨和 4 跨	
25 kV 绝缘器件爬电距离（mm）	1 400	
接触网波动传播速度（km/h）	不低于 $1.43v$	v 为接触网设计速度

（2）接触网的主要设备选型

接触线与承力索：采用铜合金材质。设计速度 300～350 km/h 的接触线采用高强度铜合金材质。承力索及弹性吊索采用与接触线具有相同线胀系数的铜合金绞线，在满足安全系数的前提下选用低镁含量的铜合金绞线，以降低接触网阻抗、节约能源，正线承力索额定张力一般为 20 kN。

支柱及基础：正线优先采用热浸镀锌（特殊区段宜进行二次防腐处理）热轧 H 形钢支柱，支柱垂直线路宽度不大于 300 mm；车站及其附近接触网支柱外形统一，并满足站房雨棚的整体景观要求，按照景观要求设置的硬横跨采用三角形断面钢管结构硬横跨、单钢管结构硬横跨等。路基段接触网基础宜采用机械钻孔灌注桩基础，桥上接触网基础由桥梁预留，隧道内可采用隧道施工预留槽形滑道作为接触网基础，支柱等与基础的连接采用锚栓（或螺栓）、法兰连接。

支持及补偿装置：正线采用绝缘旋转平腕臂支持结构，采用铝合金定位器，转换柱、道岔柱等采用单柱双腕臂形式；工作支定位安全校验原则为，对限位定位器，定位点最大抬升校验值取 1.5 倍抬升量，非限位的按 2.0 倍抬升量设计。正线露天区段采用配置铁坠砣的棘轮或滑轮组补偿装置，传动效率≥97%；隧道内采用补偿物为滑道小车的张力补偿器或弹簧补偿装置，大型客站宜优先采用弹簧补偿装置。

自动过分相方式：高速铁路动车组自动过电分相优先采用点式应答器方式和不断电过分相方式，前者的优点是设备简单，缺点是过分相时动车有 4～8 s 的失电；后者的优点是动车组失电时间很短，基本解决了动车组过分相的失速问题，但其设备复杂，断路器切换过程易产生过电压和变压器的励磁涌流。

2008 年投入运营的京津客运专线接触网主要技术标准采用西门子公司的 SiCatH1.0 并结合中国需要进行部分修改：采用全补偿简单链形悬挂形式，腕臂结构采用承力索座的平腕臂形式，接触网跨距一般 50 m、最长不大于 55 m，全线采用 H 型钢柱，采用 AT 供电方式。

2011年6月30日，京沪高速铁路正式开通运营。京沪高铁是世界上一次建成线路里程最长、技术标准最高的高速铁路，是我国高速铁路网中最重要的组成部分。京沪高铁的开通运营，对于促进经济社会发展、满足沿线人民群众出行需求具有重大意义。它的接触网主要技术参数和设备选型如表1-2所示。

表1-2 京沪高铁接触网主要技术参数和设备选型

<table>
<tr><th>项目</th><th>类别</th><th>明细</th></tr>
<tr><td rowspan="5">悬挂类型及方式</td><td>悬挂型式</td><td>弹性单链型悬挂</td></tr>
<tr><td rowspan="2">补偿型式</td><td>全补偿悬挂结构</td></tr>
<tr><td>带断线制动的涤纶装置</td></tr>
<tr><td rowspan="2">吊弦型式</td><td>跨中：单根整体吊弦</td></tr>
<tr><td>悬挂点：带变Y形弹性索</td></tr>
<tr><td rowspan="8">主要技术参数</td><td>跨距（m）</td><td>≤60</td></tr>
<tr><td>锚段长度（m）</td><td>≤1 400</td></tr>
<tr><td rowspan="2">拉出值（mm）</td><td>直线区段：±300</td></tr>
<tr><td>曲线区段：350</td></tr>
<tr><td>接触线高度（mm）</td><td>5 000～5 500</td></tr>
<tr><td rowspan="2">结构高度（mm）</td><td>区间：1 300～1 800</td></tr>
<tr><td>隧道或跨线桥：1 100～1 300</td></tr>
<tr><td>接触网坡度</td><td>≤1.5‰</td></tr>
<tr><td rowspan="10">主要线材</td><td rowspan="3">接触线</td><td>材质：银铜合金</td></tr>
<tr><td>标称截面积：120 mm²</td></tr>
<tr><td>额定张力：20～25 kN</td></tr>
<tr><td rowspan="3">承力索</td><td>材质：青铜或载流承力索</td></tr>
<tr><td>标称截面积：90～120 mm²</td></tr>
<tr><td>额定张力：15～20 kN</td></tr>
<tr><td rowspan="4">弹性吊弦</td><td>材质：青铜</td></tr>
<tr><td>标称截面积：30 mm²</td></tr>
<tr><td>标准长度：16～18 m</td></tr>
<tr><td>额定张力：15～20 kN</td></tr>
</table>

1.1.3 RAMS的定义与标准

RAMS是可靠性（Reliability）、可用性（Availability）、可维护性（Maintainability）和安全性（Safety）四个英文单词首字母的组合。可靠性的定义是指，系统或部件在指定的条件下，在一定时间中完成指定功能的能力。也就是说，可靠性就是某系统或部件在给定的条件下，在给定的时间间隔内，能够完成指定功能的几率，以平均无故障时间（Mean Time Between Failure，MTBF）或者平均无故障里程（Mean Kilometers Between Failure，MKBF）来表述。可用性的定义是指，在所需外部条件已经全部满足的前提下，某产品或系统在给定的条件和给定时间间隔内，完成所要求功能的能力。可维护性的定义是指，在给定的条件下，按照指定的程序并使用给定的资源进行维护工作的前提下，可在指定的时间间隔内完成指定维护工作的可能性。安全性的定义是指，没有无法接受的伤害的风险。

有关铁道的最早RAMS国际标准是EN 50126：1999[7]，现在该标准已上升为《铁路应用：铁道可靠性、可用性、可维护性和安全性（RAMS）的规范和说明》（IEC 62278：2002）[8]。在IEC 62278中，对于危害事件出现的频度分成6个等级，分别是：频繁、经常、有时、很少、极少、几乎不可能。对危害的严重等级分成4个等级，分别是：特大、重大、次要、轻微。对质量风险分成4个等级，分别是：不能容忍、不希望、可接受、可忽略。可见，IEC 62278标准对危害事件的频度、严重等级和质量风险的评估都是定性的，而不是定量的。再如，《高速铁路设计规范（试行）》（TB 10020—2009）中11.5.3第10条规定："接触网设计应符合可靠性、可用性、可维修性和安全性（RAMS）的要求，进行可靠性的系统分配设计，确定各部分合理的、可控制的、可量化的可靠性指标"，但缺乏具体的量化指标描述。可见，在实际工程项目执行和RAMS评估过程中，可操作性上存在着一定的难度，必须探索新的可靠性建模方法和定量的评价标准。

1.1.4　高速铁路供电系统RAMS评估的主要研究内容

高速铁路供电系统RAMS评估的研究将可靠性工程理论和方法应用于高速铁路的牵引供电系统和电力供电系统，结合中国的国情、路情，建立完整的高速铁路供电系统的RAMS评估理论及其定量的评估标准体系。主要的研究内容如下。

1. 建立高速铁路牵引供电系统外部电源的RAMS评估模型和定量评估标准

牵引供电系统外部电源负责向高速铁路提供符合规定标准的电力和电能量，外部电源的可靠性水平，直接关系到牵引供电系统向电力机车供电的可靠性。要评估外部电源的可靠性，首先要建立外部电力系统的RAMS评估模型，这关系到牵引变电站接入点电力系统的接线形式、系统供电容量、牵引变电站的数量与选址、接入点的短路容量、接入点的系统电压等级、系统向牵引变电站的供电形式、接入点系统对负序和谐波的限制等因素。在建立外部电源的RAMS评估模型的基础上，制定满足高速铁路设计运营时速、追踪间隔和最大通过能力的供电可靠性的定量标准，编制外部电源可靠性评估软件，对整个高速铁路各个牵引变电站处外部电源的可靠性进行定量评估。

2. 建立牵引变电站电气主接线和电力供电系统的RAMS评估模型和定量评估标准

牵引变电站是牵引供电系统的重要组成部分，负责将来自电力系统的三相高压电能（220 kV或330 kV）变换成27.5 kV的两相交流电，送给两侧的供电臂。有时还要负责向高速铁路的电力供电系统提供电能。牵引变压器有单相、三相－两相、V/V接线、Scott接线、伍得桥接线等不同类型，不同类型的变压器可靠性不一样，而且根据需要还可以在线改变接线方式（如两个单相变压器可以结成一个V/V接线变压器）。铁路电力供电系统从公共电网获取电能，通过铁路沿线的10 kV贯通线，以单端供电或双端供电方式向沿线的信号基站、远动操动机构和车站供电。结合这些特点，建立牵引变电站电气主接线和电力供电系统的RAMS评估模型，建立故障准则并对故障的严重程度进行评估，建立定量的评估标准，并编制相应的评估软件。

3. 建立接触网系统的RAMS评估模型和定量的评估标准

高速铁路牵引供电系统的接触网是直接向电力机车提供电能的电气设备，它有简单悬挂、简单链式悬挂和复式链型悬挂等形式，由接触导线、回流线、定位器、张力平衡装置、锚段关节、支柱、避雷器等组成。接触网系统都是运行在室外，易受环境、天气等因素的影响，与受电弓在电气和机械两个方面相互作用，而且没有备用，是牵引供电系统中最薄弱的环节。本书的重要研究内容之一，就是建立高速铁路接触网的RAMS评估模型，分析所有可能出现的故障，建立故障准则并对故障的严重程度进行评估，建立定量的评估标准，并编制相应的评估软件。

4. 接触网系统预防性维修计划的制订和优化方法研究

接触网系统是整个高速铁路供电系统的薄弱环节，它属于可修复系统，多采用预防性维修和故障后抢修相结合的维修方式。在接触网系统可靠性评估研究的基础上，建立周期预防性维修方式下接触网系统的动态可靠性模型和维修费用模型，制订接触网系统的预防性维修计划，并对维修计划进行多目标优化，使维修费用尽可能少的同时，系统平均可靠性更高。

5. 高速铁路供电系统的安全性和综合风险评估理论研究

基于风险评估理论，建立大风、覆冰和雷击等极端恶劣天气下供电系统风险评估的模型和指标系统，结合实时数值天气预报的信息，对高速铁路供电系统的综合风险进行实时定量评估，为高速铁路的早期故障预警提供理论依据。

总体研究目标是，建立完整的高速铁路供电系统RAMS评估的理论及其定量的指标体系，开发相应的评估软件，为高速铁路供电系统的规划和设计的可靠性评估和运营维护的可靠性管理提供理论指导和依据。在规划阶段，依据评估准则，识别系统的薄弱环节，选择优化方案。在设计阶段，对遭受超过设计规程规定的故障，系统应有相应的应对措施，尽量将事故影响的范围减小到最小，尽量不影响铁路的正常运行，确保人身和设备安全。在运营维护阶段，对列车运行方式进行调整，在可接受的风险下建立和实施各种运行方式；实行状态检修，提高设备的健康水平，延长系统寿命；根据风险评估的结果和早期故障预警，提前做好应急预案，科学调度维修人员和机具，缩短恢复正常运行的时间，提高系统的可用性。

1.1.5 高速铁路供电系统RAMS评估研究的意义

牵引供电系统是高速铁路的“心脏”和“血管”，它负责为电力机车提供可靠、持续的电力。而电力供电系统负责向高速铁路沿线的CTC、GSM-R等通信信号设备、道岔操作设备、车站应急照明等关系高速铁路正常运行的重要负荷的供电。牵引供电系统是联系电力系统和电力机车的纽带，它由牵引变电所、AT所、分区所、接触网悬挂系统和钢轨组成，覆盖了高速铁路全线，暴露于室外，受天气等自然环境、电力系统的运行状况、机车的频繁起停和再生制动的冲击等影响很大，运行条件恶劣。

据铁道部运输局对全国2万km电气化铁路运营事故调查统计的结果表明，因牵引供电系统和电力供电系统发生故障导致铁路运营中断的事故，占所有事故的一半以上。在大秦线2万吨级电气化改造中，虽新增了5座牵引变电站，但由于没有对外部电源的可靠性进行评估，导致延庆和东城乡牵引变电站110 kV进线处的最低系统网压只有73 kV和96 kV，造成电力机车停运事故。在京津客运专线系统设计中，如只设两座牵引变电站，当一个变电站因故障退出运行时，相邻变电站实施越区供电，但由于供电臂过长达到 70 km，末端网压小于 20 kV，可能造成动车组降功减速，或追踪间隔从设计的 3 min 延长到 8 min，导致客流高峰时段的运量不足。又如青藏线沱沱河至那曲段地处海拔 5 000 m 以上的高原冻土无人区，没有外部电源，造成铁路专用的单回 35 kV 架空电力贯通线供电可靠性很差，通过可靠性评估，有必要在该段增设第二路 35 kV 电缆电力贯通线，以提高供电系统的可靠性。据统计，2004 年全国牵引供电系统因为变电所故障导致停电 32 次，停电总时间 902 min，平均停电时间 67.25 min；因为接触网故障导致停电 274 次，停电总时间 25 162 min，平均停电时间 91.82 min。可见，牵引供电系统的事故频发，已对整个电气化铁路的正常运行构成严重威胁，牵引供电系统的可靠性直接关系到整个电气化铁路的安全可靠运行。在我国电气化铁路的设计过程中，按照传统的做法，虽然也对列车最大通过能力、最大编组流量时牵引网末端电压降落、某牵引变电所因故障退出运行时相邻牵引变电所的越区供电能力等涉及系统可靠性和可用性的因素进行校核，但这些校核计算都是被动的、零散的、局部的，缺乏系统的理论指导和定量的评价标准。即使对以上这些因素进行了校核计算，设计人员或运营人员也很难对整个牵引供电系统和电力供电系统的可靠性、可用性、可维护性和安全性给出一个完整的定量评价，更谈不上识别可靠性的薄弱环节，采取有效的措施以提高系统的整体可靠性。以往对可靠性和可用性等的认识是模糊的、概念性的和定性的，缺乏系统的理论和标准的指导，缺乏科学的评价体系，缺乏可操作性强的评价方法，缺乏定量的评价指标。

随着京津城际、石太、合宁、武广高速客运专线相继投入运营，中国铁路正式跨入了“高速”的时代。我国首条 350 km/h 高速客运专线京津线开通两年多来，铁道部和北京铁路局高度重视其运行可靠性和安全维修管理，运营管理单位为保证其安全可靠运行采取了精细化维修等措施，使其可靠性始终保持在较高水平，但同时消耗了大量人力、物力和高额的维修费用。

牵引供电系统通过牵引变电站和接触网向动车组提供电力，它的可靠性水平直接影响了整个高速铁路的安全可靠运行。特别是接触网系统，由于它没有备用，处于室外，受周边环境、天气、湿度等因素的影响大，运行条件恶劣，在日常例行巡线的过程中暴露出大量的事故隐患。以石太客专为例，2009 年 3 月 17 日至 3 月 29 日，在 415.8 km 的接触网设备检查过程中，发现、处理设备缺陷（即行车事故隐患）358 处，4 月 1 日至 29 日发现设备缺陷 3 444 处，处理 3 220 处，5 月 1 日至 7 月 15 日共发现设备缺陷 4 210 项，处理设备缺陷 4 210 项，此间共补装开口销 17 896 处，补装螺栓 456 条，补装螺母 1 897 个。可见，提高牵引供电系统的可靠性势在必行。实践证明，开展牵引供电系统的综合维修是提高可靠性的有效途径。据统计，目前我国电气化铁路接触网的实际可用度最高也可达 0.94，表面上看起来接触网的可靠性并不算低，但这是在投入了 10 倍于国外电气化铁路维修人员和极大的维修劳动强度的条件下，以大修周期仅为短短的 10～15 年的巨大代价换来的。有资料表明，德国电气化铁路每百正线条公里配备的维修人员仅为 1.2，俄罗斯为 4.44，而我国为 10.8。有资料显示，在率先开展“以可靠性为中心的维修”(Reliability - Centered Maintenance, RCM) 的航空、电力等领域，不但可靠性得到显著提高，维修费用还降低了 40%。目前武汉、北京、上海和广州的四大综合维修基地正在紧锣密鼓地筹建当中，但是由于缺乏先进理论的指导，我国牵引供电系统的综合维修体系至今尚未形成。因此，在可靠性评估的基础上，建立适合我国国情、路情的高速铁路牵引供电系统的综合维修理论，开展综合维修计划的优化研究，对已开通和即将开通的多条高速客运专线具有重大的实践指导意义。

到 2020 年，我国将建成 16 000 km 时速 250 km 以上的高速铁路。高速铁路的建设对牵引供电系统和电力供电系统的可靠性、可用性、可维护性和安全性提出了更高的要求。系统地研究国际上高速铁路建设广泛采用的 RAMS 标准，结合我国高速铁路建设特别是客运专线的引进、消化、吸收和再创新工作，建立适合我国国情、路情的牵引供电系统和电力供电系统的 RAMS 评估理论及其标准体系，建立可操作性强的评价方法和定量的评价指标，在项目规划和系统设计阶段开展可靠性评估，在运营维护阶段实施可靠性管理，不但可以与国际接轨，而且可以大幅度地提高牵引供电系统和电力供电系统的可靠性、可用性、可维护性和安全性，为打造中国品牌的高速铁路提供坚实的理论基础。

1.2 国内外 RAMS 评估的研究现状

1.2.1 系统可靠性评估的研究现状

可靠性是指部件、元件、产品或系统在规定的环境下、规定的时间内、规定条件下无故障地完成其规定功能的概率，也可以表示为一段时间内的失效次数[9]。可靠性和寿命有关，强调在规定的使用时间内能否充分发挥其功能，即产品的可用性（可靠性指标之一），可用性=可用时间/(可用时间+因故障维修等不可用时间)。可靠性工程的主要任务是保证产品的可靠性和可用性，延长使用寿命，降低维修费用，提高产品的使用效益[10]。系统的可靠性分析是根据构成系统元件的可靠性和系统结构图，运用概率论和数理统计、拓扑论等数学方法，对系统的可靠性规律进行定性和定量分析。常用的分析方法包括以下几种。

1. 失效（故障）模式、后果及危害性分析（Failure Mode Effect and Criticality Analysis，FMECA）

FMECA 是定性分析技术，其根本目的是通过它促使设计者在产品研制的各个环节中对于分析对象同步地识别、梳理所有可能发生的故障，分析其影响或后果，并寻找其原因，针对原因采取相应的纠正与预防措施，从而保证和提高产品的固有可靠性[11]。20 世纪 50 年代，由美国 Grumman 公司首次提出，用于战斗机操纵系统的设计分析，取得良好效果，随后在航空航天[12,13]领域有广泛应用。90 年代，Kara - Zaitri 等提出了改进 FMECA 的方法，从方法论角度探讨了 FMECA 的分析过程及注意事项[14]，Price 等针对 FMECA 只能分析单一故障模式的不足，提出了针对多重故障的 FMECA 模型，扩展了 FMECA 的使用范围[15]。Rhee 等提出基于费用的 FMECA，即正在进行 FMECA 分析的同时，对改进方案进行费用评估，在费用约束的条件下提出可用的解决方案[16]。20 世纪 80—90 年代，我国先后发布了《失效模式和效应分析》（GB 7862）、《故障模式、影响及危害性分析程序》（GJB 1391—1992）（后修订为《故障模式、影响及危害性分析指南》（GJB/Z 1391—2006））。另外，FMECA 还广泛应用于机械维修、船舶、电子工业、军事等领域。

2. 故障树分析法（Fault Tree Analysis，FTA）

FTA 是将系统故障的各种原因（包括硬件、环境、人为因素），由总体至部分，按树枝状结构，自上而下逐层细化的分析方法。可通过寻找故障树的最小割集和最小路集对顶事件的可靠性进行定性分析，通过计算最小割集求顶事件发生的概率（不可靠度）和计算最小路集求顶事件不发生的概率（可靠度）进行定量分析[17]。最早由美国贝尔实验室的学者 Waston 和 Haasl 于 1961 年首次提出并应用于空军的“民兵”导弹发射过程[18]。目前，FTA 已从早期的航空、航天、核能等应用领域，渗透到电力系统、牵引变电所故障诊断与保护、交通运输业、计算机软件业等多个应用领域，被公认为可靠性和安全性分析的一种简单、有效、最有发展前途的分析方法。

3. 马尔可夫过程（Markov Process）

马尔可夫过程在可靠性工程中主要应用于可修复系统的可用性模型的建立。它运用状态空间法来描述可修复系统各个阶段的状态转移随机过程。此法在应用中假设：状态间的转移概率只与现在的状态有关，而与该时刻前所处的所有状态无关，即“无记忆性”。在数学上，此法通常用来建模排队理论[19]和统计学中的建模，还可作为信号模型用于熵编码技术[20]，如算法编码。在系统可靠性和维修方面，Pérez - Ocón 和 Castro[21]研究了两个可修系统，其中修理时间依赖于故障位相且具有记忆功能。Pérez - Ocón 和 Montoro - Cazorla[22]研究了零件正常运行时间和修理时间都服从位相型分布的可靠性系统的瞬态行为。Neuts 等人[23]研究了零件正常运行时间和修理时间都服从位相型分布的可靠性系统的稳态行为。

4. 可靠性框图（Reliability Block Diagram，RBD）

可靠性框图是用来表示系统各部分之间的结构关系、功能关系和逻辑关系的图示。除了可以表示串联、并联、n 中取 k 和旁联系统等典型结构外，特别是分析通讯网络系统[24]、电路网络系统[25]、交通网络系统及计算机网络系统[26]等大型复杂不可修复系统的可靠性。另外，此法在航天产品的可靠性设计[27]、电力系统自愈环网的可靠性分析[28]等领域都有广泛应用。

5. 贝叶斯网络（Bayesian Networks，BN）

BN 是将概率的距离、统计应用于复杂系统的不确定性推理和数据解析的一种有效工具，在给定某一变量或某些变量的具体取值状态后，能通过概率更新计算求得其余变量的条件概率。它起源于 20 世纪 80 时年代中期对人工智能中的不确定性问题的研究[29]。后来，经验贝叶斯（Empirical Bayes，EB）方法多用来研究样本数据不足时可靠性概率或风险问题。Martz 和 Waller[30]讨论了 EB 的基本理论，文献［31］运用 EB 研究共因故障的故障率，文献［32，33，34］分别研究了 EB 在 Weibull 分布、指数分布和泊松分布参数估计中的应用，在应用时需要提前确定元件的先验分布以及参数取值范围。另外，EB 还应用于集成电路制造程序的鲁棒参数设计、备件估计以及铁路行车偶发故障事件的概率估计等研究。

6. 人工神经网络（Artificial Neural Networks，ANNS）

ANNS 从人脑信息处理观点出发，采用数理模型的方法研究了脑细胞的动作和结核及其生物神经元的基本生理特性。20 世纪 40 年代，神经生物学家 Warren S. McCulloch 与青年数学家 Waiter Pitts 合作提出第一个神经计算模型[35]，具有对非线性系统进行大规模并行处理和分布式信息存储特性，以及高度非线性映射功能、良好的自组织、自适应、自学习能力、高度的容错性和记忆、联想等特性。在复杂发输电组合系统的可靠性评估[36]中，可有效解决“计算灾”的问题，提高计算效率。在电力系统继电保护的研究中，特别是在输电线路故障方向识别、变压器保护、发电机定子绕组保护、电流保护等研究中 ANNS 都有广泛应用。

1.2.2 以可靠性为中心的维修研究现状

以可靠性为中心的维修（Reliability - Centered Maintenance，RCM）定义[37]为按照以最少的资源消耗保持装备固有可靠性和安全性原则，应用逻辑决断的方法确定装备预防性维修要求的过程或方法。基本思路是：对系统进行功能与故障分析，明确系统内各故障的后果；用规范化的逻辑决断方法，确定出各故障后果的预防性对策；通过现场故障数据统计、专家评估、定量化建模等手段在保证安全性和完好性的前提下，以维修停机损失最小为目标优化系统的维修策略。实施 RCM 的基本工作流程如图 1 - 5 所示。

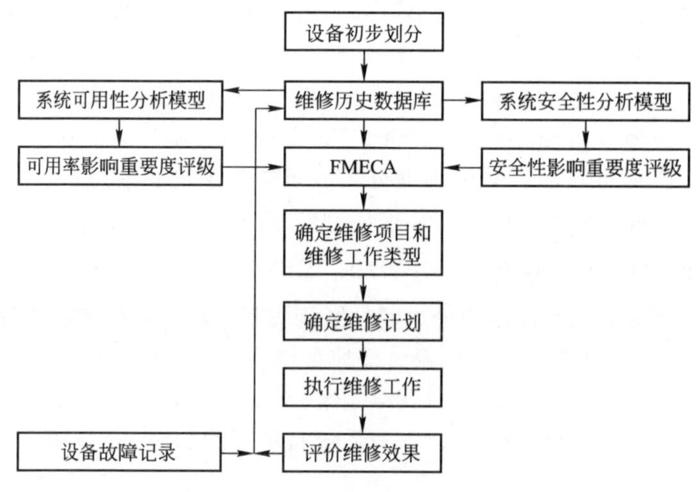

图 1 - 5　实施 RCM 的基本工作流程图

RCM 是目前国际上流行的用以确定装备预防性维修需求、优化维修制度的一种系统工程过程。起源于 20 世纪 60 年代的美国航空界，首次应用 RCM 制定维修大纲的是波音 747 飞机。20 世纪 70 年代后期 RCM 引起美国军方的重视，进行了大量的理论与应用研究。80 年代中期，美国陆、海、空三军分别颁布了其应用 RCM 的标准，分别为 1985 年 2 月美空军的 MIL - STD - 1843，1985 年 7 月美陆军的 AMCP750 - 2，以及 1986 年 1 月美海军的 MIL - STD - 2173。目前美军几乎所有重要的军事装备（包括现役与新研装备）的预防性维修大纲都是应用 RCM 方法制定的。1992 年，我国国防科工委颁布了第一部 RCM 国家军用标准 GJB1378《装备预防性维修大纲的制定要求与方法》，该标准在海军、空军及二炮、工程、装甲等部队主站设备上的应用取得了显著的军事和经济效益。目前，RCM 应用领域已涵盖航空、武器系统、电力核设施、铁路、石油化工、建筑、供水、医疗、造纸、卷烟及药品等行业。

RCM 是基于可靠性分析方法实现维修策略优化的技术。其目标是在满足安全性、环境技术要求和使用工作要求的同时，获得产品的最小维修资源消耗。通过这项工作，用户可以找出系统组成中对系统性能影响最大的零部件及其维修工作方式。RCM 技术在国内外的广泛应用为各行业节省了大量的维修成本。

1. 军事领域

1996 年我国空军第一研究所应用 RCM 理论的主要原理，结合部队使用情况的大量调研，通过一整套逻辑决断方法，得出了取消 910 项产品原定的日历翻修周期而改为与整机翻修周期一致的结论。1998 年 9 月对三个机型上的 307 项产品作出了随机使用，并随即给空军部队下发了相应的贯彻文件[38]。

某歼击机根据 RCM 制定的维修大纲的应用，将原来的定检工作大大简化，据初步分析其工作量可减至 1/3 或更多，据测算可节省 30%维修费用，飞机的平均完好率有望提高 20%或更多[39]。

2. 航空领域

20 世纪 50 年代初美国一架波音 747 飞机，每飞行两万小时的结构大检查需要 400 万工时，RCM 技术实施后的 70 年代初，DC－8 飞机每飞行两万小时的结构大检查只需要 6.6 万工时，节约了近 60 倍的检修时间。

3. 电力核设施

日本的 Turkey Point 发电厂应用 RCM，节约人工费 43%，节约外包装工程和材料费 27%[40]。在我国大亚湾核电站推行 RCM，取消 CEX 系统中的电动机 10 年解体检修项目后，系统和设备的可靠性没有降低，维修费用却得到很多的节省：修一台 CEX 电动机人工费是 3 万，在此之前只解体一台电动机的费用为 4.5～5 万元，从整个系统乃至整个电站来考虑，经济效益更加可观。

4. 石油化工、机械、建筑领域

RCM 方法在国外大型石油公司 Exxon Mobil、ConocoPhilips 等都已成功应用[41]，并被引入在欧盟的 RIMAP（注：RIMAP 为欧盟资助项目，总预算为 360 万欧元，其目的是为研究得出一种统一的风险评价方法，为石油化工、能源等行业的检测和维护活动做决策）。著名风险评价专业公司挪威船级社（DNV）作为 RIMAP 的研究机构之一，很早就开始研究 RCM 方法，现一直为石油石化企业提供设备维护的 RCM 咨询服务。英国最大的天然气输送公司 UK Gas 从 1995 年就开始采用 RCM 方法制订维护计划，不但使设备故障率下降，而且还节约了大量的维护开支。意大利 NOVA 天然气输送公司也采用了 RCM 方法，该公司负责输送加拿大生产的 80%的天然气，面对社会越来越高的安全和环境要求，该公司及时转变传统的维护方式为 RCM，现也取得了良好的效果。

在 RCM 分析的基础上，工程领域中，基于状态的维修（Condition－Based Maintenance，CBM）也是近年来国内外研究的热点，其特点是根据先进的状态检测和诊断技术提供设备状态信息，判断设备的异常，预知设备的故障，在故障发生以前进行维修的方式，即根据设备的健康状况来安排维修计划[42]。多伦多大学 C－MORE 实验室的 Jardine 等人对 RCM 进行了深入研究，著作［43］研究了在 RCM 分析的基础上如何以降低维修费用和提高系统可靠性为目标实施 CBM，包括最优维修间隔的选取、运行寿命的估计、备品备件仓储物流的安排等，并首次将 Cox 比例风险模型[44]（Proportional Hazards Model，PHM）引入设备故障风险函数估计[45]，开发了 EXAKT 系列软件，并在机械设备、医疗、石油勘探设备等领域成功推广应用。

1.2.3 安全性评价的研究现状

安全性评价（Safety Evaluation）本质上属于风险管理的一种实践方法，在欧美各国也称为危险评估或风险评估（Risk Evaluation），其定义是综合运用安全系统工程的方法，对系统的安全性进行度量和预测，通过对系统存在的危险性或称之为不安全因素进行辨识定性和定量分析，确认系统发生危险的可能性及其严重程度，对该系统的安全性给予正确的评价，并相应提出消除不安全因素和危险的具体对策措施。通过全面系统、有目的、有计划地实施这些措施，达到安全管理标准化、规范化，以提高安全生产水平，超前控制事故的发生。

在风险管理的流程中（见图 1－6），风险评估作为其关键环节能抓住决定安全性等级的两个因素：事故的可能性和严重性。在此基础上可引入风险指标，对系统安全性做出科学、细致的定量评估。风险定量评估的目的在于建立表征系统风险的指标。完整的风险指标不只是概率，而应当是概率和后果的综合。即系统的风险评估应当不只是辨识失效事件发生的可能性，而且要识别这些事件后果的严重程度[46]。这也是风险评估和可靠性评估内容中最突出的区别。

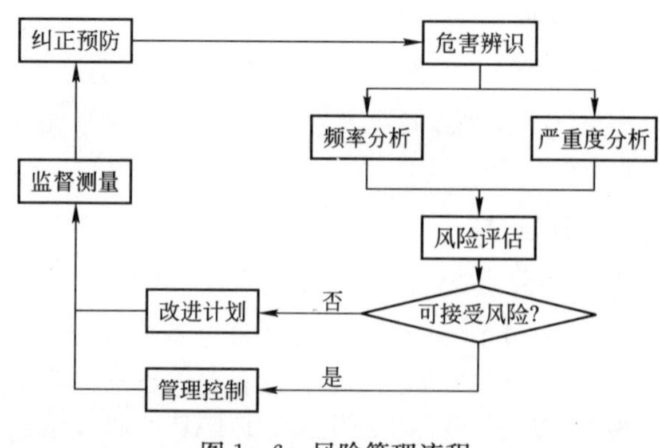

图 1－6 风险管理流程

德国在 20 世纪初第一次世界大战结束后，就为重建提出了风险管理。其强调风险的控制、分散、补偿、转嫁、防止、回避、抵消、比较完善。美国开始对风险管理理解比较狭窄，他们以费用管理为出发点，把风险管理作为经营合理化的手段提出。第二次世界大战后，才过渡到全面的风险管理。法国和一些欧洲国家直到 70 年代中期才接受这一概念，发展较晚。日本的风险管理虽然起步较晚，但其研究得比较透彻和深入，基本继承了德国风险管理理论和观念。

国内外常用的风险评估方法有以下几类。

1. 定性评估法

主要是根据经验和判断能力对生产系统的工艺、设备、环境、人员、管理等方面的状况进行定性评价。属于这类评估方法的有：安全检查表、预先危险性分析、故障模式和影响分析以及危险可操作性研究等方法。这类方法的特点是简单、便于操作，评估过程及结果直观。

2. 定量评估法

利用精确数学（传统教学）方法求得系统事故（一般都是指特定事故）发生的概率，并将计算得出的事故概率同规定或预期的安全指标进行比较，以评价系统的安全水平是否满足要求。

1）指数评估法

其优点是：避免了事故概率及其后果难以确定的困难，评价指数值同时含有事故频率和事故后果两个方面的因素。缺点是：危险物质和安全保障体系间的相互作用关系未予考虑，忽视了各因素之间重要性的差别。指标值的确定只和指标的设置与否有关，而与指标因素的客观状态无关，使实际安全水平相差较远的系统，其评估结果相近。

2）概率风险评估法

它是根据零部件或子系统的事故发生概率，求取整个系统的事故发生概率。本方法以 1974 年美国接姆逊教授评价民用核电站的安全性开始，继而 1977 年的英国坎威岛石油化工联合企业的危险评估，1979 年德国对 19 座大型核电站的危险评估，1979 年荷兰六项大型石油化工装置的危险评估等都是使用概率法。

其优点是：系统结构简单、清晰，相同元件的基础数据相互借鉴性强，要求数据准确、充分，分析过程完整，判断和假设合理。

其缺点是：耗费大量的人力、物力，且要求该行业的零部件或子系统的事故发生概率的数据要有一个长久的精细的积累过程。

3）层次分析法（Analytic Hierarchy Process，AHP）

20 世纪 70 年代中期由美国运筹学家托马斯·塞蒂（T. L. Saaty）正式提出。它是一种新的定性分析与定量分析相结合的系统分析方法[47]，是将人的主观判断用数量形式表达和处理的系统化、层次化的分析方法。由于它在处理复杂的决策问题上的实用性和有效性，很快在世界范围得到重视。它的应用已遍及经济计划和管理、能源政策和分配、行为科学、军事指挥、运输等领域。

我国学者汪培庄教授最早提出了模糊层次分析法[48]（Fuzzy Analytic Hierarchy Process，FAHP），它是模糊数学的一种具体应用方法，将模糊数学与层次分析法相结合，可在多因素场合对事物和系统进行综合评估。它应用模糊变换原理和模糊数学的基本理论——隶属度或隶属函数来描述中间过渡的模糊信息量，将模糊信息定量化，考虑与评价事物和系统相关的各个因素，合理地选择因素域值，作比较合理的划分，再利用传统的数学方法对多因素进行定量评价，从而科学地得出评价结论。

20 世纪 80 年代初期，安全系统工程开始引入我国，并受到许多大中型企业和行业管理部门的高度重视。通过翻译、消化和吸收国外的评估方法，机械、冶金、化工、航空、航天等行业开始应用简单的风险评估方法。如危险性预先分析、安全检查表、故障模式及影响分析、致使度分析、事故树分析、事件树分析、可靠性工程、可操作性研究、因果分析、共同原因分析等。

尽管国内外已研究开发出几十种风险评估方法和商业化软件包，但由于风险评估不仅涉及技术科学，而且涉及管理科学、心理学、法学等社会科学的相关知识，另外，风险评估指标及其权值的选取与生产技术水平、安全管理水平、生产者和管理者的素质以及当地社会文化背景等因素密切相关。因此，每种评估方法的使用范围都是有限的。

1.2.4　高速铁路供电系统 RAMS 评估理论研究现状

目前国际上有关铁路可靠性的标准《铁路应用：铁道可靠性、可用性、可维护性和安全性（RAMS）的规范和说明》（IEC 62278：2002）不是定量的，必须探索新的定量的评价模型和算法。文献［49］对轨道列车的故障、可靠性、维修性、可用性、安全性、寿命及其管理进行了系统的阐述，是我国第一部将RAMS理论应用于铁路轨道列车的专著。文献［50］提出了高速铁路牵引供电系统可靠性评估的概念及其重要性，但也没给出定量的评估模型和评估方法。高速铁路技术发达的国家如日本、德国和法国等将定量的RAMS评估的原理与标准应用于机车车辆、通信信号、运营调度、工务、客服、供电等子系统的设计与制造中，利用冗余技术和故障树分析方法在很大程度上提高了高速铁路运行的可靠性和可用性，改善了整个系统的可维护性。

电力系统的可靠性评估研究始于20世纪50年代，取得了丰硕的成果，对保证大电力系统的安全、可靠、稳定运行起到了重要作用。文献［51，52］详细论述了大电力系统可靠性评估的三个层次（即发电能力评估、发输电组合系统评估和配电系统评估），文献［53，54，55，56，57，58］提出了不同层次静态充裕性和动态安全性评估的模型、可靠性指标体系和定量的评价方法，文献［59］还开发了相应的评估软件包。但传统大电力系统可靠性指标只能反映整个电力系统或某个负荷点供电可靠性的高低，很难找到钳制系统可靠性的瓶颈，而大电力系统可靠性的灵敏度分析则为解决该难题提供了一条较好的途径。文献［60，61，62，63］提出了大电力系统发输电组合可靠性指标对元件可靠性参数的解析表达式和灵敏度分析模型。但它们都是针对单个负荷的可靠性评估，而不是针对一条高速铁路的所有牵引变电站和整条铁路的通过能力进行评估。

高速铁路牵引供电系统的可靠性问题，特别是无备用的接触网系统，是整个供电系统的薄弱环节，一旦发生接触网事故或弓网故障，将直接影响行车安全。如何评估和提高接触网系统的可靠性，已经成为提高整个高速铁路可靠性的关键。文献［64］建立了接触线的机械磨损和电气磨损的数学模型，进而建立了单、双边供电的供电区段可靠性模型。文献［65］基于故障树分析法建立了接触网系统的可靠性模型，进行了有益的探索。但它们都有一个共同的难题，就是需要接触网系统的详细参数、完整的故障记录统计与原因分析，而实际上这些参数和故障记录都很不完整，有些很难得到，甚至于有些故障的原因不明，从而限制了它们的实际应用。文献［66］以郑州供电段南段京广供电系统为例，分析了长达14年的牵引变电站和接触网各种主要设备的故障记录，发现以牵引变压器、断路器为代表的室内设备的寿命分布满足典型的指数分布规律，即其故障率为常数，而以接触线、承力索和绝缘子为代表的室外接触网设备却不满足常见的概率分布。这与电力系统中架空输电线的统计规律非常类似[67]。接触线和电力系统的架空输电线具有类似的工作条件，都处于室外，受地理条件、环境温度、湿度、空气污染程度、雷击和鸟害等诸多因素的影响，要精确给出受这些因素影响的数学模型非常困难。即使是相同材质、相同悬挂方式的接触线，它们的故障分布也有明显的差异。可见，这类设备的故障率具有随机性和模糊性的双重性质。传统数学中研究随机变量的概率论和研究模糊变量的模糊集理论都不能很好地描述随机模糊变量的特征，这也成为接触网可靠性研究的主要理论障碍。实际上，概率论[68]和模糊集理论[69]在电力系统和铁道供电系统研究中早有应用。文献［52］基于概率论研究了发电输电系统和配电系统的可靠性、充裕性和安全性。文献［70，71，72］利用模糊集理论，在电网规划和配电网可靠性建模中用模糊数来表征输电线故障率和电力负荷等不确定因素，实现了模糊评估。但这些研究也未能解决随机模糊变量的表征问题。2004年，数学家刘宝碇提出了可信性测度的概念和四条公理，建立了可信性理论的完整理论体系，在可信性测度的基础上首次将概率论和模糊集理论统一了起来[73]。文献［74，75］基于可信性理论，将架空输电线的故障率视为一个随机模糊变量，提出了电力系统运行风险评估的方法，取得了突破性进展。

高速铁路牵引供电系统的可靠性主要取决于接触网悬挂系统的可靠性[76]。接触网系统的可靠性研究的目标，是保证投资高的接触网能达到使用寿命长、维修少且经济的目标要求。接触网系统是由多部件构成的复杂系统。复杂系统的常见的设备维修策略模型主要分为以下 5 类[66]：①寿命相关预防性维修策略（age－dependent preventive maintenance policy）；②周期预防性维修策略（Periodic Preventive Maintenance Policy）；③有限故障策略（Failure Limit Policy）；④序列预防性维修策略（Sequential Preventive Mainenance Policy）；⑤有限维修策略（Repair Limit Policy）。其中，寿命相关预防性维修策略和周期预防性维修策略得到了最为广泛的研究和关注，相比之下，有限故障策略、有限维修策略和序列预防性维修策略更为实用，但相关研究却较少。有限故障策略与序列预防性维修策略的一个缺点是它们的维修间隔不相等，因此维修工作实施较为困难。周期预防性维修策略与寿命相关预防性维修策略相比应用更为广泛，因为无须保留设备的使用记录。总之，每种维修策略都有自己的优势和不足，在实际工程中需要根据具体的系统可靠性特点来选择合适的维修策略。

近年来，国外有关维修计划优化问题的研究较为广泛，主要的研究文献包括：文献［77］将遗传算法、模拟退火算法和禁忌搜索算法结合起来建立了混合寻优算法，用于求解维修计划问题；文献［78］采用了启发式方法求解电力系统维修计划的线性规划模型；文献［79］应用禁忌搜索方法求解其建立的铁路线路维修计划优化问题；文献［80］在求解发电机维修计划优化模型时应用了禁忌搜索方法；文献［81］建立了以核工业系统可用度最大为目标的维修计划优化模型，并采用遗传算法求解提出的模型；文献［82］应用遗传算法求解机械设备的维修计划问题；文献［83］应用启发式方法求解航空运输中飞机维修计划优化问题；文献［84］应用优化软件 CPLEX 求解铁路线路维修计划的混合整数规划问题；文献［85］提出了基于费用—可靠性的维修计划模型，并通过遗传算法搜索模型的最优解。

相比之下，国内的相关研究较少，主要研究文献有：文献［86］提出应用层次分析法来研究船舶维修计划的优化问题；文献［87］应用优化软件 Lindo 进行维修计划的优化设计；文献［88］应用遗传算法解决集束型半导体制造设备的维修计划优化问题；文献［89］建立了轨道状态最优综合维修计划模型，并通过遗传算法进行求解等。

目前可见的用多目标算法解决系统维修问题的研究文献较少。文献［90］提出维修备件的模型和方法，该方法首先按照多属性群决策方法对各种维修备件进行综合排序，然后再用多目标规划理论确定维修备件的选择方案；文献［91］采用小生境 Pareto 遗传算法（NPGA）研究了在各种约束条件下混凝土桥面板最佳维修策略问题等。

直接针对牵引供电系统维修计划的研究更为缺乏，较为系统的包括：文献［92］提出了有关牵引供电系统维修计划分析的研究，开发了一个基于随机寿命模型的通用软件工具，用于定量分析牵引供电系统的失效风险和费用，使这两项指标与运输服务水平相匹配。研究中提出的寿命模型考虑了固定维修间隔对运行条件恢复和由于电气压力引起的加速老化的影响，通过仿真试验的结果表明了寿命模型的有效性，但没有深入展开从牵引供电系统整体可靠性分析的角度出发建立维修计划优化模型的研究。

在牵引供电系统中的接触网系统维修策略和组织模式研究方面，文献［93］提出运用动态规划的方法合理处理设备维修、更换的关系，探索科学的维修组织模式，提出了将计划修、周期修转换为状态修，以工班作业转为集中式项目作业的管理模式和组织模式。但并未建立接触网所有部件故障维修数学模型，也并未提出完整的接触网设备故障维修中人员与设备的组织与管理模式。

国内外对电力系统风险评估理论进行了系统和深入的研究。前面提到，冯永青等将可信性理论应用于电力系统运行风险评估，把运行风险分为元件级和系统级，提出了具体的评估内容和方法。文献［94］将风险理论应用于电力系统的静态安全性分析，用电压风险指标表示电压的安全水平，用风险指标的变化率反映系统运行条件对指标的影响，并结合模糊推理方法提出了电压脆弱度的概念。文献［95］提出了基于风险理论的预警评估指标体系，当电力系统运行状态发生变化后，对低电压预防、过负荷预防和电压失稳预防进行风险预警。文献［96］提出了在线快速生成电力系统状态风险指标的方法。文献［97］将风险理论应用于暂态安全性评估，定义了电力系统暂态失稳的后果模型，研究了线路故障概率和故障后暂态失稳概率的计算方法。文献［98］分别用模糊集和神经网络结合蒙特卡洛仿真的方法对电力系统风险进行了评估。此外，风险评估的方法还在电力市场、电力企业管理和电力施工建设中广泛使用，均取得了良好的效果。

上述研究没有考虑恶劣天气对风险的影响。在大电力系统方面，文献［99］进行了影响输电网可靠性气候条件的模拟，针对输电网气候影响的不均匀性进行了研究，提出了对处在不同气候条件下的线路进行分段模拟的设想；文献［100］给出电力系统元件天气相关的偶然失效模型，虽考虑了多种因素，但均为静止状态模型，不便于进行实时评估。文献［101］针对风速和积冰提出了元件失效的时变模型，并将输电元件的故障率和天气状况进行了关联。文献［102］建立了覆冰导线舞动的动态模型，分析了导线舞动的基本特征。在铁路方面，文献［103］叙述了在风载作用下接触网故障的特点，从中找出诱发弓网故障的根本原因。文献［104］从张力差、最大设计风速、当量系数等方面阐述了计算接触线风偏时需要注意的几个问题。文献［105］剖析了使接触线索发生罕见舞动现象的天气原因。文献［106］分析了线路覆冰的形成条件和机理，在人工环境中模拟了接触线覆冰并进行了相关实验。

总体来看，国内外对恶劣天气影响下大电网和接触线的风险评估各自有一定的研究，不足的是目前还缺乏针对牵引供电系统综合风险的研究，考虑天气影响的牵引供电风险研究则更加缺乏。研究人员在不同领域使用不同方法对评估对象进行估计。在铁路建设、运输项目管理中，人们通常使用结构分析法或层次分析法进行风险的辨识与研究；在分析铁路受灾害影响或系统安全方面，人们则使用了针对性很强的具体方案进行研究，比如，运输灾害事故监测、铁路交通灾害致灾风险、铁路泥石流灾害等偏重于运输安全或铁路工程项目管理等。总之，高速铁路供电风险评估还没有形成系统的理论、指标体系和方法，可查阅的文献也相对较少。

1.3 本书的章节安排及逻辑关系

在国家自然科学基金项目“高速铁路牵引供电系统RAMS评估的理论及其应用的研究

(60674005)”的支持下，课题组对高速铁路供电系统RAMS评估的五大关键问题进行了深入系统的分析，对外部大电力系统对高速铁路供电的可靠性评估、高速铁路牵引变电站接入电力系统的电压等级、牵引变电站主接线及10kV电力供电系统的可靠性评估、接触网设备及系统的可靠性评估、接触网系统预防性维修计划的多目标优化和牵引供电系统的安全性评估等问题，从指标体系、评估算法和优化算法等方面开展研究，并结合我国高速铁路牵引供电系统和电力供电系统的实际给出了工程应用的实例。本书就是根据该项目的研究成果汇总而成。

第1章为RAMS概述，阐述了本书研究的背景和意义，在总结了RAMS研究现状和高速铁路供电系统特点的基础上，提出了高速铁路供电系统RAMS评估的主要研究内容和目标。

第2章为RAMS评估的常用方法，给出了可靠性、可用性、可维修性和安全性基本概念，介绍了简单串并联系统可靠性分析、蒙特卡罗仿真法（Monte-Carlo)、故障树分析法(FTA)、故障模式、影响及危害度分析法（FMECA）等RAMS评估的常用方法。

第3章为外部电力系统对高速铁路牵引供电的可靠性评估，考虑牵引供电系统的特殊性，提出并推导外部电源供电可靠性评估指标和灵敏度表达式，开发两种快速削负荷算法，并通过算例对评估结果的工程指导意义进行验证。

第4章为高速铁路牵引变电站接入电力系统的电压等级，从介绍高速铁路的供电方式和铁路负荷的特点出发，从接触网电压损失、三相电压不平衡度和谐波等方面，详细分析了普速电气化铁路和高速电气化铁路接入电力系统时对电力系统短路容量的要求和对其造成的影响，讨论了电气化铁路接入电力系统的电压等级问题，结合我国现行的公共电网的国家标准，给出了牵引变电站接入点电压等级选择的理论依据和建议，为高速铁路的规划决策和电网的配套建设提供了理论参考。

第5章为牵引变电站主接线及10kV电力供电系统的可靠性评估，提出主接线和电力贯通线的可靠性评估指标，运用稀疏矩阵原理搜索供电点的各阶故障，通过故障后果分析制定牵引供电上下行故障判据，最后评估了京津客运专线的牵引变电站主接线和亦庄—永乐段电力供电系统的供电可靠性。

第6章为接触网设备及系统的可靠性评估，对高速铁路接触网设备缺陷（故障）及处理措施进行分类统计，拟合设备可靠性分布参数和优度检验，针对京津客运专线开通以来的故障数据进行统计分析、参数拟合及平均寿命分析，为维修策略多目标优化研究奠定理论基础。本章还给出了京津城际接触网精细化维修辅助决策管理系统的实例。

第7章为接触网系统预防性维修计划的多目标优化，建立周期预防性维修活动下接触网设备和系统的动态可靠性模型和维修费用模型，提出了一种新的混沌自适应进化算法来求解系统平均可靠性—维修费用的多目标优化问题，算例结果验证该算法在最优解分布的完整性、多样性和工程策略的选取方面优越性显著。

第8章为基于风险理论的牵引供电系统安全性评估。建立大风、覆冰和雷击等极端恶劣天气下牵引供电系统的动态故障率模型，用严重度函数建立接触网各区段实时的载荷风险指标，用雷击跳闸率和行车密度来评估雷击综合风险，分析牵引供电系统的风险评估层次，提出基于层次分析理论和灰度最大关联度法的风险定量评估方法，最后通过RBTS系统的供电风险综合评估验证了该方法的有效性，为高速铁路供电系统的早期故障预警奠定了理论基础。

本书的理论体系如图1－7所示。

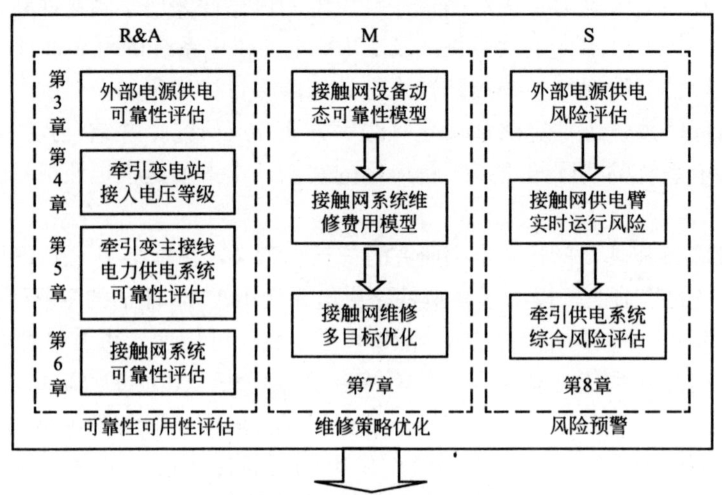

图1－7 本书的理论体系

第2章 RAMS评估的常用方法

2.1 RAMS的基本概念

2.1.1 可靠性的基本概念

1. 可靠性

可靠性是指产品在规定条件下和规定时间内，完成规定功能的能力。产品不能完成规定功能，称为故障（或失效）。可靠性一般用概率表示，也可以根据实际需要，用平均无故障工作时间或平均无故障里程（如动车组）表示。

2. 可靠度和不可靠度

可靠度是指产品在规定条件下和规定时间内，完成规定功能的概率。

产品寿命 T 是随机变量，可靠度 $R(t)$ 为

$$R(t)=P(T>t) \tag{2-1}$$

式中，t 是规定时间。

显然 t 时刻可靠度，指产品在 $[0, t]$ 内完成规定功能的概率。

不可靠度 $F(t)$ 为

$$F(t)=P(T\leqslant t) \tag{2-2}$$

即 t 时刻不可靠度，表示产品在 $[0, t]$ 内发生故障的概率。显然

$$R(t)+F(t)=1 \tag{2-3}$$

对于有限样本，设产品总数目为 N_0，经过 t 时间故障数目为 $r(t)$，则可靠度和不可靠度的估计值为

$$R(t)=\frac{N_0-r(t)}{N_0}$$

$$F(t)=\frac{r(t)}{N_0}$$

随着时间增大，可靠度由开始时 $R(0)=1$ 逐渐降低（$R(\infty)=0$），不可靠度由开始时 $F(0)=0$逐渐增加（$F(\infty)=1$）。

3. 故障概率密度

故障概率密度函数 $f(t)$ 是不可靠度的导数，即

$$f(t)=\frac{\mathrm{d}F(t)}{\mathrm{d}t} \tag{2-4}$$

对于有限样本，设产品总书目为 N_0，经过 t 时间故障数目为 $r(t)$，经过 $t+\Delta t$ 时间故障数据为 $r(t+\Delta t)$，则故障概率密度函数估计值为

$$f(t)=\frac{r(t+\Delta t)-r(t)}{N_0\Delta t} \tag{2-5}$$

即故障概率密度函数的物理意义，是表示任意时刻 t，产品总数目中单位时间内发生故障的概率。

4. 故障率

故障率是指任意时刻 t，尚未发生故障产品在单位时间内发生故障的概率。

对于有限样本，设产品总数目为 N_0，经过 t 时间故障数目为 $r(t)$，经过 $t+\Delta t$ 时间故障数目为 $r(t+\Delta t)$，则故障率估计值为

$$\lambda(t)=\frac{r(t+\Delta t)-r(t)}{[N_0-r(t)]\ \Delta t} \tag{2-6}$$

即故障率 $\lambda(t)$ 的物理意义，是表示任意时刻 t，尚未发生故障的产品在单位时间内发生故障的概率。

当考察的产品总数目足够多（$N_0\to\infty$），考察时间足够短（$\Delta t\to 0$），则

$$\lambda(t)=\lim_{\substack{\Delta t\to 0\\ N_0\to\infty}}\frac{\dfrac{r(t+\Delta t)-r(t)}{N_0\Delta t}}{\dfrac{N_0-r(t)}{N_0}}=\frac{f(t)}{1-F(t)}=\frac{f(t)}{R(t)} \tag{2-7}$$

5. 可靠度、不可靠度、故障概率密度和故障率之间的关系

在可靠度、不可靠度、故障概率密度和故障率中，只要知道其中一个指标，就可以确定另外 3 个指标。

1）已知可靠度或不可靠度情形

已知产品的可靠度为 $R(t)$，则产品不可靠度为

$$F(t)=1-R(t) \tag{2-8}$$

由式（2-4）和式（2-7）可知，故障概率密度函数 $f(t)$ 和故障率 $\lambda(t)$ 分布为

$$f(t)=\frac{\mathrm{d}F(t)}{\mathrm{d}t}=-\frac{\mathrm{d}R(t)}{\mathrm{d}t} \tag{2-9}$$

$$\lambda(t)=\frac{f(t)}{1-F(t)}=\frac{1}{1-F(t)}\cdot\frac{\mathrm{d}F(t)}{\mathrm{d}t} \tag{2-10}$$

或

$$\lambda(t)=\frac{f(t)}{R(t)}=-\frac{1}{R(t)}\frac{\mathrm{d}R(t)}{\mathrm{d}t} \tag{2-11}$$

2）已知故障概率密度情形

已知产品的故障概率密度函数为 $f(t)$，则不可靠度 $F(t)$ 和可靠度 $R(t)$，分别为

$$F(t)=\int_0^t f(t)\mathrm{d}t \tag{2-12}$$

$$R(t)=1-F(t)=\int_t^{\infty} f(t)\mathrm{d}t \tag{2-13}$$

故障率 $\lambda(t)$ 为

$$\lambda(t)=\frac{f(t)}{1-F(t)}=\frac{f(t)}{R(t)} \tag{2-14}$$

3）已知故障率情形

已知产品的故障概率为 $\lambda(t)$，式（2-11）两边积分得

$$\int_0^t \lambda(t)\mathrm{d}t=-\int_0^t \frac{1}{R(t)}\frac{\mathrm{d}R(t)}{\mathrm{d}t}\mathrm{d}t=-\int_0^t \mathrm{d}[\ln R(t)]=-\ln R(t)+\ln R(0)$$

当 $t=0$ 时，$R(0)=1$，得

$$R(t)=\exp\left[-\int_0^t \lambda(t)\mathrm{d}t\right] \tag{2-15}$$

$$F(t)=1-\exp\left[-\int_0^t \lambda(t)\mathrm{d}t\right] \tag{2-16}$$

由式（2-7）得，故障概率密度函数 $f(t)$ 为

$$f(t)=\lambda(t)\cdot\exp\left[-\int_0^t \lambda(t)\mathrm{d}t\right] \tag{2-17}$$

6. 平均寿命

平均寿命是指产品寿命的平均值。对于不可修复的产品，指产品平均失效前工作时间，通常记为 MTTF（Mean Time To Failure）。对于可修复产品，指平均故障间隔时间，记为 MTBF（Mean Time Between Failure）。

1）平均失效前工作时间（MTTF）

设 N_0 个不可修复产品在相同条件下进行试验，测得寿命数据为 t_1，t_2，…，t_{N_0}，则其平均失效前工作时间的估计值为

$$\mathrm{MTTF}=\frac{1}{N_0}\sum_{i=1}^{N_0} t_i \tag{2-18}$$

当寿命是连续型随机变量时，平均失效前工作时间为

$$\begin{aligned}\mathrm{MTTF}&=\int_0^\infty tf(t)\mathrm{d}t=\int_0^\infty t\left[-\frac{\mathrm{d}R(t)}{\mathrm{d}t}\right]\mathrm{d}t=-[t\cdot R(t)]_0^\infty+\int_0^\infty R(t)\mathrm{d}t\\&=\int_0^\infty R(t)\mathrm{d}t\end{aligned} \tag{2-19}$$

2）平均故障间隔时间（MTBF）

设一个可修产品在使用期间，发生了 N_0 次故障，每次故障修复后，又继续投入工作，工作时间分别为 t_1，t_2，…，t_{N_0}，则其平均故障间隔时间为

$$\mathrm{MTBF}=\frac{1}{N_0}\sum_{i=1}^{N_0} t_i \tag{2-20}$$

产品修复后和崭新的产品没任何区别，称为完全修复。对于完全修复的产品，每次修复后继续工作时，与新产品投入使用完全一样。所以，寿命是连续型随机变量时，平均故障间隔时间可用式（2-19）表示为

$$\mathrm{MTBF}=\int_0^\infty R(t)\mathrm{d}t \tag{2-21}$$

2.1.2 可用性的基本概念

1. 可用性

可用性是指当需要时，系统在该时刻处于正常工作状态（正常可用状态）的能力。可用性是系统可靠性和维修情况的综合表征，是反映系统效能的主要特征之一。可用性用可用度进行度量。

2. 可用度

可用度是指在任一时刻，当任务需要时，系统在任务开始时刻处于可使用状态的概率。

可用度 A 的基本数学表达式为

$$A=\frac{t_1}{t_0}=\frac{t_1}{t_1+t_2} \tag{2-22}$$

式中，t_0是总工作时间；t_1为能工作时间；t_2是不能工作时间。

$$t_1=t_3+t_4, \quad t_2=t_{01}+t_{02}$$

式中，t_3为工作时间；t_4为待命时间；t_{01}为总维修时间；t_{02}为维修准备时间。

2.1.3 可维修性的基本概念

1. 维修度

每次修复产品的时间 T 是一个随机变量，产品的维修度 $M(t)$ 定义为

$$M(t)=P(T\leqslant t) \tag{2-23}$$

即维修度 $M(t)$ 表示产品在［0，t］时间内被修复的概率，是时间的增函数。$M(0)=0$，$M(\infty)=1$。

设有 N 个故障产品，在［0，t］时间内被修复产品数目为 $N(t)$，则维修度 $M(t)$ 的估计值 $\hat{M}(t)$ 为

$$\hat{M}(t)=\frac{N(t)}{N} \tag{2-24}$$

样本数目足够多时，有

$$M(t)=\lim_{N\to\infty}\frac{N(t)}{N} \tag{2-25}$$

2. 维修概率密度函数

维修概率密度函数 $m(t)$ 是维修度函数 $M(t)$ 的导数，即

$$m(t)=\frac{\mathrm{d}M(t)}{\mathrm{d}t} \tag{2-26}$$

设有 N 个故障产品，在时刻 t 被修复产品数目为 $N(t)$，在时刻 $t+\Delta t$ 被修复产品数目为 $N(t+\Delta t)$，维修概率密度函数 $m(t)$ 的估计值 $\hat{m}(t)$ 为

$$\hat{m}(t)=\frac{N(t+\Delta t)-N(t)}{N\Delta t} \tag{2-27}$$

当产品数据足够多，考虑的时间间隔足够短时，有

$$m(t)=\lim_{\substack{\Delta t\to 0\\ N\to\infty}}\frac{N(t+\Delta t)-N(t)}{N\Delta t} \tag{2-28}$$

即维修概率密度函数表示产品（总产品数目中）在任意时刻 t 单位时间内被修复的概率。

3. 维修率函数

维修率函数 $\mu(t)$ 是产品在任意时刻 t，尚未修复的产品在单位时间内被修复的概率，即

$$\mu(t)=\lim_{\substack{\Delta t\to 0\\ N\to\infty}}\frac{N(t+\Delta t)-N(t)}{[N-N(t)]\Delta t} \tag{2-29}$$

对于有限样本，$\mu(t)$ 的估计值 $\hat{\mu}(t)$

$$\hat{\mu}(t)=\frac{N(t+\Delta t)-N(t)}{[N-N(t)]\Delta t} \tag{2-30}$$

由式（2-29）、式（2-27）和式（2-24）得

$$\mu(t)=\lim_{\substack{\Delta t\to 0\\ N\to\infty}}\frac{\dfrac{N(t+\Delta t)-N(t)}{N\Delta t}}{\dfrac{N-N(t)}{N}}=\lim_{\substack{\Delta t\to 0\\ N\to\infty}}\frac{\hat{m}(t)}{1-\hat{M}(t)}=\frac{m(t)}{1-M(t)} \tag{2-31}$$

又 $m(t)=\mathrm{d}M(t)/\mathrm{d}t$，故

$$\mu(t)=\frac{1}{1-M(t)}\cdot\frac{\mathrm{d}M(t)}{\mathrm{d}t} \tag{2-32}$$

等式两边取积分得

$$\int_0^t\mu(t)\mathrm{d}t=\int_0^t\frac{\mathrm{d}M(t)}{1-M(t)}=-\int_0^t\frac{\mathrm{d}[1-M(t)]}{1-M(t)}=-\ln[1-M(t)]+\ln[1-M(0)]$$

又 $M(0)=0$，即产品发生故障的瞬间是不可能立即修复的，整理得

$$M(t)=1-\exp\left[-\int_0^t\mu(t)\mathrm{d}t\right] \tag{2-33}$$

$$m(t)=\mu(t)\cdot[1-M(t)]=\mu(t)\cdot\exp\left[-\int_0^t\mu(t)\mathrm{d}t\right] \tag{2-34}$$

表示维修性的 3 个指标中，只要已知其中任意 1 个指标，就可确定其余 2 个指标。

已知维修率函数 $\mu(t)$，由式（2-33）和式（2-34），可求得维修度函数 $M(t)$ 和维修率密度函数 $m(t)$。

已知维修概率密度函数 $m(t)$，由式（2-26）得

$$M(t)=\int_0^t m(t)\mathrm{d}t \tag{2-35}$$

由式（2-31）得

$$\mu(t)=\frac{m(t)}{1-\int_0^t m(t)\mathrm{d}t} \tag{2-36}$$

已知维修度函数 $M(t)$，由式（2-26）得

$$m(t)=\frac{\mathrm{d}M(t)}{\mathrm{d}t} \tag{2-37}$$

由式（2-32）得

$$\mu(t)=\frac{1}{1-M(t)}\cdot\frac{\mathrm{d}M(t)}{\mathrm{d}t} \tag{2-38}$$

2.1.4 安全性的基本概念

1. 安全性

安全性是指系统没有不可接受的伤害的风险。可见，系统的安全性是和系统所面临的风险密切相关的，系统的安全评估也是通过风险评估来实现的。

2. 风险与风险评估

风险是对风险事件发生的概率及其严重程度和损失的综合度量。因此仅考虑风险事件的发生概率而不考虑它所带来的后果和损失，或者仅考虑风险事件带来的后果和损失而不考虑它的发生概率，都是不全面的。风险管理一般包括风险界定、风险识别、风险事件的概率分析、风险事件的严重程度和损失分析、风险的综合度量、风险预警等内容。例如，高速铁路牵引供电系统面临的主要风险有外部电力系统的供电风险、暴露在室外的接触网所承受的风偏风险、覆冰风险和雷击风险等。详细模型、风险指标和评估方法见第8章。

风险评估可分为定性评估和定量评估。例如，在IEC 62278中，把风险分成4个等级，分别是：不能容忍、不希望、可接受、可忽略。它是定性评估，而不是定量评估。定量评估有指数评估法、概率评估法和层次分析法等。

2.2 简单串并联系统的可靠性分析

2.2.1 简单串联系统

系统中只要有一个单元故障，系统就故障，这样的系统称为串联系统。可靠性框图如图2-1所示。

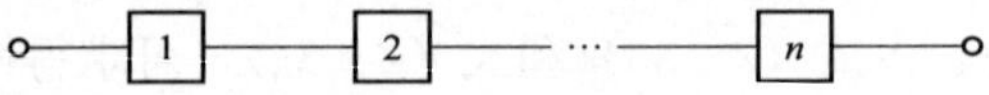

○—[1]—[2]—…—[n]—○

图2-1 串联模型

其数学模型为

$$R_S(t) = \prod_{i=1}^{n} R_i(t) \tag{2-39}$$

或

$$F_S(t) = 1 - \prod_{i=1}^{n} [1 - F_i(t)] \tag{2-40}$$

式中，$R_S(t)$ 和 $F_S(t)$ 分别为系统的可靠度和不可靠度；$R_i\,t$和 $F_i(t)$ 分别为第 i 个单元的可靠度和不可靠度；n 为单元数目。

若各个单元的寿命服从指数分布，则

$$R_i(t) = \mathrm{e}^{-\lambda_i t}$$

$$R_S(t) = \prod_{i=1}^{n} e^{-\lambda_j t} = e^{-(\sum_{i=1}^{n}\lambda_i)t} = e^{-\lambda_S t}$$

$$\lambda_S = \sum_{i=1}^{n}\lambda_i \tag{2-41}$$

式中，λ_S为系统的故障率；λ_i为第 i 个单元的故障率。显然，串联系统中各个单元的寿命为指数分布式，系统的寿命也是指数分布，系统平均寿命为

$$\mathrm{MTTF} = \frac{1}{\lambda_S} = \frac{1}{\sum_{i=1}^{n}\lambda_i} \tag{2-42}$$

2.2.2　简单并联系统

系统中所有单元都故障时，系统才故障，这样的系统称为并联系统。可靠性框图如图 2－2 所示。

其数学模型为

$$F_S(t) = \prod_{i=1}^{n} F_i(t) \tag{2-43}$$

或

$$R_S(t) = 1 - \prod_{i=1}^{n}[1 - R_i(t)] \tag{2-44}$$

式中，$F_S(t)$ 和 $R_S(t)$ 分别为系统的不可靠度和可靠度；$F_i(t)$ 和 $R_i(t)$ 分别为第 i 个单元的不可靠度和可靠度。

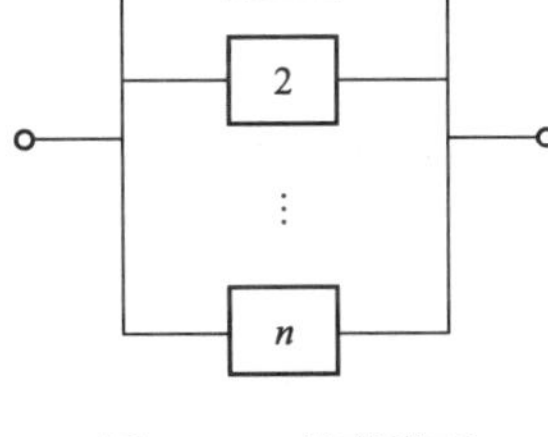

图 2－2　并联模型

若并联系统的 n 个单元相同，寿命服从指数分布，则

$$R_S(t) = 1-(1-e^{-\lambda t})^n$$

平均寿命为

$$\mathrm{MTTF} = \int_0^{\infty}[1-(1-e^{-\lambda t})^n]\mathrm{d}t = \frac{1}{\lambda} + \frac{1}{2\lambda} + \cdots + \frac{1}{n\lambda} \tag{2-45}$$

各个单元寿命都服从指数分布时，并联系统寿命并不服从指数分布。并联单元越多，系统可靠度越高，但是当 $n \leqslant 3$ 时增加可靠度效果最好。

2.3　蒙特卡罗（Monte－Carlo）仿真法

蒙特卡罗方法亦称概率模拟方法，有时也称随机抽样或统计试验方法。它是一种通过随机变量的统计试验、随机模拟来求解数学物理、工程技术问题近似解的数值方法。它的理论基础是概率论中的大数定律。

2.3.1　蒙特卡罗方法的概率收敛性

根据大数定律，x_1，x_2，…，x_n 是 N 个独立的随机变量，它们有相同的分布，且有相同的有限期望 $E(x_i)$ 和方差 $D(x_i)$，$i=1$，2，…，N。则对于任意 $\varepsilon>0$，有

$$\lim_{N\to\infty} P\left\{\left|\sum_{i=1}^{N} x_i \Big/ N - E(x_i)\right| \geqslant \varepsilon\right\} = 0 \tag{2-46}$$

由伯努利定理可知，设随机事件 A 的概率为 $P(A)$，在 N 次独立试验中，事件 A 发生的频数为 n，频率为 $W(A)=n/N$，则对于任意的 $\varepsilon>0$，有

$$\lim_{N\to\infty} P\{|n/N-P(A)|<\varepsilon\}=1 \tag{2-47}$$

蒙特卡罗方法从总体 ξ 中抽取简单子样做抽样试验，根据简单子样的定义，x_1，x_2，…，x_n 为具有同分布的独立随机变量。由式（2-46）和式（2-47）可知，当 N 足够大时，$\sum_{i=1}^{N} x_i/N$ 依概率 1 收敛于 $E(X)$，而频率 n/N 以概率 1 收敛于 $P(A)$，这就保证了蒙特卡罗方法的概率收敛性。由于蒙特卡罗方法的理论基础是大数定律，因此从原则上讲，此方法的应用范围几乎没有什么限制。

2.3.2 蒙特卡罗方法的误差及其改进

大数定律保证了蒙特卡罗方法的收敛性，现还需进一步讨论它的误差。

在蒙特卡罗方法中对已知分布的随机变量抽样都属于简单随机抽样，即从总体 ξ 中抽取的简单子样 x_1，x_2，…，x_n 为独立同分布的随机变量。由概率论的中心极限定律可知，对相互独立且同分布的随机变量 x_1，x_2，…，x_n，若其方差有界（$0<\sigma^2<\infty$），则对于任意非负的 x，均有

$$\lim P\left(\frac{\sqrt{N}}{\sigma}|\hat{\theta}_N-\theta|<x\right)=\frac{1}{\sqrt{2\pi}}\int_{-x}^{x} e^{-\frac{x^2}{2}}\mathrm{d}x \tag{2-48}$$

上式右端为正态分布 N(0，1）的分布函数。其中 $\hat{\theta}_N=\frac{1}{N}(x_1+x_2+\cdots+x_N)$ 为 θ 的无偏估计，θ 为真值，即 $\theta=E(x)$。

当 N 足够大时，下列近似式成立：

$$P\left(|\hat{\theta}_N-\theta|<\frac{x\cdot\sigma}{\sqrt{N}}\right)\approx\frac{2}{\sqrt{2\pi}}\int_{0}^{x} e^{-\frac{x^2}{2}}\mathrm{d}x \tag{2-49}$$

若给定置信度（或置信水平）$1-\alpha$，上式可写成：

$$P\left(|\hat{\theta}_N-\theta|<\frac{x_\alpha\cdot\sigma}{\sqrt{N}}\right)\approx\frac{2}{\sqrt{2\pi}}\int_{0}^{x_\alpha} e^{-\frac{x^2}{2}}\mathrm{d}x=1-\alpha \tag{2-50}$$

根据实际要求，当给定置信度 $1-\alpha$ 后，可按式（2-50）查标准正态分布表定出 x_α 值。近似估计值 $\hat{\theta}_N$ 与真值 θ 之间的误差，可用下式表示：

$$\varepsilon=|\theta-\hat{\theta}_N|<\frac{x_\alpha\cdot\sigma}{\sqrt{N}} \tag{2-51}$$

蒙特卡罗方法的误差 ε 可用式（2-51）估计。当置信度 $1-\alpha=95\%$ 时，$x_\alpha=1.96$，则给出误差：

$$\varepsilon=\frac{1.96\sigma}{\sqrt{N}} \tag{2-52}$$

从式（2-50）～式（2-52）不难看出，蒙特卡罗方法的结果精度和收敛过程有其自身的特点，即：

收敛过程服从概率规律性，所有问题的解随着试验次数 N 的增加，按照统计规律性随式（2－51）和式（2－52）逐步收敛；

试验结果的精度 $\varepsilon=\sigma/\sqrt{N}$可以在试验过程中进行估计；

蒙特卡罗方法的收敛速度与$\sqrt{N}$成比例，这样的收敛速度要把结果的精度提高一倍，就要百倍地增加试验工作量。

2.3.3　蒙特卡罗仿真法的实施步骤

根据工程问题的不同或系统可靠性模型的不同，采用蒙特卡罗仿真法的具体步骤也不一样。这里以外部大电力系统对一条铁路的若干牵引变电站供电的可靠性评估为例，来说明蒙特卡罗仿真法的具体步骤，详见3.1节。

假设某大型电力系统为一条铁路的若干牵引变电站供电，该电力系统的发电机组和输电线路（含电力变压器）都视为独立的系统元件，设它们的可靠性分布均符合故障率恒定的指数分布，且故障率和修复时间已知。当电力系统中的发电机组或输电线路发生故障退出运行时，为了保持电力系统的稳定运行，所有节点电压和线路潮流都在可接受的范围之内，势必按照负荷的重要程度削减某些节点的负荷。如果某牵引变电站负荷被削减，可以理解为该电力系统对该牵引变电站的供电能力降低，这势必降低该牵引变电站供电臂特别是末端的供电能力。其供电可靠性可以用该牵引变电站的失负荷概率、失负荷频率、电力不足期望和电量不足期望等指标来描述，详见3.1.1节。

为了用蒙特卡罗仿真法来评估电力系统对牵引变电站供电的可靠性，其实施步骤如下。

（1）对所有独立的随机变量进行随机抽样，生成系统的状态序列：对每一个系统元件，根据其故障率和修复时间生成该元件的状态序列。例如，某发电机组的故障率为0.1次/年，故障修复时间为30小时，设仿真时长为200年，则该发电机组故障次数为20次，采用随机发生机制可以确定该发电机组的故障时刻和修复时刻，即可确定它的状态序列。同理，可以生成所有元件的状态序列。然后，从所有元件都正常运行的初始状态出发，每当系统的一个元件状态发生变化即为一个新的系统状态，来生成所有元件在全仿真时长内系统的状态序列。例如，3.4节算例分析中，共有50 040个系统状态，其中互异状态2 074个。

（2）计算每一种系统状态出现的概率：假设系统有 N 个元件，每个元件在某时段内的状态为 S_i，$i=1$，2，…，N，$S_i=1$ 表示元件正常运行，$S_i=0$ 表示元件因故障退出，则仅第 k 个元件退出的系统状态的概率为：

$$P(S_k=0)\prod_{i=1,i\neq k}^{N}P(S_i=1)=\lambda_k\prod_{i=1,i\neq k}^{N}(1-\lambda_i) \tag{2-53}$$

（3）计算每一种系统状态下的最佳削负荷量：此时要考虑负荷的重要程度和削负荷的次序，对削负荷的结果还要通过系统的潮流计算加以验证。这部分的详细算法参见3.2节和3.3节；

（4）根据每种系统状态下的概率和削负荷计算结果，统计计算每一个牵引变电站的4个可靠性指标和描述整条铁路供电可靠性的5个指标。可靠性指标的定义详见3.1.2节，其中根据高速铁路牵引供电系统的特点，考虑了相邻牵引变电站的越区供电能力，这是牵引负荷区别于传统电力系统负荷的重要特征。

2.4 故障树分析法（FTA）

故障树分析（Fault Tree Analysis，FTA）方法，是将系统故障的各种原因（包括硬件、环境、人为因素），由总体至部分，按树枝状结构，自上而下逐层细化的分析方法。20世纪 60 年代初，美国的 Watson 和 Mearns 首先使用故障树分析方法，对民兵式导弹发射控制系统的随机失效问题成功地作出了预测。其后，Hassl，Schrader 和 Jackon 研制出故障树分析计算机程序，用于飞机的设计改进。70 年代初，麻省理工学院的 Rasmussen 教授领导的安全小组，采用故障树分析法与事件树分析（Event Tree Analysis，ETA）方法，进行了核电站安全性分析。

目前，故障树分析方法，已经从早期的航空、航天、核能领域应用，渗透到各个工业应用领域，被公认为是安全可靠性分析的一种简单、有效、最有发展前途的分析方法。

2.4.1 故障树分析法的基本概念和常用符号

1. 事件

事件：是对系统状态及元、部件状态的描述，如正常事件或故障事件。

正常事件：如果系统或元、部件，能够完成指定功能，则称为正常事件。

故障事件：如果系统或元、部件，不能完成指定功能，则称为故障事件。

2. 部件

凡是能产生故障事件的元、部件及设备、子系统、环境条件、人为因素等，在故障树中定义为部件。

3. 故障分类

部件的故障按其产生原因分为 3 类。

一次故障（原发性故障）：由于部件的内在原因（自身原因）而产生的故障。

二次故障（诱发故障）：由于部件的外在原因（环境影响等）造成的故障。

受控故障：由于系统中其他部件影响而产生的故障。

这样，把部件自身原因影响、系统中其他部件影响、部件外在原因影响，进行了合理的分类。一般受控故障，根据系统的工作原理和功能关系，进行进一步细化分类。

4. 故障树中常用的事件符号

故障树中常用的事件符号如表 2－1 所示。

表 2－1 故障树中常用的事件符号

符　号	名　称
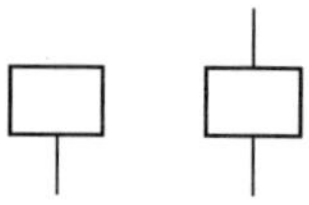	矩形符号 （顶事件，中间事件）

续表

符　　号	名　　称
	图形符号 （底事件）
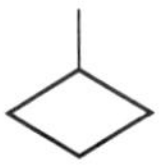	菱形符号 （底事件）
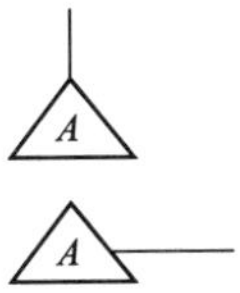 A A	转入符号 转出符号

1）矩形符号

矩形符号表示顶事件或中间事件，即需要往下进一步分析的事件。将相关事件明确、扼要地写入矩形符号内，不得笼统、含糊。

2）圆形符号

圆形符号表示基本事件，即表示基本原因事件，不需要往下进一步分析的事件。

3）菱形符号

菱形符号用于两种情形：一是没有必要详细分析或其原因尚不明确情形；二是表示二次故障事件，即表示来自系统之外的故障事件。

4）转入或转出符号

转入符号用于故障树的底部（树枝），表示树的 A 部分分支在另外地方。转出符号用于故障树顶部，表示树 A 是另外一棵故障树的子树。转入符号和转出符号经常用于绘制大型故障树时，把大型故障树用多页纸绘制表示情形。

圆形符号和菱形符号都是不需要进一步往下分析的事件，故称为底事件。

5. 故障树中常用的逻辑门符号

故障树中常用的逻辑门符号如表 2－2 所示。

表 2－2　故障树中常用的逻辑门及其符号

符　　号	名　　称
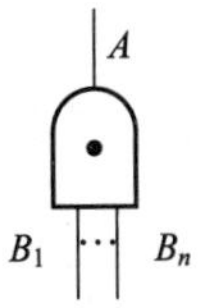 A · B_1 … B_n	与门
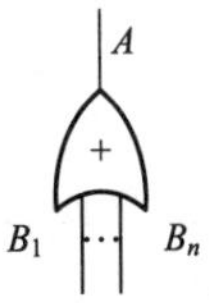 A + B_1 … B_n	或门

续表

符号	名称
A r/n B_1 … B_n	表决门
禁止条件	禁止门
A + 不同时发生 B_1 B_2	异或门

1）与门

逻辑门的输入事件同时发生，输出事件才发生，称该逻辑门为“与门”。相应的逻辑代数表达式为

$$A=B_1\cap B_2\cap\cdots\cap B_n$$

2）或门

逻辑门的输入事件只需有一个发生，输出事件就发生，该逻辑门称为“或门”，或门的逻辑代数表达式为

$$A=B_1\cup B_2\cup\cdots\cup B_n \tag{2-54}$$

3）表决门

逻辑门的 n 个输入中至少有 r 个发生，输出事件才发生，则该逻辑门称为表决门。

4）禁止门

当给定条件满足时，逻辑门的输入事件，引起输出事件发生，则该逻辑门称为禁止门。

5）异或门

逻辑门仅当一个输入发生时，输出才发生，则该逻辑门称为异或门。异或门的逻辑代数表达式为

$$A=(B_1\cap\overline{B_2})\cup(\overline{B_1}\cap B_2) \tag{2-55}$$

“与门”和“或门”是最基本的逻辑门，在故障树定性分析和定量分析时要把其他逻辑门转换为“与门”和“或门”，具体转换方法将在后面介绍。

2.4.2 故障树分析的步骤

1. 选择合理的顶事件

确定系统的边界条件，若FTA的任务是分析已发生故障的原因，则顶事件已给定，无须选择；若FTA是预测系统会发生何种故障，并分析造成故障的原因，就要正确地选择顶事件。

2. 建造故障树

建树要求对系统及其各个组成部分有透彻的了解，它是一个多次反复、逐渐深入完善的过程。对于复杂系统，建树时应按系统层次由上而下，逐级展开。

3. 简化故障树

在明确定义系统接口和进行合理假设的情况下，可以对所建的故障树进行合理简化。对于复杂庞大的故障树可应用模块分解法、逻辑简化法和早期不交化方法等进行简化。

4. 对故障树结构进行定性分析

求故障树顶事件的故障模式（即最小割集），确定各事件的结构重要度，分析共同原因失效，按共同模式失效原则进行处理。

5. 对故障树进行定量分析

在已知底事件发生概率的条件下，计算顶事件发生的概率和有关可靠性参数，必要时还可以进行重要度分析，计算顶事件发生概率的上下限。

2.4.3 故障树的定性分析

1. 割集和最小割集

割集：故障树中一些底事件的集合。当这些底事件同时发生时，顶事件必然发生。

最小割集：若将割集中所含底事件任意去掉一个就不再成为割集，这样的割集就是最小割集。

例如，1 个故障树底事件集合为$\{x_1, x_2, \cdots, x_n\}$，如有 1 个子集$\{x_{i1}, x_{i2}, \cdots, x_{il}\}$ $(l \leqslant n)$，当$x_{i1}=x_{i2}=\cdots=x_{il}=1$时，$\Phi(X)=1$，则$\{x_{i1}, x_{i2}, \cdots, x_{il}\}$是该故障树的 1 个割集。当$\{x_{i1}, x_{i2}, \cdots, x_{il}\}$中去掉任意 1 个底事件，剩下状态变量同时取 1 时，$\Phi(X) \neq 1$，则$\{x_{i1}, x_{i2}, \cdots, x_{il}\}$是该故障树的 1 个最小割集。

2. 路集和最小路集

路集：故障树中一些底事件的集合。当这些事件不发生时，顶事件必然不发生。

最小路集：若将路集中所含的底事件任意去掉 1 个就不再成为路集，这样的路集就是最小路集。

例如，1 个故障树底事件集合为$\{x_1, x_2, \cdots, x_n\}$，如有一个子集$\{x_{j1}, x_{j2}, \cdots, x_{jl}\}$ $(l \leqslant n)$，当$x_{j1}=x_{j2}=\cdots=x_{jl}=0$时，$\Phi(X)=0$，则该子集是 1 个路集。若路集$\{x_{j1}, x_{j2}, \cdots, x_{jl}\}$中去掉任意 1 个底事件，剩下的底事件状态变量同时取 0 时，$\Phi(X) \neq 0$，则这样的路集就是最小路集。

3. 最小割集的计算方法

最小割集的计算方法很多，常用的有上行法和下行法。

1）下行法

Fussel - Vesely 算法，基本原理是故障树中的或门增加割集数目，与门增大割集容量（割集中包含底事件数目）。

从故障树的顶事件开始，由上到下，顺次把上一级事件置换为下一级事件，遇到与门将输入事件横向并列写出，遇到或门将输入事件竖向串联写出，直到把全部逻辑门都置换成底事件为止，此时最后一列代表所有割集，再将割集简化、吸收得全部最小割集。

例如，如图 2-3 所示故障树，采用下行法求割集、最小割集。

该故障树割集有 6 个，分别为$\{x_4, x_1\}$，$\{x_4, x_3, x_5\}$，$\{x_3, x_2, x_1\}$，$\{x_3, x_5, x_1\}$，$\{x_2, x_3, x_5\}$，$\{x_3, x_5\}$。简化、吸收求最小割集的过程如表 2-3 所示。

表 2-3 用 Fussel-Vesely 下行法求故障树的最小割集

分析步骤								最小割集
1	2	3	4	5	6	7	8	
T	M_1M_2	x_4M_2	x_4x_1	x_4x_1	x_4x_1	x_4x_1	x_4x_1	x_4x_1
		M_3M_2	x_4M_5	$x_4x_3x_5$	$x_4x_3x_5$	$x_4x_3x_5$	$x_4x_3x_5$	$x_3x_2x_1$
			M_3x_1	$x_3M_4x_1$	$x_3x_2x_1$	$x_3x_2x_1$	$x_3x_2x_1$	x_3x_5
			M_3M_5	$x_3M_4M_5$	$x_3x_5x_1$	$x_3x_5x_1$	$x_3x_5x_1$	
					$x_3x_2M_5$	$x_3x_2x_3x_5$	$x_2x_3x_5$	
					$x_3x_5M_5$	$x_3x_5x_3x_5$	x_3x_5	

简化：$x_3x_2x_3x_5=x_2x_3x_5$，$x_3x_5x_3x_5=x_3x_5$

吸收：$x_3x_5+x_4x_3x_5+x_3x_5x_1+x_2x_3x_5=x_3x_5$

简化、吸收后最小割集为$\{x_4, x_1\}$，$\{x_3, x_2, x_1\}$，$\{x_3, x_5\}$。

2）上行法

从故障树的最底层开始，利用逻辑与门和或门逻辑运算法则顺次往上，将中间事件用底事件表示，直到顶事件为止，得到割集再进行简化、吸收得最小割集。

例如，如图 2-3 所示的同一故障树，采用上行法求割集、最小割集。

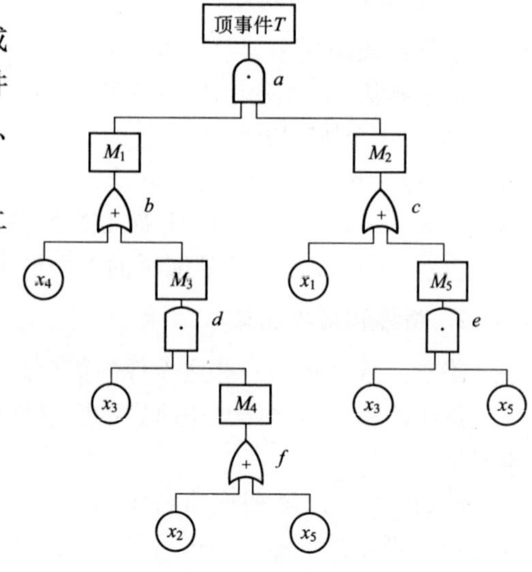

图 2-3 故障树示意图

$M_4=x_2+x_5$

$M_3=x_3M_4=x_3(x_2+x_5)=x_2x_3+x_3x_5$

$M_1=x_4+M_3=x_4+x_2x_3+x_3x_5$

$M_5=x_3x_5$

$M_2=x_1+x_3x_5$

$T=M_1M_2=(x_4+x_2x_3+x_3x_5)(x_1+x_3x_5)$

$=x_1x_4+x_1x_2x_3+x_1x_3x_5+x_3x_4x_5+x_2x_3x_5+x_3x_5$

$=x_1x_4+x_1x_2x_3+x_3x_5$

故最小割集为$\{x_1, x_4\}$，$\{x_1, x_2, x_3\}$，$\{x_3, x_5\}$。

2.4.4 故障树的定量分析

1. 事件和与事件积的概率计算

对于故障树，已知结构函数和底事件概率的条件下，计算顶事件发生概率时，涉及事件和与事件积的概率计算问题。

设底事件 x_i（$1\leqslant i\leqslant n$）的发生概率为 $P(x_i)$（$1\leqslant i\leqslant n$），则事件和与事件积的概率计算方法如下。

当 n 个事件相互独立时：

n 个相互独立事件积的概率计算：

$$P(x_1 \cdot x_2 \cdots x_n) = P(x_1) \cdot P(x_2) \cdots P(x_n) = \prod_{i=1}^{n} P(x_i) \tag{2-56}$$

n 个相互独立事件和的概率计算：

$$\begin{aligned} & P(x_1 + x_2 + \cdots + x_n) \\ & = 1 - [1 - P(x_1)] \cdot [1 - P(x_2)] \cdot \cdots \cdot [1 - P(x_n)] \\ & = 1 - \prod_{i=1}^{n} [1 - P(x_i)] \end{aligned} \tag{2-57}$$

当 n 个事件互斥时：

n 个互斥事件积的概率计算：

$$P(x_1 \cdot x_2 \cdots x_n) = 0 \tag{2-58}$$

n 个互斥事件和的概率计算：

$$\begin{aligned} & P(x_1 + x_2 + \cdots + x_n) \\ & = P(x_1) + P(x_2) + \cdots + P(x_n) \\ & = \sum_{i=1}^{n} P(x_i) \end{aligned} \tag{2-59}$$

当 n 个事件相容（即一般情况）时：

n 个相容事件积的概率计算：

$$P(x_1 \cdot x_2 \cdots x_n) = P(x_1) P(x_2 | x_1) P(x_3 | x_1 \cdot x_2) \cdots P(x_n | x_1 \cdot x_2 \cdots x_{n-1}) \tag{2-60}$$

式中，$P(x_n | x_1 \cdot x_2 \cdots x_{n-1})$ 为(x_1，x_2，…，x_{n-1}）事件同时发生条件下，出现事件 x_n 的条件概率。

n 个相容事件和的概率计算：

$$\begin{aligned} & P(x_1 + x_2 + \cdots + x_n) \\ & = \sum_{i=1}^{n} P(x_i) - \sum_{i<j=2}^{n} P(x_i x_j) + \sum_{i<j<k=3}^{n} P(x_i x_j x_k) + \cdots + (-1)^{n-1} P(x_1 x_2 \cdots x_n) \end{aligned} \tag{2-61}$$

一般情况下，如果 $P(x_i) < 0.1 (1 \leqslant i \leqslant n)$，相容事件可以近似看作是独立事件。如果 $P(x_i) < 0.01 (1 \leqslant i \leqslant n)$，相容事件可以近似看作是相斥事件。由此可进行近似的概率计算。

2. 用结构函数求故障树顶事件发生概率

在进行故障树定量计算时，一般要作以下几个假设：底事件之间相互独立；底事件和顶事件只考虑两种状态，即正常或故障两种状态。

1）采用最小割集求顶事件发生的概率

设故障树有 k 个最小割集 $K_i (1 \leqslant i \leqslant k)$，故障树的结构函数表示为

$$T = \Phi(X) = K_1 + K_2 + \cdots + K_k \tag{2-62}$$

其中，每个最小割集 $K_i (1 \leqslant i \leqslant k)$ 是底事件 $x_j (1 \leqslant j \leqslant n$，$n$ 为底事件数目）的积事件。

一般情况下，最小割集彼此相交，根据相容事件的概率计算公式，顶事件发生概率为 $P(T)$（即系统的不可靠度 F_S）：

$$\begin{aligned}F_S &= P(T) = P(K_1 + K_2 + \cdots + K_k) \\ &= \sum_{i=1}^{k} P(K_i) - \sum_{i<j=2}^{k} P(K_i K_j) + \sum_{i<j<l=3}^{k} P(K_i K_j K_l) + \cdots + (-1)^{k-1} P(K_1 K_2 \cdots K_k)\end{aligned} \tag{2-63}$$

上式具有（2^k-1）个项，当最小割集数目 k 达到一定程度时，产生组合爆炸问题。如某故障树有40个最小割集，则上式有 $2^{40}-1 \approx 1.1 \times 10^{12}$ 个项，每一项又是许多事件的连乘积，计算量很大，即使大型计算机也难以胜任。

2）采用最小路集计算顶事件发生概率

设故障树有 m 个最小路集 $C_i(1 \leqslant i \leqslant m)$ 是底事件 $x_j(1 \leqslant j \leqslant n)$ 的逆事件 $\overline{x_j}(1 \leqslant j \leqslant n)$ 的积事件。

一般情况下，最小路集彼此相交，根据相容事件的概率计算公式，顶事件不发生概率为 $P(\overline{T})$（即系统可靠度 R_S）：

$$\begin{aligned}R_S &= P(\overline{T}) = P(C_1 + C_2 + \cdots + C_m) \\ &= \sum_{i=1}^{m} P(C_i) - \sum_{i<j=2}^{m} P(C_i C_j) + \sum_{i<j<k=3}^{m} P(C_i C_j C_k) + \cdots + (-1)^{m-1} P(C_i C_j \cdots C_m)\end{aligned} \tag{2-64}$$

上式具有（2^m-1）个项，每项又是许多事件的连乘积，当最小路集数目 m 达到一定程度时，也产生组合爆炸问题。

若求得顶事件不发生概率 $P(\overline{T})$，则顶事件发生概率 $P(T)$ 为

$$P(T) = 1 - P(\overline{T}) \tag{2-65}$$

3. 底事件重要度计算

故障树中，各个底事件对系统故障的贡献大小是不同的，各个底事件对系统故障的影响大小，用底事件重要度描述。底事件重要度在改善系统的设计，确定系统需要监控的关键部位，确定系统故障诊断方案等方面有重要应用。

1）概率重要度

设故障树有 n 个底事件，每个底事件发生概率（不可靠度）为 $F_i(1 \leqslant i \leqslant n)$，顶事件发生概率（不可靠度）为 F_S，则

$$F_S = F(F_1, F_2, \cdots, F_n) \tag{2-66}$$

第 i 个底事件的概率重要度定义为

$$\frac{\partial F_S}{\partial F_i} \quad 或 \quad \frac{\partial R_S}{\partial R_i} \quad (1 \leqslant i \leqslant n) \tag{2-67}$$

即概率重要度是底事件发生概率变化引起顶事件发生概率的变化程度。

2）关键重要度

第 i 个底事件的关键重要度定义为

$$\frac{\partial F_S}{\partial F_i},\ \frac{\partial F_t}{\partial F_S} \quad 或 \quad \frac{\partial R_S}{\partial R_i}\cdot\frac{1-R_i}{1-R_S} \tag{2-68}$$

关键重要度是底事件 i 故障概率的变化率与它引起顶事件发生概率变化率之比。

2.5 故障模式、影响及危害度分析（FMECA）

故障模式、影响及危害性分析（Failure Mode，Effect and Criticality Analysis，FMECA）是进行可靠性设计的一种分析方法。其目的在于预防和控制故障，提高产品的可靠性。由于该方法简单、实用、费用低、效果明显、适用于各种产品的全寿命周期，故受到了工程界的广泛重视。

故障模式、影响及危害性分析（FMECA）包括两个内容，即故障模式、影响分析（FMEA）和危害性分析（CA）。前者属定性分析，后者是在前者基础上的扩展与深化，必须依据一定的数据，使分析量化，属定量分析。在条件允许的情况下，应尽可能进行 FMECA，使分析工作深入、准确。在缺乏数据的情况下，可先采用 FMEA，待条件允许时，再补充进行 CA。

目前，在先进发达的国家中，FMECA 技术已广泛应用在宇航、核工业、机械、电力、造船等领域。并明文规定，FMECA 资料是不可缺少的设计资料之一。也就是说，不进行 FMECA 的设计，就不可能获得批准。我国也制定了相应的国标、国军标、部标等。

2.5.1 FMECA 中的常用术语

1. 故障

产品不能或将不能完成预定功能的事件或状态称为故障。对某些不修复产品，如电子元器件、弹药等称为失效。

2. 故障模式

是指故障的表现形式。如短路、开路、断裂、过度耗损等。

3. 故障影响

是指故障模式对产品的使用、功能或状态所导致的结果。故障影响一般分为局部影响，高一层影响和最终影响三级。

4. 故障原因

是指直接导致故障或引起性能降低进一步发展为故障的那些物理或化学过程、设计缺陷、工艺缺陷、零件使用不当或其他过程。

5. 严酷性与严酷度

严酷性是故障模式产生后果的定性描述。严酷度是故障模式产生后果的定量描述。

6. 危害性与危害度

危害性是故障模式发生后果及其发生概率的定性描述。危害度是故障模式发生后果及其发生概率的定量描述。

2.5.2 故障模式、影响分析（FMEA）

1. 开展 FMEA 应具备的条件

FMEA 的任务是列出产品任务剖面中各种故障模式、故障原因，并对每种故障模式可能造成的后果进行分析，划分相应的严酷度类别，提出拟采取的预防性措施。为此，需要具备以下基本条件。

（1）熟悉产品的工作原理、任务剖面、环境条件、各项功能及设计要求。

（2）对同类产品或相似产品的故障情况有所了解。

（3）建立产品的可靠性模型。

FMEA 是一个逐步深化的过程。在产品研制初期，有关信息较少，分析工作不够深化，甚至可能有误。随着研制工作的深入，信息逐渐得到充实，FMEA 也就得到了深化。

2. FMEA 的基本方法

1）硬件法

该方法的特点是直接对各级产品（即硬件）的故障模式及影响列表进行分析，其优点是具体、严密。当产品的结构关系已经明确，所属零部件的设计已初步完成时，一般采用硬件法。本文将主要介绍硬件法。

2）功能法

该方法的特点是将产品的各项功能作为输出一一列出，然后对每一功能的故障模式及影响进行分析。其优点是当产品的结构关系尚未明确时，就可开展 FMEA。但不足的是有可能遗漏某些故障模式。如一架新型战斗机在设计初期只知道它需要具有攻击、通信、飞行、防弹、人员自救等功能，但所属的分系统、零部件尚未进行设计，无法采用硬件法进行 FMEA，若采用功能法则可将 FMEA 的工作开展起来。

3. FMEA 的工作程序

1）确定分析对象

FMEA 无论采用硬件法还是功能法，均可自上而下，也可自下而上，还可从任一层次向上或向下进行。因此在进行 FMEA 时，必须首先确定分析对象，即必须确定产品的分析级别，是系统级、分系统级、装置级，还是零部件级。本文将分析对象简称为分析级。如把一辆小轿车看作是一个系统，它包括动力、照明、空调、声响、散热等分系统。在进行 FMEA 时，必须首先确定分析级，是分析其中一个分系统还是分析整个系统。

2）确定任务剖面

有的产品任务剖面不止一个，必须根据任务剖面的定义加以划分。如导弹的任务剖面可划分为存储任务剖面、战备任务剖面、待发射任务剖面和飞行任务剖面等。显然，在不同的任务剖面中，由于环境条件不同、产品状态不同、经历的事件不同，故障模式及影响也不相同。因此，在进行 FMEA 时，必须明确指出分析工作室是在什么任务剖面中进行的。

3）建立系统的可靠性模型

系统可靠性模型反映了系统所属各单元件间在完成任务的过程中相互依赖的逻辑关系，并用数学表达式表达了各单元与系统间的可靠性函数关系。因而是进行 FMEA 必不可少的。

对于复杂系统，在研制初期，如果建立可靠性模型有困难，至少应先建立可靠性框图，表明系统与各单元件间的逻辑关系。

4) FMEA 表格

为了方便分析人员开展工作，在表 2-4 中提供了一种典型的 FMEA 表格，在实际操作中可根据需要进行增减。

表 2-4 典型的故障模式及影响分析表格（FMEA）

最高级________ 分析者________ 审核________ 填表日期 年 月 日

分析级________ 单 位________ 批准________ 第 页 共 页

序号	代码	产品标志	功能	故障模式	故障原因	任务剖面与产品状态	故障影响			故障检测方法	补偿措施	严酷性类别	备注
							对分析级影响	对上一级影响	对最高级影响				

表头中分析级与最高级的涵义如下。

(1) 分析级：根据分析的需要，一般按复制程度或功能关系由高到低划分为系统、分系统、设备、部件、零件等 5 个级别。任何一个级别都可以成为故障模式及影响分析的对象，所谓分析级就是填写分析对象的名称。

(2) 最高级：分析级产品所隶属的最高级别产品。如果分析级已经是最高级，则分析级与最高级同名。

表中各栏的填写说明如下。

第一栏（序号）：在分析级产品中可能包含着若干下属产品，该栏要求按顺序填写下属产品的编号。如 1、2、3…

第二栏（代码）：在系统的可靠性框图中每一级产品都可按一定的规则编一个代码，如 2-1 表示第 2 个分系统的第 1 个设备。该栏要求填写的代码就是指分析级下属产品在系统可靠性框图中所对应的代码。

第三栏（产品标志）：填写分析级下属产品的设计图纸编号。

第四栏（功能）：填写分析级下属产品需要完成的功能，有的是单功能，有的是多功能，要注意区分。

第五栏（故障模式）：填写分析级下属产品可能发生的故障表现形式，应力求全面、准确，避免遗漏。尤其是潜在的故障模式更加需要留心。

第六栏（故障原因）：填写导致故障模式发生的内因及外因。内因包括设计缺陷、工艺损伤、老化、劣化等；外因包括应力冲击、使用不当、相关产品故障、维修不当等。

第七栏（任务剖面与产品状态）：填写分析及下属产品所对应的任务剖面及在该任务剖面中是否处于工作状态。

第八栏（故障影响）：分别填写每一故障模式发生时对分析级产品、对上一级产品、对最高级产品造成的后果。

第九栏（故障检测方法）：故障检测方法包括目测、音响报警、自动传感记录等方法，应根据具体情况在该栏中填写。若无任何检测方法，也应注明。

第十栏（补偿措施）：补偿措施是指能够消除或减轻故障后果的措施，包括设计方面的措施和操作方面的应急措施。

设计方面的补偿措施包括：

(1) 具有冗余设备；

(2) 具有安全或保险装置；

(3) 具有可替换工作方式。

操作方面的应急补偿措施包括：

(1) 因操作失误可自动关机；

(2) 因操作失误可自动记录；

(3) 对设备、人员可应急保护。

第十一栏（严酷性类别）：根据每一故障模式所造成的后果，填写对应的严酷性类别，即Ⅰ类（灾难的）；Ⅱ类（致命的）；Ⅲ类（临界的）；Ⅳ类（轻度的）。

第十二栏（备注）：填写需要要补充说明的有关内容，如对设计改进、工艺改进的建议，维修注意事项等。

2.5.3 危害性分析（CA）

危害性分析（CA）的目的是从故障模式发生后果及其发生概率两方面对每一故障模式进行评价。CA是在FMEA基础上的扩展和深化，没有进行FMEA，就不能进行CA。若两者均进行，则就全面完成了FMECA工作。

CA有定性分析和定量分析两种方法。为了便于区分，以下将定性分析结果称为危害性，定量分析结果称为危害度。

1. 定性分析法

在得不到故障率数据、严酷度数据的情况下，可用定性分析法评价故障模式的危害性，常用的方法是绘制危害性矩阵。危害性矩阵可用来比较每一故障模式的危害性程度，为确定改进措施先后顺序提供依据。

(1) 矩阵图的横坐标用严酷性类别表示，纵坐标用故障模式发生概率等级表示，如图2-4所示。

(2) 严酷性类别一般分为以下4类。

Ⅰ类（灾难的）：这种故障会造成公众或人员的死亡；周围环境的重大毁坏；系统毁坏或任务失败。

Ⅱ类（致命的）：这种故障会造成公众或人员的重伤；周围环境的较大毁坏或导致任务的重要部分未完成及系统严重损失。

Ⅲ类（临界的）：这种故障会造成人员的轻伤；周围环境的轻度毁坏或导致完成任务的能力有一定下降的系统轻度毁坏。

Ⅳ类（轻度的）：这种故障不会导致上述三类后果，但它会导致需要进行非计划维修。

(3) 故障模式发生概率等级一般分为以下5类。

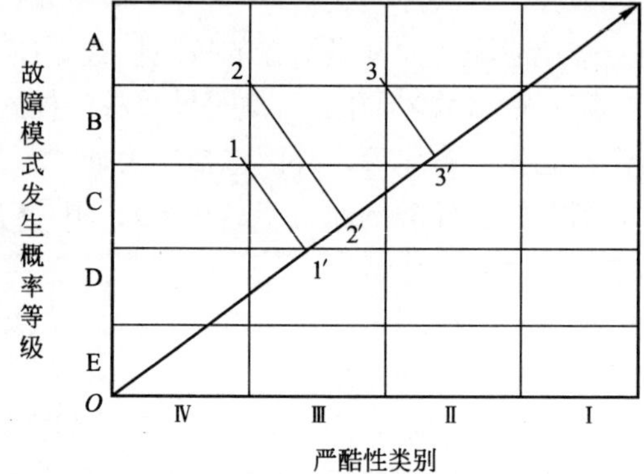

图2-4 危害性矩阵

A 级（经常发生）：在产品工作期间，某一故障模式发生的概率大于产品在该期间总的故障率的 20%。

B 级（很可能发生）：在产品工作期间内，某一故障模式发生的概率大于产品在该期间内总的故障概率的 10%，但小于 20%。

C 级（偶然发生）：在产品工作期间内，某一故障模式发生的概率大于产品在该期间内总的故障概率的 1%，但小于 10%。

D 级（很少发生）：产品工作期间内，某一故障模式发生的概率大于产品在该期间内总的故障概率的 0.1%，但小于 1%。

E 级（极少发生）：产品工作期间内，某一故障模式发生的概率小于产品在该期间内总的故障概率的 0.1%。

(4) 将每一故障模式的危害性标注在矩阵图相应的位置上，成为故障模式分布点，如图 2-4 中 1、2、3 点。

(5) 将故障模式分布点投影在矩阵图的对角线上，如图 2-4 中的 1′、2′、3′点分别为 1、2、3 点的投影点。

(6) 投影点距原点 O 的距离愈远，则危害性愈大。图 2-4 中，故障模式危害性按大小排列的顺序是 3、2、1。

2. 定量分析法

在得到故障率数据、严酷度数据的情况下，可用定量分析法来评价故障模式及产品的危害度。常用的方法有填表法和计算法。

1) *定量分析方法之一——填表法*

在表 2-5 中提供了一种典型的 CA 表格，在实际操作中可根据需要进行增减。表中各栏内容作如下说明。

表 2-5　典型的危害性分析表格（CA）

最高级______　分析者______　审核______　填表日期　年　月　日

分析级______　单　位______　批准______　第　页　共　页

序号	代码	产品标志	功能	故障模式	故障影响			故障概率或故障率数据源	故障率 λ_P	故障模式频数比 α_j	故障影响概率 β_j	工作时间 t	故障模式危害度 C_{mj}	产品危害度 C_r	备注
					对分析级影响	对上一级影响	对最高级影响								

第一栏～第八栏同表 2-4 中相应栏的内容。

第九栏（故障概率或故障率数据源）：列出计算危害度时，引用故障概率或故障率数据的来源。

第十栏（故障率 λ_P）：研制初期可填写故障率预计值。可以通过下式计算：

$$\lambda_P = \lambda_b(\pi_A \cdot \pi_E \cdot \pi_Q) \tag{2-69}$$

式中，λ_b 为基本故障率，查有关手册或资料得到（下同）；π_A 为应用系数；π_E 为环境系数；π_Q 为质量系数。

在该栏中应列出计算 λ_P 时所用到的修正系数 π_A、π_E、π_Q 值。

在研制后期，该栏可填写故障率的观测值或评估值。

第十一栏（故障模式频数比 α_j）：α_j 表示故障模式 j 发生的故障数占各种故障模式发生的故障数总和的百分比。如果产品有 N 种故障模式，则 $\sum_{j=1}^{N}\alpha_j = 1$。

α_j 可根据观测数据得到，或根据分析判断得到。

第十二栏（故障影响概率 $C_r = \sum_{j=1}^{N} C_{mj}$ ）：β_j 表示产品在故障模式 j 发生的条件下，可能导致任务丧失规定功能的条件概率。可借助表 2-6，根据经验判断确定。

表 2-6　β_j 的确定范围

故障影响	β_j 值
必然丧失规定功能	$\beta_j = 1.00$
很大可能丧失规定功能	$0.10 < \beta_j \leqslant 1.00$
有可能丧失规定功能	$0 < \beta_j \leqslant 0.10$
无影响	$\beta_j = 0$

第十三栏（工作时间 t）：t 表示每次任务时间中，产品的工作时间（或工作循环次数）。

第十四栏（故障模式危害度 C_{mj}）：产品第 j 种故障模式的危害度 C_{mj} 可按式（2-70）计算：

$$C_r = \sum_{j=1}^{N} C_{mj} = \sum_{j=1}^{N} (\lambda_P \cdot \alpha_j \cdot \beta_j \cdot t) \tag{2-70}$$

式中，N——在相应的严酷性类别下，产品故障模式的种数。

C_r 的涵义是在相应的严酷性类别下，产品在任务时间中，各种故障模式危害度的总和。

第十六栏（备注）：填写补充说明、产品改进措施等。

2）*定量分析法之二——计算法*

（1）故障模式危害度的计算。

故障模式危害度可以看成是故障模式发生后果及其发生概率的综合度量。如果故障模式发生后果可以用严酷度来定量表示，则故障模式危害度 C_{mj} 可按式（2-71）计算：

$$C_{mj} = k_j F_j \tag{2-71}$$

式中，k_j 为故障模式 j 的严酷度；F_j 为故障模式 j 出现的概率。

所谓严酷度 k_j，是指估值模式 j 出现时，对产品完成任务影响的程度。应根据具体产品计算。如发射导弹的任务是打击预定目标，设 Q' 为理想的相对杀伤面积，Q 为实际的相对杀伤面积，则故障模式 j 的严酷度可按式（2-72）计算：

$$k_j = \frac{Q' - Q}{Q'} \tag{2-72}$$

从式（2-72）可知，k_j 是介于 0～1 之间的数。当 $Q = Q'$ 时，表示故障模式 j 出现时，对相对杀伤面积毫无影响，故 $k_j = 0$；当 $Q = 0$ 时，表示故障模式 j 出现时，导弹完全失去了杀伤力，不能完成预定任务，故 $k_j = 1$。

所谓故障模式 j 出现的概率 F_j，是指故障模式 j 所出现的故障数占故障总数的份额。可以通过试验或观察得到，是一个介于 0～1 之间的数。

由此可见，C_{mj} 也是一个介于 0～1 之间的数，C_{mj} 愈大，说明故障模式 j 的危害性愈大。当 $C_{mj}=1$ 时，表明故障模式 j 不仅是必然事件，而且会导致任务失败；当 $C_{mj}=0$ 时，表明故障模式 j 是不可能事件或对完成任务毫无影响。

(2) 产品危害度的计算。

产品危害度 C_r 可按式（2－73）计算：

$$C_r = \sum_{j=1}^{N} C_{mj} \tag{2-73}$$

式中，N 为故障模式的种数。

综上所述，对危害性进行定量分析的实质是计算故障模式和产品的危害度。如果将产品的危害度按大小排序，则可作为划分关键部件的依据。

2.6 本章小结

本章介绍了 RAMS 评估中可靠性、可用性、可维修性和安全性的基本概念，介绍了 RAMS 评估中的简单串并联系统可靠性分析、蒙特卡罗概率模拟仿真方法、故障树分析法和故障模式、影响及危害度分析法等常用的分析方法，以及各种分析方法中的常用术语、指标和它们之间的转换关系等，为后续的分析提供理论准备。

第3章 外部电力系统对高速铁路供电的可靠性评估

当外部电力系统的某个或多个元件失效后，电力系统的运行状态改变，在新的运行状态下，需要重新计算其线路潮流和母线电压，以识别是否在该系统状态中存在电力系统运行不能接受的状态。

电力牵引应为一级负荷[107]，牵引变电所应有两路电源供电，当任何一路故障时，另一路仍应正常供电。其中两路电源可来自不同的地区变电所或同一地区变电所的不同母线。当电力系统发生故障，线路或发电机退出运行时，为保持电力系统的安全稳定运行，一般应采用削负荷的策略。在本章提出的两种削负荷方法中，均将高速铁路牵引变电站视为一级负荷，故障识别后，如有必要需进行牵引负荷调整，将牵引负荷调整的约束条件定为负荷削减量最小和牵引负荷最后削减。

3.1 外部电力系统供电可靠性评估解析模型

3.1.1 时序蒙特卡罗法模拟外部电力系统评估状态

如何精确地考虑多重故障的影响是进行发输电合成系统可靠性评估迫切需要解决的问题。本算法结合蒙特卡罗模拟法中元件状态持续时间抽样方法，提出将多重故障评估转换为单重故障评估来简化评估过程，并利用存储系统状态和状态评估结果来减小需要评估的系统状态数，以实现精确评估多重故障的影响，并使计算量增加不大。

外部电力系统是由多个元件组成，使用元件状态持续时间抽样法生成系统状态。假定元件运行时间和故障状态下修复时间服从某种概率分布，通常电力系统可靠性评估常用指数分布，然后根据元件的故障率和修复率确定该元件在给定时间段内的状态和状态持续时间。当给定时间段内所有元件的状态和状态持续时间确定后，就可以获得系统的状态序列和持续时间。抽样原理如图 3-1 所示。先通过对 3 个元件（A，B 和 C）的运行和故障状态持续时间模拟，然后获得系统状态和状态持续时间。图中给定时间段内总共模拟出 11 个系统状态，包含 8 个不同系统状态（相同的系统状态指故障元件完全相同的系统状态）。从抽样原理可看出，系统状态序列中相邻两状态的区别只是单一元件的状态改变（元件故障或元件修复），因此可以将多重故障评估转换为在前一状态基础上进行单重故障评估（如状态 4 是 3 重故障，可以在状态 3 的基础上进行元件 C 单重故障的状态评估），这样可以极大地简化多重故障的评估过程。而且抽样产生的系统状态中包含许多相同系统状态，可以通过存储系统状态和状态评估结果来减少需要评估的系统状态数，减少计算量，代价是占用内存，这就是“以空间换时间”的思想。

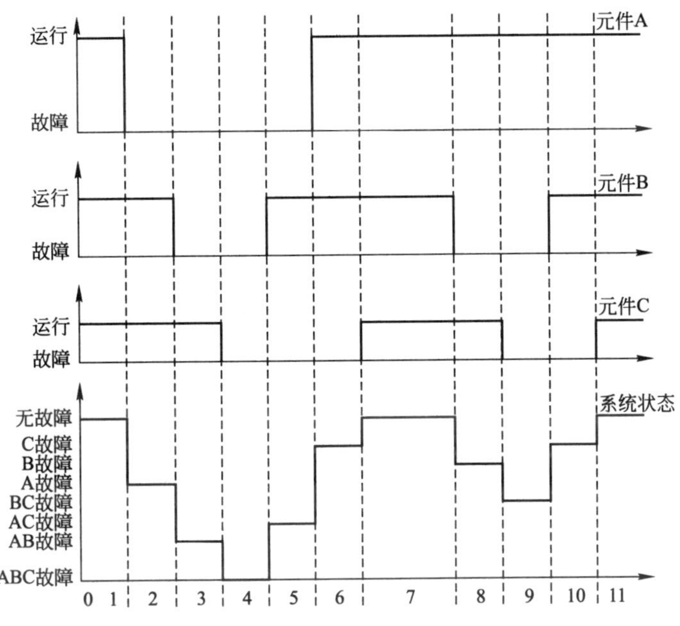

图3-1 元件状态持续时间抽样法原理图

3.1.2 外部电源供电可靠性评估指标体系及灵敏度分析

系统供电可靠性指标的定义及其解析表达式如下。

设系统元件 k 的故障率为 λ_k(次/年)，修复率为 μ_k(次/年)，修复时间为 r_k(年/次)，则元件 k 的有效度 a_k 和无效度 u_k 分别为

$$a_k=\frac{\mu_k}{\lambda_k+\mu_k} \tag{3-1}$$

$$u_k=\frac{\lambda_k}{\lambda_k+\mu_k} \tag{3-2}$$

下面给出外部电力系统对高速铁路牵引供电可靠性指标的定义及其解析表达式。

(1) **失负荷概率 L_{LOLP} (Loss of Load Probability，LOLP)**：表示由于外部电力系统元件故障导致某牵引变电站失负荷的可能性的大小，定义为

$$L_{\mathrm{LOLP}}=\sum_{x\in X}F(x)P(x) \tag{3-3}$$

式中，$F(x)$是电力系统状态 x 的二值函数，若 x 是电力系统正常状态，$F(x)$为0；若 x 是电力系统故障状态，$F(x)$为1；$P(x)$是状态 x 出现的概率。其解析表达式为

$$L_{\mathrm{LOLP}}=\frac{\mu_k}{\lambda_k+\mu_k}(K_1-K_2)+K_2 \tag{3-4}$$

式中，系数 K_1 和 K_2 的表达式为

$$K_1=\sum_{x\in X,S_k=1}F(x)P(S_1)\cdots P(S_{k-1})P(S_{k+1})\cdots P(S_m) \tag{3-5}$$

$$K_2 = \sum_{x \in X, S_k = 0} F(x) P(S_1) \cdots P(S_{k-1}) P(S_{k+1}) \cdots P(S_m) \tag{3-6}$$

证明：

$$\begin{aligned}
L_{\text{LOLP}} &= \sum_{x \in X} F(x) P(x) \\
&= \sum_{x \in X} F(x) P(S_1) \cdots P(S_k) \cdots P(S_m) \\
&= \sum_{x \in X, S_k = 1} F(x) P(S_1) \cdots P(S_k = 1) \cdots P(S_m) + \\
&\quad \sum_{x \in X, S_k = 0} F(x) P(S_1) \cdots P(S_k = 0) \cdots P(S_m) \\
&= a_k \sum_{x \in X, S_k = 1} F(x) P(S_1) \cdots P(S_{k-1}) P(S_{k+1}) \cdots P(S_m) + \\
&\quad u_k \sum_{x \in X, S_k = 0} F(x) P(S_1) \cdots P(S_{k-1}) P(S_{k+1}) \cdots P(S_m) \\
&= a_k K_1 + u_k K_2 \\
&= a_k (K_1 - K_2) + u_k \\
&= \frac{\mu_k}{\lambda_k + \mu_k} (K_1 - K_2) + K_2
\end{aligned}$$

式（3-4）是以 λ_k 和 μ_k 为变量的函数表达式，在网络结构确定的具体电力系统中，K_1 表示在已知元件 k 处于正常运行状态的条件下（即元件 k 在任何时候都处于正常工作状态）由系统其他元件的随机故障行为所引起的失负荷概率，即

$$K_1 = L_{\text{LOLP}} \big|_{S_k = 1} \text{且 } 0 \leqslant K_1 \leqslant 1$$

K_2 表示在已知元件 k 处于故障状态的条件下（即元件 k 在任何时候都处于故障状态）由系统其他元件的随机故障行为所引起的失负荷概率，即

$$K_2 = L_{\text{LOLP}} \big|_{S_k = 0} \text{且 } 0 \leqslant K_2 \leqslant 1$$

由此，K_1 和 K_2 是两个常数，其取值只与网络结构有关，与元件参数无关，当元件可靠性参数改变时，无须再次进行 Monte-Carlo 仿真重新生成系统状态序列，就可通过解析方式计算出可靠性评估指标和灵敏度值，极大地提高了可靠性分析计算的效率。以下的 $K_3 \sim K_8$ 同理。

对元件故障率 λ_k 的灵敏度为

$$\frac{\partial L_{\text{LOLP}}}{\partial \lambda_k} = \frac{a_k (K_2 - K_1)}{\lambda_k + \mu_k} \tag{3-7}$$

（2）**失负荷频率 L_{LOLF}（Loss of Load Frequency，LOLF）**：表示某牵引变电站平均每年的停电次数，单位是次/年，定义为

$$L_{\text{LOLF}} = \sum_{x \in X} \left(F(x) \sum_{k=1}^{m} \lambda_x^{in}(k) \right) P(x) \tag{3-8}$$

式中，$\lambda_x^{in}(k)$ 是元件 k 的增量转移概率，其解析表达式为[108]：

$$\lambda_x^{in}(k) = \begin{cases} \mu_k & S_k = 0 \\ -\lambda_k & S_k = 1 \end{cases}$$

L_{LOLF} 的解析表达式为

$$L_{\mathrm{LOLF}}=\frac{\lambda_k\mu_k}{\lambda_k+\mu_k}(K_2-K_1)+\frac{\mu_k}{\lambda_k+\mu_k}(K_3-K_4)+K_4 \tag{3-9}$$

式中，系数 K_3 和 K_4 的表达式为

$$K_3=\sum_{x\in X,S_k=1}F(x)\Big(\sum_{i=1,i\neq k}^{m}\lambda_x^{in}(i)\Big)P(S_1)\cdots P(S_{k-1})P(S_{k+1})\cdots P(S_m) \tag{3-10}$$

$$K_4=\sum_{x\in X,S_k=0}F(x)\Big(\sum_{i=1,i\neq k}^{m}\lambda_x^{in}(i)\Big)P(S_1)\cdots P(S_{k-1})P(S_{k+1})\cdots P(S_m) \tag{3-11}$$

证明：

$$\begin{aligned}
L_{\mathrm{LOLF}}&=\sum_{x\in X}\Big(F(x)\sum_{k=1}^{m}\lambda_x^{in}(k)\Big)P(x)\\
&=\sum_{x\in X,S_k=1}\Big(F(x)\sum_{i=1}^{m}\lambda_x^{in}(i)\Big)P(S_1)\cdots P(S_{k-1})P(S_k=1)P(S_{k+1})\cdots P(S_m)+\\
&\quad\sum_{x\in X,S_k=0}\Big(F(x)\sum_{i=1}^{m}\lambda_x^{in}(i)\Big)P(S_1)\cdots P(S_{k-1})P(S_k=0)P(S_{k+1})\cdots P(S_m)\\
&=a_k\sum_{x\in X,S_k=1}\Big(F(x)\sum_{i=1}^{m}\lambda_x^{in}(i)\Big)P(S_1)\cdots P(S_{k-1})P(S_{k+1})\cdots P(S_m)+\\
&\quad u_k\sum_{x\in X,S_k=0}\Big(F(x)\sum_{i=1}^{m}\lambda_x^{in}(i)\Big)P(S_1)\cdots P(S_{k-1})P(S_{k+1})\cdots P(S_m)\\
&=a_k\sum_{x\in X,S_k=1}F(x)(-\lambda_k)P(S_1)\cdots P(S_{k-1})P(S_{k+1})\cdots P(S_m)+\\
&\quad a_k\sum_{x\in X,S_k=1}F(x)\Big(\sum_{i=1,i\neq k}^{m}\lambda_x^{in}(i)\Big)P(S_1)\cdots P(S_{k-1})P(S_{k+1})\cdots P(S_m)+\\
&\quad(1-a_k)\sum_{x\in X,S_k=0}F(x)\mu_kP(S_1)\cdots P(S_{k-1})P(S_{k+1})\cdots P(S_m)+\\
&\quad(1-a_k)\sum_{x\in X,S_k=0}F(x)\Big(\sum_{i=1\text{且}i\neq k}^{m}\lambda_x^{in}(i)\Big)P(S_1)\cdots P(S_{k-1})P(S_{k+1})\cdots P(S_m)\\
&=-a_k\lambda_k\sum_{x\in X,S_k=1}F(x)\frac{P(x)}{a_k}+a_k\sum_{x\in X,S_k=1}F(x)\Big(\sum_{i=1,i\neq k}^{m}\lambda_x^{in}(i)\Big)\frac{P(x)}{a_k}+\\
&\quad(1-a_k)\mu_k\sum_{x\in X,S_k=0}F(x)\frac{P(x)}{u_k}+(1-a_k)\sum_{x\in X,S_k=0}F(x)\Big(\sum_{i=1,i\neq k}^{m}\lambda_x^{in}(i)\Big)\frac{P(x)}{u_k}\\
&=-a_k\lambda_kK_1+a_kK_3+(1-a_k)\mu_kK_2+(1-a_k)K_4\\
&=\frac{\lambda_k\mu_k}{\lambda_k+\mu_k}(K_2-K_1)+\frac{\mu_k}{\lambda_k+\mu_k}(K_3-K_4)+K_4
\end{aligned}$$

对元件故障率 λ_k 的灵敏度为

$$\frac{\partial L_{\mathrm{LOLF}}}{\partial\lambda_k}=a_k^2(K_2-K_1)-\frac{a_k(K_3-K_4)}{\lambda_k+\mu_k} \tag{3-12}$$

(3) **电力不足期望 L_{EDNS}（Expected Demand Not Supplied，EDNS）**：表示某牵引变电站平

均每年缺电力的多少，单位是 MW/年，定义为

$$L_{\mathrm{EDNS}}=\sum_{x\in X}F(x)L_C(x)P(x) \tag{3-13}$$

式中，$L_C(x)$表示在故障状态 x 下，为将系统恢复到一个静态安全稳定运行点所需要的最小削减负荷量。其解析表达式为

$$L_{\mathrm{EDNS}}=\frac{\mu_k}{\lambda_k+\mu_k}(K_5-K_6)+K_6 \tag{3-14}$$

式中，系数 K_5和 K_6的表达式为

$$K_5=\sum_{x\in X,S_k=1}F(x)L_C(x)P(S_1)\cdots P(S_{k-1})P(S_{k+1})\cdots P(S_m) \tag{3-15}$$

$$K_6=\sum_{x\in X,S_k=0}F(x)L_C(x)P(S_1)\cdots P(S_{k-1})P(S_{k+1})\cdots P(S_m) \tag{3-16}$$

对元件故障率 λ_k的灵敏度为

$$\frac{\partial L_{\mathrm{EDNS}}}{\partial\lambda_k}=\frac{a_k(K_6-K_5)}{\lambda_k+\mu_k} \tag{3-17}$$

(4) **电量不足期望 L_{EENS}（Expected Energy Not Supplied，EENS）**：表示某牵引变电站平均每年缺电量的多少，单位是 MWh/年，定义为

$$L_{\mathrm{EENS}}=\sum_{x\in X}F(x)E_C(x)P(x) \tag{3-18}$$

式中，$E_C(x)$ 表示在上述故障状态 x 和最优削减负荷方案下，某牵引变电站缺少的累计电量。其解析表达式为

$$L_{\mathrm{EENS}}=\frac{\mu_k}{\lambda_k+\mu_k}(K_7-K_8)+\mathrm{K}_8 \tag{3-19}$$

式中，

$$K_7=\sum_{x\in X,S_k=1}F(x)E_C(x)P(S_1)\cdots P(S_{k-1})P(S_{k+1})\cdots P(S_m) \tag{3-20}$$

$$K_8=\sum_{x\in X,S_k=0}F(x)E_C(x)P(S_1)\cdots P(S_{k-1})P(S_{k+1})\cdots P(S_m) \tag{3-21}$$

对元件故障率 λ_k的灵敏度为

$$\frac{\partial L_{\mathrm{EENS}}}{\partial\lambda_k}=\frac{a_k(K_8-K_7)}{\lambda_k+\mu_k} \tag{3-22}$$

(5) **铁路失通过能力概率 L_{RLCCP}（Railway Loss of Carrying Capacity Probability，RLCCP）**：表示在考虑外部电力系统供电可靠性和越区供电的前提下，由于某相邻的两个或两个以上牵引变电站同时停电而造成整条高速铁路丧失通过能力的可能性的大小。设 $S_i=1$ 表示第 i 个牵引变电站正常运行，$S_i=0$ 表示第 i 个牵引变电站失负荷，则它的解析表达式为

$$L_{\mathrm{RLCCP}}\approx L_{\mathrm{LOLP}}^{1}L_{\mathrm{LOLP}}^{2}+2\sum_{i=2}^{n-1}L_{\mathrm{LOLP}}^{i}L_{\mathrm{LOLP}}^{i+1}+L_{\mathrm{LOLP}}^{n-1}L_{\mathrm{LOLP}}^{n} \tag{3-23}$$

证明：

$$\begin{aligned}L_{\mathrm{RLCCP}}&=\sum_{i=1}^{n}P(S^i=0)-\sum_{i=1}^{n}P(S^i=0\mid(S^{i-1}=1)\cap(S^{i+1}=1))\\&=\sum_{i=1}^{n}L_{\mathrm{LOLP}}^{i}-\sum_{i=1}^{n}(L_{\mathrm{LOLP}}^{i}-L_{\mathrm{LOLP}}^{i-1}L_{\mathrm{LOLP}}^{i})(1-L_{\mathrm{LOLP}}^{i+1})\end{aligned}$$

$$= \sum_{i=1}^{n} L_{\text{LOLP}}^{i} - \sum_{i=1}^{n} (L_{\text{LOLP}}^{i} - L_{\text{LOLP}}^{i} L_{\text{LOLP}}^{i+1} - L_{\text{LOLP}}^{i-1} L_{\text{LOLP}}^{i} + L_{\text{LOLP}}^{i+1} L_{\text{LOLP}}^{i} L_{\text{LOLP}}^{i-1})$$

忽略高次项，则

$$L_{\text{RLCCP}} \approx L_{\text{LOLP}}^{1} L_{\text{LOLP}}^{2} + 2\sum_{i=2}^{n-1} L_{\text{LOLP}}^{i} L_{\text{LOLP}}^{i+1} + L_{\text{LOLP}}^{n-1} L_{\text{LOLP}}^{n}$$

对元件故障率 λ_k 的灵敏度为：

$$\frac{\partial L_{\text{RLCCP}}}{\partial \lambda_k} = \frac{\partial L_{\text{LOLP}}^{1}}{\partial \lambda_k} L_{\text{LOLP}}^{2} + \frac{\partial L_{\text{LOLP}}^{2}}{\partial \lambda_k} L_{\text{LOLP}}^{1} + 2\sum_{i=2}^{N-1}\left(\frac{\partial L_{\text{LOLP}}^{i}}{\partial \lambda_k} L_{\text{LOLP}}^{i+1} + \frac{\partial L_{\text{LOLP}}^{i+1}}{\partial \lambda_k} L_{\text{LOLP}}^{i}\right) + \frac{\partial L_{\text{LOLP}}^{N-1}}{\partial \lambda_k} L_{\text{LOLP}}^{N} + \frac{\partial L_{\text{LOLP}}^{N}}{\partial \lambda_k} L_{\text{LOLP}}^{N-1} \tag{3-24}$$

式中，N 表示整条高速铁路牵引变电站的个数，L_{LOLP}^{i} 表示第 i 个牵引变电站失负荷的概率。

(6) **铁路失通过能力频率 L_{RLCCF}（Railway Loss of Carrying Capacity Frequency，RLCCF）**：表示铁路每年失负荷的平均次数，其解析表达式为

$$L_{\text{RLCCF}} \approx L_{\text{LOLF}}^{1} L_{\text{LOLF}}^{2} + 2\sum_{i=2}^{n-1} L_{\text{LOLF}}^{i} L_{\text{LOLF}}^{i+1} + L_{\text{LOLF}}^{n-1} L_{\text{LOLF}}^{n} \tag{3-25}$$

对元件故障率 λ_k 的灵敏度为

$$\frac{\partial L_{\text{RLCCF}}}{\partial \lambda_k} = \frac{\partial L_{\text{LOLF}}^{1}}{\partial \lambda_k} L_{\text{LOLF}}^{2} + \frac{\partial L_{\text{LOLF}}^{2}}{\partial \lambda_k} L_{\text{LOLF}}^{1} + 2\sum_{i=2}^{N-1}\left(\frac{\partial L_{\text{LOLF}}^{i}}{\partial \lambda_k} L_{\text{LOLF}}^{i+1} + \frac{\partial L_{\text{LOLF}}^{i+1}}{\partial \lambda_k} L_{\text{LOLF}}^{i}\right) + \frac{\partial L_{\text{LOLF}}^{N-1}}{\partial \lambda_k} L_{\text{LOLF}}^{N} + \frac{\partial L_{\text{LOLP}}^{N}}{\partial \lambda_k} L_{\text{LOLF}}^{N-1} \tag{3-26}$$

(7) **铁路电力不足期望 L_{REDNS}（Railway Expected Demand Not Supplied，REDNS）**：表示整条铁路平均每年缺电力的多少，单位为 MW/年，定义为

$$L_{\text{REDNS}} = \sum_{x\in X} F(x)\left(\sum_{i=1}^{n} L_{C}^{i}(x)\right) P(x) \tag{3-27}$$

其解析表达式为

$$L_{\text{REDNS}} = \sum_{i=1}^{n} L_{\text{EDNS}}^{i} \tag{3-28}$$

对元件故障率 λ_k 的灵敏度为

$$\frac{\partial L_{\text{REDNS}}}{\partial \lambda_k} = \sum_{i=1}^{n} \frac{\partial L_{\text{EDNS}}^{i}}{\partial \lambda_k} \tag{3-29}$$

(8) **铁路电量不足期望 L_{REENS}（Railway Expected Energy Not Supplied，REENS）**：表示整条铁路平均每年缺电力的多少，单位为 MWh/年，定义为

$$L_{\text{REENS}} = \sum_{x\in X} F(x)\left(\sum_{i=1}^{n} E_{C}^{i}(x)\right) P(x) \tag{3-30}$$

其解析表达式为

$$L_{\text{REENS}} = \sum_{i=1}^{n} L_{\text{EENS}}^{i} \tag{3-31}$$

对元件故障率 λ_k 的灵敏度为

$$\frac{\partial L_{\text{REENS}}}{\partial \lambda_k} = \sum_{i=1}^{n} \frac{\partial L_{\text{EENS}}^{i}}{\partial \lambda_k} \tag{3-32}$$

(9) **铁路系统分 L_{RSI} (Railway System Index，RSI)**：表示平均每年由于所有牵引变电站供电不足导致整条铁路瘫痪的时间，单位为分钟，其解析表达式为

$$L_{RSI}=\frac{L_{REENS}}{RAE}\times 8760\times 60 \tag{3-33}$$

式中，RAE 表示整条铁路平均每年消耗的电能（Railway Average Energy），其灵敏度公式与 L_{REENS} 类似。

需指出的是，L_{LOLP}、L_{LOLF}、L_{EDNS} 和 L_{EENS} 都是外部电力系统对某个牵引变电站负荷供电的可靠性指标，当电力系统的结构和可靠性评估的规模（如发电机故障阶数，发电机和输电线组合故障阶数）确定之后，$K_1 \sim K_8$ 是常数。因此只要求出了这些常数，当系统元件的可靠性参数变化时，就可以利用以上的解析表达式直接计算变化后供电点的可靠性指标，不需要再次进行 Monte - Carlo 仿真，这样极大地减少了评估的计算量。后 5 个指标是针对整条铁路的供电可靠性指标，是在前 4 个指标的基础上推导得出的。

3.2 基于交流潮流的启发式就近削负荷可靠性评估

3.2.1 算法原理

在大规模电力系统中，元件故障后通常只在故障元件附近的局部区域出现违背静态安全约束的情况，系统的调整和校正措施也着重在这部分进行；系统故障后按照就近原则在故障元件附近的一定区域内通过潮流追踪搜寻能有效缓解系统故障情况的负荷削减节点集。这样，对于大规模电力系统的可靠性评估，使用启发式就近负荷削减模型能在保证较高精度的前提下大大缩短计算时间。

为描述启发式就近负荷削减模型的启发式规则，给出如下定义。

(1) 第 i 节点（母线）上的所有发电机构成 i 节点的 0 度发电机集；

与 i 节点相隔 1 条线路的所有节点上的所有发电机构成 i 节点的 1 度发电机集；

与 i 节点相隔 n 条线路的所有节点上的所有发电机构成 i 节点的 n 度发电机集；

i 节点的 0 度到 n 度的发电机集的总和构成 i 节点的 n 度发电机域。

(2) 第 i 节点（母线）上的所有负荷构成 i 节点的 0 度负荷集；

与 i 节点相隔 1 条线路的所有节点上的所有负荷构成 i 节点的 1 度负荷集；

与 i 节点相隔 n 条线路的所有节点上的所有负荷构成 i 节点的 n 度负荷集；

i 节点的 0 度到 n 度的负荷集总和构成 i 节点的 n 度负荷域。

本算法的调整原则是运用启发式就近削负荷方法调整系统有功不平衡量，使得系统有功功率平衡，再对系统进行交流潮流计算，若潮流收敛则进行越限（线路功率越限和节点电压幅值越限）检查，若潮流发散则重新调整使潮流收敛，再进行越限检查。不同故障模式或系统状态变化时的具体调整措施如下。

1. 单台发电机发生故障

此时不会出现电气孤岛现象，按就近原则开启所有邻近发电机的备用；若能功率平衡，则潮流计算，检查越限；若不能功率平衡，按就近原则确定被削减的负荷点，按负荷大小分

摊功率差额，使功率平衡，再潮流计算，检查越限。

2. 单台发电机投入

按就近原则逐步开启邻近负荷，直到所有负荷达最大负荷值，使功率平衡，再潮流计算，检查越限。

3. 单重线路故障退出

(1) 首先判断是否出现电气孤岛；若出现电气孤岛，而且仅包含一个节点：

① 若该节点只接有发电机，所有发电机退出运行；

② 若该节点只接有负荷，所有负荷退出；

③ 若该节点接有发电机和负荷，则按两者中的较小者调整；若有多台发电机或负荷，则按比例分摊；

④ 另外一个网络按照受端和送端的方法调整，即送端网络按等值负荷甩负荷处理，受端网络按等值发电机跳闸处理，按就近原则先调功率平衡，再进行潮流计算和越限检查。

(2) 若出现电气孤岛，而且包含两个和两个以上节点，则送端网络按等值负荷甩负荷处理，受端网络按等值发电机跳闸处理，按就近原则先调功率平衡，再进行潮流计算和越限检查。

(3) 若无电气孤岛，此时系统总的功率仍然平衡，进行潮流计算：

① 潮流计算不收敛（迭代次数超过 20 次），则按原故障支路越限处理；

② 潮流收敛但支路功率越限，进入支路功率越限处理；

③ 潮流计算收敛且无越限，调整结束。

4. 单重线路投入运行

用潮流跟踪法确定该线路退出前的功率流向，从送端节点的邻近发电机域中增发 5%，从受端节点的邻近负荷节点增加 5%，直到出现越限为止。

5. 支路功率越限处理

(1) 若有多条支路功率越限，且功率流方向首尾相接，则合并成一条等值支路功率越限处理；

(2) 搜索支路起点的发电机域，按比例削减最大支路越限额度；搜索支路终点的负荷域，按比例削减同样的额度；

(3) 再次潮流计算，越限检查。

6. 节点电压越限处理

(1) 若节点电压越下限，按就近和比例原则同时削减发电机域和负荷域 5%额度；

(2) 若节点电压越上限，按就近和比例原则同时增加发电机域和负荷域 5%额度；

(3) 再次潮流计算，越限检查。

3.2.2　程序框图及实现

评估软件计算分析流程如下：

(1) 若是首次评估，给定评估时长，用状态持续时间抽样法产生元件状态，用 Monte-Carlo 仿真生成电力系统评估状态，否则进入步骤 h；

(2) 按照系统状态产生顺序，判断是否和上一状态相同，若相同则拷贝评估结果进入下一状态评估，否则进入步骤 (3)；

(3) 若是单重发电机故障，用启发式就近削负荷法调整发电机备用和负荷有功使得系统有功平衡；

(4) 若是单重线路故障，用启发式就近削负荷法送端和受端规则调整发电机出力和负荷有功；

(5) 计算系统交流潮流；

(6) 检查系统线路越限和节点电压越限，列出越限线路和节点。给出调整越限的最优策略，再次进入步骤 (4) 进行越限调整；

(7) 计算系统状态下每个牵引变电站的削负荷量并记录保存，如果系统状态未评估完，重新进入步骤 (2)；

(8) 计算可靠性指标参数 $K_1 \sim K_8$；

(9) 计算牵引变电站的 4 个可靠性指标及整条高速铁路的 5 个可靠性指标，评估算法完成。

外部电力系统供电可靠性评估程序流程图如图 3-2 所示。

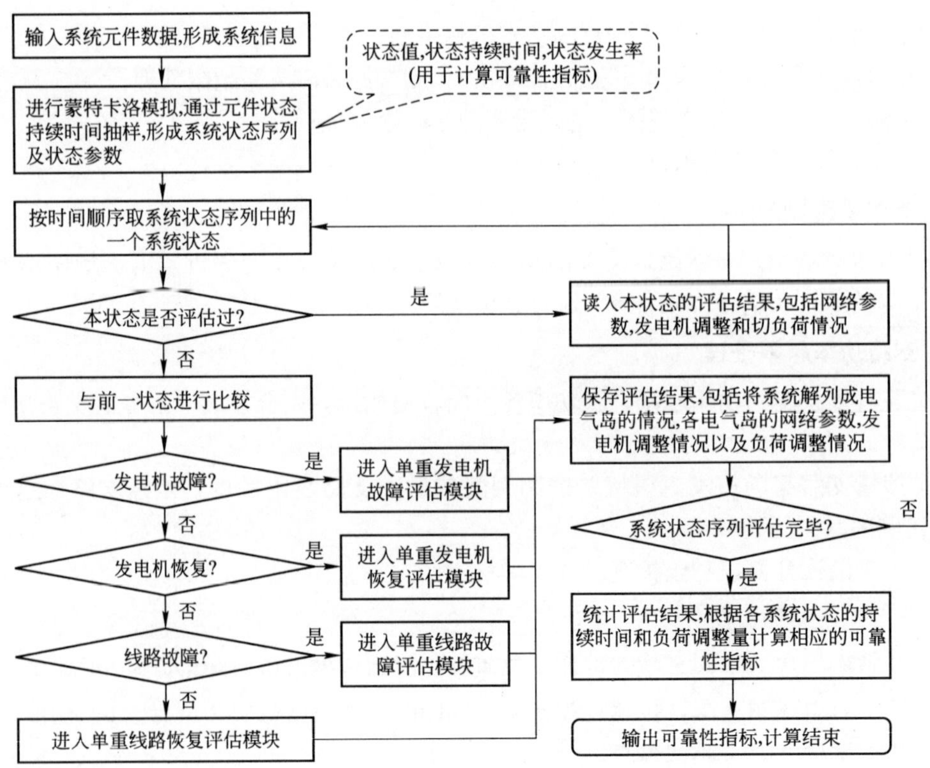

图 3-2 外部电力系统供电可靠性评估程序流程图

需要说明的是，将初始状态设为系统最大运行方式，外部电网拓扑数据和基本参数作为已知条件，形成的原始数据应包括以下几部分。

(1) 网络参数：

① 节点数；

② 支路数；

③ 支路号，起始节点号，终止节点号，电阻，电抗，电导，电纳，线路长度，依据天气条件形成的故障率，故障修复时间。

(2) 发电机参数：

节点号，发电机组序号，装机容量，功率因数，当前有功，当前无功，故障率，故障修复时间。

(3) 负荷参数：

节点号，负荷序号，当前最大有功，当前最大无功。

(4) 越限限值：

① 支路号，线路最大有功，线路最大无功；

② 节点号，电压幅值上限，电压幅值下限。

(5) 潮流收敛次数判定 20 次。

(6) 每次功率调整幅度不大于 5%。

从所有发电机组、线路和负荷都正常运行的最大运行方式开始生成系统运行状态，在随机数基础上按照元件的故障率约束在指定仿真时间内生成每一个元件在评估时间内的随机状态序列；在仿真中，系统仿真时间从 0 开始向后续时间平移，用 1 表示元件运行，0 表示元件停运，顺序得到各个不同的系统状态，每两个相邻状态之间只有一个元件的状态发生变化。每个状态评估后保留信息：系统状态序列，当前线路功率，发电机和负荷调整量。

单重发电机故障评估流程见图 3 - 3。

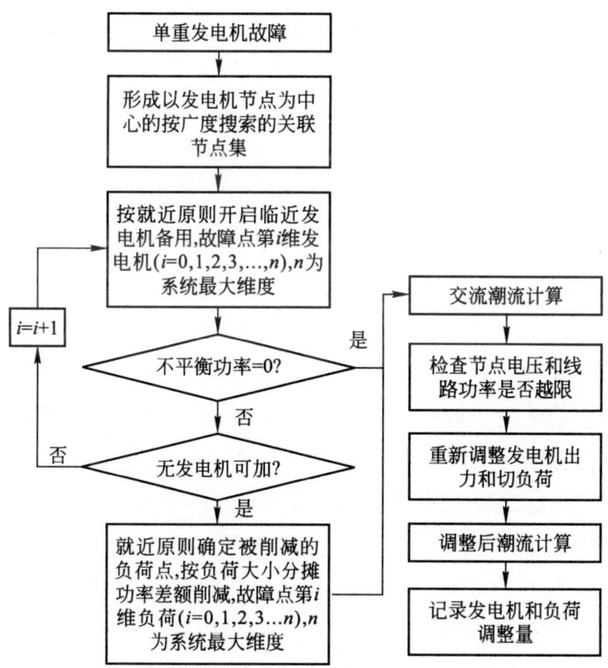

图 3 - 3　单重发电机故障评估流程图

单重线路故障评估流程见图 3-4。

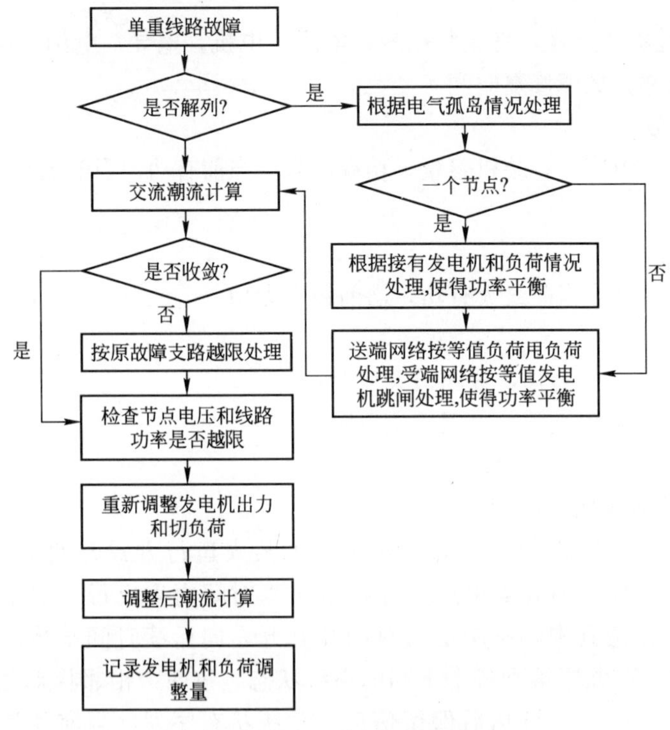

图 3-4 单重线路故障评估流程图

3.3 基于直流潮流的灵敏度削负荷可靠性评估

3.3.1 算法原理

直流潮流灵敏度分析法是在电力系统规划决策及运行控制中常用的方法。它主要通过分析某项运行指标与决策和控制变量的关系来确定该变量对系统的影响，从而进一步提出改善该项运行指标的措施。在可靠性评估研究中，利用此法主要分析增加或减少输电线路（线路故障及恢复）对系统过负荷及改善网络潮流分布的作用。它将非线性电力系统潮流问题简化为线性电路问题，根据系统功率调整的约束条件，通过分析计算得到需要调整的发电机和负荷的调整量，调整结束后用交流潮流校验潮流计算精度。这样，能在大规模电力系统的可靠性评估中保证较高精度的前提下大大缩短计算时间。

本程序的调整原则是首先对系统进行直流潮流计算得到灵敏度矩阵，运用直流潮流灵敏度削负荷方法调整系统有功不平衡量，使得系统有功功率平衡，再对系统进行交流潮流计算，若潮流收敛则进行越限（线路功率越限和节点电压幅值越限）检查，若潮流在精度范围内发散则重新调整使得潮流收敛再进行越限检查，最后进行交流潮流计算。具体描述如下。

网络结构预处理。根据灵敏度计算的需要，将网络节点类型结构改造为：发电机节点、负荷节点和联络节点，发电机节点带有就地负荷的，在发电机和就地负荷之间增加一条阻抗值等参数很小的支路。至此，灵敏度矩阵中，线路对节点的灵敏度更加具有针对性，简化调整策略。

在直流潮流计算中，有若干假定：

(1) 高压输电线路电阻远小于电抗 $r \ll X$，故假定 $G=0$，进而忽略了输电系统的有功损耗；

(2) 输电线路两端电压相角差不大，取 $\cos\theta_{ij} \approx 1$，$\sin\theta_{ij} \approx \theta_{ij}$；

(3) 假定系统中各节点电压的标幺值都等于 1。

1. 灵敏度矩阵计算

1) 线路功率对发电机和负荷有功的灵敏度计算

设第 i 个节点的发电机总出力为 P_{Gi}，负荷有功总量为 P_{Li}，直流潮流方程如下：

$$\boldsymbol{P}_l = \boldsymbol{B}_l \boldsymbol{e}\boldsymbol{\theta} = \boldsymbol{B}_l \boldsymbol{e}\boldsymbol{X}\boldsymbol{P} = \boldsymbol{B}_l \boldsymbol{e}\boldsymbol{B}^{-1}\boldsymbol{P}$$

式中，$\boldsymbol{B}_l$ 为线路导纳矩阵，对角线元素为每条线路电抗的倒数，其余元素为 0；$\boldsymbol{e}$ 为关联矩阵；$\boldsymbol{B}$ 为节点导纳矩阵；$\boldsymbol{P}$ 为节点注入功率阵；$\boldsymbol{Z}$ 为节点阻抗矩阵。n 为节点个数，l 为支路条数。P_{ij} 表示流过 i 节点和 j 节点之间的支路功率。

$$\begin{bmatrix} P_{12} \\ \vdots \\ P_{ij} \\ \vdots \end{bmatrix}_{l\times 1} = \begin{bmatrix} B_{12} & & 0 \\ & \ddots & \\ & B_{ij} & \\ 0 & & \ddots \end{bmatrix}_{l\times l} \begin{bmatrix} 1 & -1 & & \\ \cdots & \cdots & \cdots & \cdots \\ & 1 & -1 & \\ \cdots & \cdots & \cdots & \cdots \end{bmatrix}_{l\times n} \begin{bmatrix} \theta_1 \\ \vdots \\ \theta_i \\ \vdots \\ \theta_j \\ \vdots \end{bmatrix}_{N\times 1}$$

$$= \begin{bmatrix} B_{12} & & 0 \\ & \ddots & \\ & B_{ij} & \\ 0 & & \ddots \end{bmatrix}_{l\times l} \begin{bmatrix} 1 & -1 & & \\ \cdots & \cdots & \cdots & \cdots \\ & 1 & -1 & \\ \cdots & \cdots & \cdots & \cdots \end{bmatrix}_{l\times n} \boldsymbol{Z}_{n\times n} \begin{bmatrix} \sum P_1 \\ \vdots \\ \sum P_i \\ \vdots \\ \sum P_j \\ \vdots \end{bmatrix}_{n\times 1}$$

$$= \boldsymbol{H}_{l\times n} \begin{bmatrix} \sum P_{G1} - \sum P_{L1} \\ \vdots \\ \sum P_{Gi} - \sum P_{Li} \\ \vdots \\ \sum P_j - \sum P_{Lj} \\ \vdots \end{bmatrix}_{n\times 1} = \boldsymbol{H}_{l\times n} \begin{bmatrix} \sum P_{G1} \\ \vdots \\ \sum P_{Gi} \\ \vdots \\ \sum P_{Gj} \\ \vdots \end{bmatrix} - \boldsymbol{H}_{l\times n} \begin{bmatrix} \sum P_{L1} \\ \vdots \\ \sum P_{Li} \\ \vdots \\ \sum P_{Lj} \\ \vdots \end{bmatrix}$$

$$=\left(\boldsymbol{H}_{l\times n}\begin{bmatrix}\sum P_{G1}\\ \vdots\\ 0\\ \vdots\\ 0\\ \vdots\end{bmatrix}+\cdots+\boldsymbol{H}_{l\times n}\begin{bmatrix}0\\ \vdots\\ \sum P_{Gi}\\ \vdots\\ 0\\ \vdots\end{bmatrix}+\cdots+\boldsymbol{H}_{l\times n}\begin{bmatrix}0\\ \vdots\\ 0\\ \vdots\\ \sum P_{Gj}\\ \vdots\end{bmatrix}+\cdots+\boldsymbol{H}_{l\times n}\begin{bmatrix}\vdots\\ 0\\ \vdots\\ 0\\ \vdots\\ \sum P_{Gn}\end{bmatrix}\right)$$

$$-\left(\boldsymbol{H}_{l\times n}\begin{bmatrix}\sum P_{L1}\\ \vdots\\ 0\\ \vdots\\ 0\\ \vdots\end{bmatrix}+\cdots+\boldsymbol{H}_{l\times n}\begin{bmatrix}0\\ \vdots\\ \sum P_{Li}\\ \vdots\\ 0\\ \vdots\end{bmatrix}+\cdots+\boldsymbol{H}_{l\times n}\begin{bmatrix}0\\ \vdots\\ 0\\ \vdots\\ \sum P_{Lj}\\ \vdots\end{bmatrix}+\cdots+\boldsymbol{H}_{l\times n}\begin{bmatrix}\vdots\\ 0\\ \vdots\\ 0\\ \vdots\\ \sum P_{Ln}\end{bmatrix}\right)$$

即

$$\begin{bmatrix}P_{12}\\ \vdots\\ P_{ij}\\ \vdots\end{bmatrix}_{l\times 1}=\left(\begin{bmatrix}H_{11}\\ \vdots\\ H_{i1}\\ \vdots\\ H_{j1}\\ \vdots\\ H_{l1}\end{bmatrix}\cdot\sum P_{G1}+\cdots+\begin{bmatrix}H_{1i}\\ \vdots\\ H_{ii}\\ \vdots\\ H_{ji}\\ \vdots\\ H_{li}\end{bmatrix}\cdot\sum P_{Gi}+\cdots+\begin{bmatrix}H_{1j}\\ \vdots\\ H_{ij}\\ \vdots\\ H_{jj}\\ \vdots\\ H_{lj}\end{bmatrix}\cdot\sum P_{Gj}+\cdots+\begin{bmatrix}H_{1n}\\ \vdots\\ H_{in}\\ \vdots\\ H_{jn}\\ \vdots\\ H_{ln}\end{bmatrix}\cdot\sum P_{Gn}\right)$$

$$-\left(\begin{bmatrix}H_{11}\\ \vdots\\ H_{i1}\\ \vdots\\ H_{j1}\\ \vdots\\ H_{l1}\end{bmatrix}\cdot\sum P_{L1}+\cdots+\begin{bmatrix}H_{1i}\\ \vdots\\ H_{ii}\\ \vdots\\ H_{ji}\\ \vdots\\ H_{li}\end{bmatrix}\cdot\sum P_{Li}+\cdots+\begin{bmatrix}H_{1j}\\ \vdots\\ H_{ij}\\ \vdots\\ H_{jj}\\ \vdots\\ H_{lj}\end{bmatrix}\cdot\sum P_{Lj}+\cdots+\begin{bmatrix}H_{1n}\\ \vdots\\ H_{in}\\ \vdots\\ H_{jn}\\ \vdots\\ H_{ln}\end{bmatrix}\cdot\sum P_{Ln}\right)$$

(3-34)

将 $\begin{bmatrix} P_{12} \\ \vdots \\ P_{ij} \\ \vdots \end{bmatrix}_{l\times 1}$ 记为 $\begin{bmatrix} P_{l1} \\ \vdots \\ P_{li} \\ \vdots \\ P_{lj} \\ \vdots \end{bmatrix}_{l\times 1}$，$P_{li}$ 表示流过第 i 条支路的功率，则故障线路功率对每个节点发电机出力和负荷有功的灵敏度分别为

$$\frac{\partial P_{li}}{\partial(\sum P_{Gj})}=H_{ij} \qquad \frac{\partial P_{li}}{\partial(\sum P_{Lj})}=-H_{ij} \tag{3-35}$$

式中，$i=1$，2，…，l；$j=1$，2，…，n。

将第 i 条故障线路对每个节点发电机的灵敏度 H_{ij} 排序存储即得到线路功率对发电机和负荷有功的灵敏度值。

2）发电机对负荷的灵敏度计算

首先要找到负荷所在节点相连的线路集，将每条线路对应发电机的灵敏度相加排序，即为发电机对负荷的贡献。

设编号为 a，b，c 的支路与负荷直接相连，故每条线路对应发电机的灵敏度相加为

$$\left(\frac{\partial P_{la}}{\partial(\sum P_{G1})}+\frac{\partial P_{lb}}{\partial(\sum P_{G1})}+\frac{\partial P_{lc}}{\partial(\sum P_{G1})},\frac{\partial P_{la}}{\partial(\sum P_{G2})}+\frac{\partial P_{lb}}{\partial(\sum P_{G2})}+\frac{\partial P_{lc}}{\partial(\sum P_{G2})}\cdots\right)_{n-1}$$

即 $(H_{a1}+H_{b1}+H_{c1},\ H_{a1}+H_{b1}+H_{c1}\cdots)$

表示为：$\left(\sum\limits_{i=a,b,c} H_{i1},\sum\limits_{i=a,b,c} H_{i2}\cdots\right)_n$，

排序后灵敏度从高到低为：compositor $\left(\sum\limits_{i=a,b,c} H_{i1},\sum\limits_{i=a,b,c} H_{i2}\cdots\right)_n$。

3）灵敏度矩阵修改方法

原灵敏度矩阵：

$$\boldsymbol{H}_{l\times n}=\begin{bmatrix} B_{12} & & & 0 \\ & \ddots & & \\ & & B_{ij} & \\ 0 & & & \ddots \end{bmatrix}_{l\times l}\begin{bmatrix} 1 & -1 & & \\ \cdots & \cdots & \cdots & \cdots \\ & 1 & -1 & \\ \cdots & \cdots & \cdots & \cdots \end{bmatrix}_{l\times n}[\boldsymbol{Z}]_{n\times n} \tag{3-36}$$

（1）节点阻抗矩阵

$$\boldsymbol{Z}'=\boldsymbol{Z}+\beta_k \boldsymbol{Z}\boldsymbol{I}_k\boldsymbol{I}_k^{\mathrm{T}}\boldsymbol{Z} \tag{3-37}$$

式中，

$\beta_k=\dfrac{-1}{x_k+\alpha_k}$，其中 $\alpha_k=Z_{ii}+Z_{jj}-2Z_{ij}$。$\boldsymbol{I}_\kappa=\begin{bmatrix} 0 \\ \vdots \\ 1 \\ \vdots \\ -1 \\ \vdots \\ 0 \end{bmatrix}_{n\times 1}$，1 和 -1 的位置为断开线路端点编

号。$\boldsymbol{Z}$ 为线路断开前节点阻抗矩阵。

(2) 新的线路导纳矩阵 $\boldsymbol{B}'$ 为 $\boldsymbol{B}$ 阵去掉故障线路子阵。

(3) 关联矩阵

新的关联矩阵是将原关联矩阵 $\begin{bmatrix} 1 & -1 & & \\ \cdots & \cdots & \cdots & \cdots \\ & 1 & -1 & \\ \cdots & \cdots & \cdots & \cdots \end{bmatrix}_{l\times n}$ 断开线路所在行及线路端点节点号所在列去掉得到的。

2. 元件故障调整策略

1) 线路故障调整策略

定义 $N_k=\begin{cases}1 & \Delta P_k\neq 0\\ 0 & \Delta P_k=0\end{cases}$

其中 ΔP_k 表示第 k 个元件的有功调整量。

转化为线性规划问题，目标为发电机和负荷的调整次数和最小，即 $\min\sum\limits_{k=1}^{N_G+N_L}N_k$。

约束条件为

$$\begin{cases}\sum\limits_{i=1}^{N_G}H_{Gi}\Delta P_{Gi}+\sum\limits_{j=1}^{N_L}H_{Lj}\Delta P_{Lj}+P_0=0\\ \sum\limits_{i=1}^{N_G}\Delta P_{Gi}=\sum\limits_{j=1}^{N_L}\Delta P_{Lj}\\ -P_{Gi}\leqslant\Delta P_{Gj}\leqslant P_{GN}-P_{Gi}\\ -P_{Lj}\leqslant\Delta P_{Lj}\leqslant P_{LN}-P_{Lj}\end{cases}\tag{3-38}$$

其中，H_{Gi} 表示第 i 个发电机节点对故障线路的灵敏度，$i=1，2，\cdots，N_G$，即发电机节点对故障线路灵敏度绝对值从大到小排序；H_{Lj} 表示第 j 个负荷节点对故障线路的灵敏度，$j=1，2，\cdots，N_L$，即负荷节点对故障线路灵敏度绝对值从大到小排序。ΔP_{Gi} 表示第 i 个发电机节点的有功调整量，带符号，值为正表示增加发电机出力，值为负表示减少发电机出力；ΔP_{Lj} 表示第 j 个负荷节点的有功调整量，带符号，值为正表示增加负荷有功，值为负表示减少负荷有功。P_0 表示需要调整的线路有功，带符号，值为线路始节点到末节点的功率。

发电机的调整量 ΔP_{Gi} 介于其当前有功和备用有功之间，负荷调整量 ΔP_{Lj} 介于当前有功和可调有功最大值之间，P_{GN} 和 P_{LN} 分别表示发电机和负荷的最大有功；P_{Gi} 表示第 i 个发电机当前有功，P_{Lj} 表示第 j 个负荷当前有功。

对于 m 台发电机、n 个负荷的系统，应该从灵敏度绝对值高到低调整发电机和负荷，以下推导 ΔP_{Gi} 和 ΔP_{Lj} 的计算表达式。

当 $i=1$ 时，即调整一个节点的发电机和一个节点的负荷就可以使故障线路功率为 0，则

$$\left.\begin{aligned}H_{G1}\Delta P_{G1}+H_{L1}\Delta P_{L1}+P_0=0\\ \Delta P_{G1}=\Delta P_{L1}\end{aligned}\right\}\Rightarrow \Delta P_{G1}=\Delta P_{L1}=-\frac{P_0}{H_{G1}+H_{L1}} \tag{3-39}$$

当 $i=2$ 时，即灵敏度最大的节点发电机有功备用不足，需要调整次灵敏度节点的发电机才能平衡。

由 $H_{G1}\Delta P_{G1}+H_{G2}(\Delta P_{L1}-\Delta P_{G1})+H_{L1}\Delta P_{L1}+P_0=0$ 得

$\Delta P_{L1}=(-P_0-(H_{G1}-H_{G2})\Delta P_{G1})/(H_{G2}+H_{L1})$

以此类推，有

$$\sum_{i=1}^{M-1}H_{Gi}P_{Gi}+H_{GM}(\Delta P-\sum_{i=1}^{M-1}P_{Gi})+\sum_{j=1}^{M-1}H_{Lj}P_{Lj}+H_{GN}(\Delta P-\sum_{j=1}^{N-1}P_{Lj})+P_0=0$$

则

$$\begin{aligned}\Delta P&=\frac{1}{(H_{GM}+H_{LN})}(-P_0-\sum_{i=1}^{M-1}H_{Gi}P_{Gi}+H_{GM}\sum_{i=1}^{M-1}P_{Gi}-\sum_{j=1}^{N-1}H_{Lj}P_{Lj}+H_{LN}\sum_{j=1}^{N-1}P_{Lj})\\&=\frac{1}{(H_{GM}+H_{LN})}(-P_0-\sum_{i=1}^{M-1}(H_{Gi}-H_{GM})P_{Gi}-\sum_{j=1}^{N-1}(H_{Lj}-H_{LN})P_{Lj})\end{aligned} \tag{3-40}$$

式中，ΔP 表示第 M 台发电机和第 N 个负荷的有功调整量。

下面确定每台发电机和每个负荷的调整量。确定 M 和 N 的值即可，即调整 M 台发电机和 N 个负荷使得故障线路功率为 0。

记 $\Delta P_1=-P_0/(H_{G1}+H_{L1})$，判断 $H_{G1}\Delta P_1-\sum_{i=1}^{M}H_{Gi}P_{\lim Gi}<0$（$P_{\lim Gi}$ 表示发电机 i 的极限有功）第一次出现的 M 值即为发电机需要调整的个数，前 $M-1$ 个发电机均满调，若灵敏度为正，则减少发电机出力为 0；若灵敏度为负，则增加发电机出力到最大值。判断 $H_{L1}\Delta P_1-\sum_{i=1}^{N}H_{Li}P_{\lim Li}<0$（$P_{\lim Li}$ 表示负荷 i 的极限有功）第一次出现的 N 值即为负荷需要调整的个数，前 $N-1$ 个负荷均满调，若灵敏度为正，则减少负荷有功为 0；若灵敏度为负，则增加负荷有功到最大值。

2）发电机故障调整策略

首先根据就近启发式方法开启其余发电机备用容量，若备用容量不足，根据灵敏度调整负荷有功。调整方法如下：

(1) 找到每个负荷所在节点相连的线路集；

(2) 对与参考方向相反的线路，其灵敏度要取相反数；

(3) 将每条线路对应发电机的灵敏度相加；

(4) 对灵敏度为正的负荷节点按灵敏度比例进行调整以减少负荷有功。

3）单重线路故障退出的处理

总原则：按照发电机和负荷在线路功率的贡献即灵敏度比例调整发电机出力和负荷有功。

(1) 若形成电气孤岛，则：

① 按照线路故障调整策略 1）进行调整；

② 初始化电气岛参数（如无平衡节点，令备用有功最大的节点为平衡节点），直流潮流计算验证线路功率是否越限，越限调整；

③ 交流潮流计算，若收敛输出发电机和负荷的调整量；否则进行电气岛直流潮流计算，保存发电机和负荷调整结果。

(2) 若没有形成电气孤岛，则：

① 进入灵敏度矩阵（式（3-36））修改，修改原始网络参数，形成新的H矩阵，重新进行灵敏度排序；

② 按照线路故障调整策略1）进行调整；

③ 直流潮流计算并进行越限检查，越限调整；

④ 交流潮流计算，保存调整结果。

判断故障线路断开是否造成电气孤岛方法如下：

若$-x_k+\alpha_k=0$，则系统解列。

式中，x_k为故障线路k的电抗；$\alpha_k=Z_{ii}+Z_{jj}-2Z_{ij}$，$i$，$j$分别为故障线路两端节点编号，$Z_{ii}$，$Z_{jj}$，$Z_{ij}$均为故障后节点阻抗矩阵$Z$中的元素（这里不表示自阻抗和互阻抗）。

4）支路功率越限

根据越限支路对所有发电机和负荷的灵敏度调整越限功率，步长20%，每调整一次进行直流潮流计算，直到所有支路不越限为止，记录发电机和负荷调整量。

5）单台发电机投入的处理

按就近原则逐步开启邻近负荷，直到所有负荷达最大负荷值，使功率平衡，再直流潮流计算，检查越限4），最后进行交流潮流计算；

6）单重线路恢复调整方法

首先寻找恢复线路在退出时是否引起网络解列，如果退出时引起网络解列，则：

(1) 合并两个网络参数，找到线路退出时的功率流向及当时发电机和负荷的灵敏度排序结果；

(2) 对两个网络分别调整，按照灵敏度大小比例增加送端网络当前运行发电机的出力，按照灵敏度大小比例同时增加受端网络所有负荷的消耗，每次调整量为线路恢复前流出功率的20%，直到所有发电机出力为100%或负荷开到最大或有一条线路越限为止；

(3) 交流潮流计算，存储发电机和负荷调整量。

否则直接进行交流潮流计算，检查越限。

3.3.2 程序框图及实现

评估软件计算分析流程如下：

(1) 若是首次评估，给定评估时长，用状态持续时间抽样法产生元件状态，用Monte-Carlo仿真生成电力系统状态；否则进入步骤（8）；

(2) 按照系统状态产生顺序，判断是否和上一状态相同，若相同则拷贝评估结果进入下一状态评估，否则进入步骤（3）；

(3) 若是单重发电机故障，用直流潮流灵敏度削负荷法调整发电机备用和负荷有功使得系统有功平衡；

(4) 若是单重线路故障，用直流潮流灵敏度削负荷法送端和受端规则调整发电机出力和负荷有功；

(5) 计算系统交流潮流；

(6) 检查系统线路越限和节点电压越限，列出越限线路和节点，给出调整越限的最优策略，再次进入步骤 (4) 进行越限调整；

(7) 计算系统状态下每个牵引变电站的削负荷量并记录保存，如果系统状态未评估完，重新进入步骤 (2)；

(8) 计算可靠性指标参数 $K_1 \sim K_8$；

(9) 计算牵引变电站的 4 个可靠性指标及整条高速铁路的 5 个可靠性指标，评估算法完成。

外部电网拓扑数据输入结构同 3.2.2 节所述，直流灵敏度削负荷可靠性评估程序流程图见图 3-2。

与就近启发式削负荷法不同，单重发电机故障调整流程图见图 3-5。

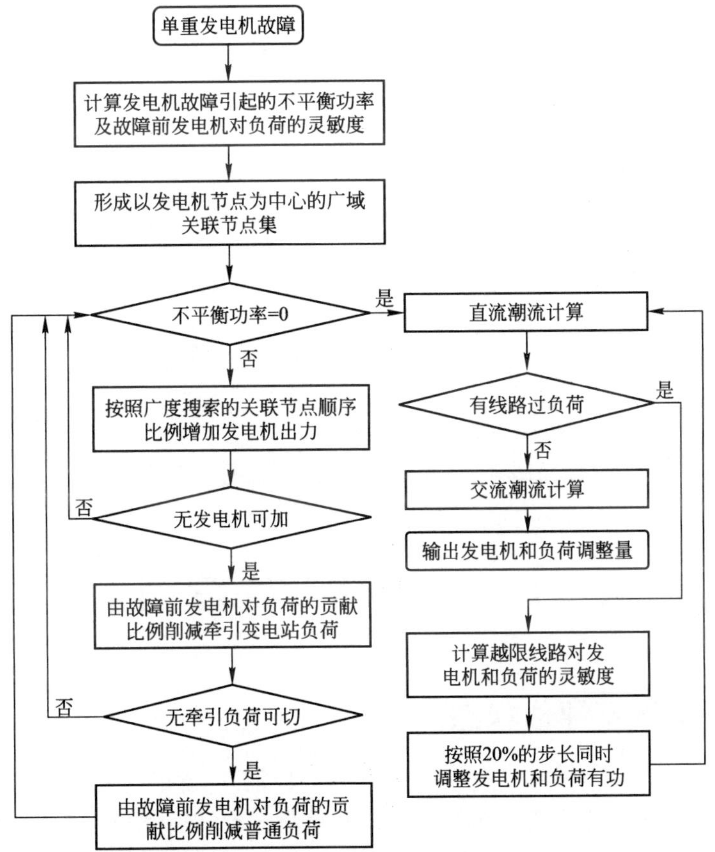

图 3-5　单重发电机故障调整流程图

单重线路故障调整流程图见图 3-6。

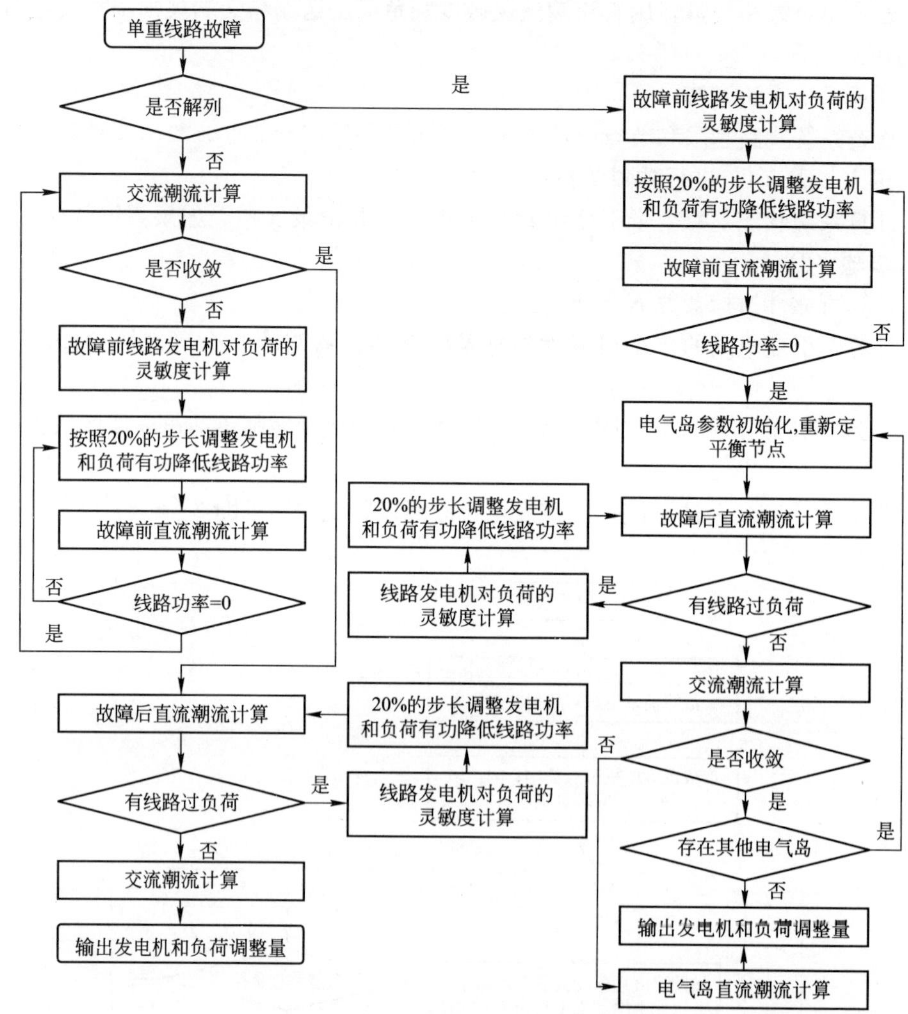

图 3-6 单重线路故障调整流程图

3.4 IEEE-RTS 79 算例分析

3.4.1 网络结构及评估状态生成

IEEE-RTS 79 是由美国电气电子工程学会（IEEE）公布的发输电测试系统，应用于供电可靠性测试，其接线图、发电机和输电线及负荷的电气参数和可靠性数据见附录 A。

下面以 IEEE-RTS 79 向一条高速铁路供电为例进行算法验证。该系统由 24 个节点（母线）、38 条线路、32 台发电机组成。假设该电力系统向一条高速铁路的 5 座牵引变电站供电，按照《高速铁路设计规范（试行）》要求，每座牵引变电站采用双回路（或双回线）进线，其中 B4 和 B5 向 TPS1 供电，B9 和 B10 向 TPS2 供电，B13 双回线路向 TPS3 供电，B19 和 B20 向 TPS4 供电，B16 和 B18 向 TPS5 供电，采用恒定负荷模型，每个牵引负荷均容量为 20MW。

时序蒙特卡罗法的模拟结果显示，在设定总时间 200 年（200×8760=1752000h）中出现系统状态 50040 个，部分系统评估状态如表 3-1 所示，其中互异系统状态为 2074 个，占 4.15%。

表 3-1　IEEE-RTS 79 评估状态序列（部分）

状态编号	元件状态序列	状态出现概率
0	1111111111111111111111111111111111111111111111111111111111111111111111	0.801856
1	1111110111111111111111111111111111111111111111111111111111111111111111	0.024715
2	1111111111111111111111111111111111111111111111111111111111111111111111	0.801856
3	1111111111111111111111011111111111111111111111111111111111111111111111	0.013476
4	1111111111111011111111011111111111111111111111111111111111111111111111	0.001373
5	1111111111111011111111111111111111111111111111111111111111111111111111	0.012083
6	1111111111111111111111111111111111111111111111111111111111111111111111	0.801856
7	1111111111111111111111111111110111111111111111111111111111111111111111	0.020596
8	1111111111111111111111111111110111111111111111111011111111111111111111	0.000212
9	1111111111111111111111111111111111111111111111111011111111111111111111	0.016446
10	1111111111111111111111111111111111111111111111111111111111111111111111	0.801856
11	1111111111111111110111111111111111111111111111111111111111111111111111	0.003661
12	1111111111111111110111111111111111111111111110111111111111111111111111	0.020596
13	1111111111111111110111111111111111111111111110111111111111111011111111111	0.000169
14	1111111111111111111111111111111111111111111110111111111111111011111111111	0.000423
15	1111111111111111111111111111111111111111111111111111111111111011111111111	0.003661
16	1111111111111111111111111111111111111111111111111111111111111111111111	0.801856
17	1111111110111111111111111111111111111111111111111111111111111111111111	0.020596
18	1111111111111111111111111111111111111111111111111111111111111111111111	0.801856
19	1111111111111111111111111101111111111111111111111111111111111111111111	0.022153
20	1111111111111111111111111111111111111111111111111111111111111111111111	0.801856
21	1111111111111111111111111111111111110111111111111111111111111111111111	0.012083
22	1111111111111111111111111111111111111111111111111111111111111111111111	0.801856
23	1101111111111111111111111111111111111111111111111111111111111111111111	0.024715
24	1101111111111111111111111111111111111111111111111111110111111111111111	0.004577
25	1111111111111111111111111111111111111111111111111111110111111111111111	0.010915
26	1111111111111111111111111111111111111111111111111111111111111111111111	0.801856
27	1111111111111111111111111111111011111111111111111111111111111111111111	0.022153
28	1111111111111111111111111111111011111111111111011111111111111111111111	0.008238
29	1111111111111111111111111111111111111111111111011111111111111111111111	0.016476
30	1111111111111111111111111111111111111111111111111111111111111111111111	0.801856

3.4.2　供电可靠性指标及灵敏度分析

在 VC++ 6.0 平台下基于启发式就近削负荷和直流灵敏度削负荷两种算法开发了供电可靠性评估程序，下面以直流灵敏度削负荷法为例，计算 IEEE-RTS 79 对高速铁路供电的可靠性指标和灵敏度值并分析供电薄弱环节。其中发电机故障考虑到 5 阶，发电机和线路组合故障考虑到 4 阶。

5 个牵引变电站和整条铁路的 9 个可靠性指标见表 3－2。

表 3－2 牵引变电站和整条铁路的可靠性指标

TPS	L_{LOLP} (10^{-4})	L_{LOLF} (次/年)	L_{EDNS} (MW/年)	L_{EENS} (MWh/年)
1	46.19	3.17	95.42	393.81
2	62.33	4.28	128.77	531.46
3	60.63	4.16	125.26	516.96
4	34.82	2.39	71.93	296.87
5	46.89	3.22	96.87	399.80
整条铁路：L_{RLCCP}＝1.8323×10^{-4}，L_{RLCCF}＝86.33 次/年，L_{REDNS}＝518.24MW/年，L_{REENS}＝2138.91MWh/年，L_{RSI}＝1283.34 分				

由表 3－2 可知，TPS2 的缺电概率、缺电频率、电力不足期望值和电量不足期望值相对于其他节点要大。这是由于为 TPS2 供电的母线节点 B9 和 B10 的进线端均没有大的发电机组接入，系统供电能力较弱，一旦进线线路故障，都将引起母线节点 B9 和 B10 失负荷；由于高速铁路的相邻牵引变电站均可以实施越区供电，因此整条铁路的可靠性要远远高于某一牵引变电站的供电可靠性。

表 3－3 是 TPS2 供电可靠性指标对各系统元件故障率的灵敏度，按灵敏度大小顺序排列。表中，1G1 表示母线 1 上的 1 号发电机，L5－10 表示连接母线 5 和 10 的线路，余同。由表 3－3 可知，TPS2 的供电可靠性指标对 1G1、2G1 即母线发电机组的灵敏度远大于对其他元件的灵敏度。这是因为一旦母线 1、2 上的发电机组故障，都将直接导致 TPS2 失负荷，同时母线 1 和 2 上的发电机仅占系统牵引供电总装机容量的 8.5%，却负担了近 40%的牵引负荷，故无论是 TPS2 还是整条铁路的可靠性指标都对这些发电机的可靠性参数灵敏度较高，如表 3－4 所示。

表 3－3 TPS2 可靠性指标对各元件的灵敏度 单位：10^{-4}

系统元件	$\frac{\partial L_{LOLP}}{\partial \lambda_k}$	$\frac{\partial L_{LOLF}}{\partial \lambda_k}$	$\frac{\partial L_{EDNS}}{\partial \lambda_k}$	$\frac{\partial L_{EENS}}{\partial \lambda_k}$
1G1	12.000	9 551.788	211.801	841.868
2G1	8.504	4119.668	113.172	328.358
L5－10	7.624	3 759.871	93.988	316.183
7G1	5.788	989.105	18.157	78.699
L8－9	5.212	989.476	16.864	78.691
L6－10	3.445	74.309	3.613	15.665
L4－9	3.240	70.882	3.584	15.663
L3－9	3.083	26.191	2.848	14.082

从表 3－4 可以看出，由于母线 1 和 2 上的发电机组同为 TPS1 和 TPS2 供电电源，母线 13 上的发电机组为 TPS3 提供双回线电源，故 1G1、2G1、13G1 对整条铁路的可靠性指标灵敏度较高；同时，由于长距离输电线路 L13－23 作为母线 13 和 23 的联络线，为 TPS3 输

送备用电源，故灵敏度仅次于 3 个发电机组，位列线路灵敏度的首位。当以上高灵敏度元件的故障率或恢复率改变时，整条铁路的可靠性指标的变化量如表 3-5 所示。

表 3-4 整条铁路可靠性指标对各元件的灵敏度 单位：10^{-4}

系统元件	$\frac{\partial L_{RLCCP}}{\partial \lambda_k}$	$\frac{\partial L_{RLCCF}}{\partial \lambda_k}$	$\frac{\partial L_{REDNS}}{\partial \lambda_k}$	$\frac{\partial L_{REENS}}{\partial \lambda_k}$
1G1	4.633	3 687.633	891.896	3 545.108
2G1	3.214	1 557.067	465.250	1 349.878
13G1	3.064	1 511.043	376.985	1 268.209
L13-23	2.381	406.825	71.012	307.792
7G1	2.098	398.322	64.270	299.891
L12-23	1.391	29.996	13.409	58.131
L5-10	1.612	35.261	12.943	56.559
23G1	1.429	12.137	10.000	49.442

表 3-5 整条铁路可靠性指标的变化量

元件参数改变量	L_{RLCCP} (10^{-4})	ΔL_{RLCCP} (%)	L_{RLCCF} (次/年)	L_{REDNS} (MW/年)	L_{REENS} (MWh/年)	L_{RSI} (分)	ΔL_{RSI} (%)
$\Delta\lambda=0$	1.8323	0	86.33	518.24	2138.91	1283.34	0
$\Delta\lambda_{1G1}=-0.05$	1.1322	−38.21	53.34	325.40	1343.02	986.76	−23.11
$\Delta r_{1G1}=-25$	1.1628	−36.54	54.79	334.06	1378.74	999.72	−22.10
$\Delta\lambda_{2G1}=-0.05$	1.1782	−35.70	55.51	338.41	1396.71	1022.31	−20.34
$\Delta\lambda_{13G1}=-0.025$	1.2379	−32.44	58.32	355.31	1466.44	1078.13	−15.99
新增 L13-23	1.2723	−30.56	59.95	365.05	1506.65	1100.72	−14.23

结果显示，当母线 1 上的 1 号发电机的故障率从 10%降到 5%时，或修复时间由 50 小时/次降至 25 小时/次时，整条铁路的失通过能力概率 L_{RLCCP} 将分别下降 38.21% 和 36.54%，铁路系统分 L_{RSI}将分别减少 23.11%和 22.10%，2G1 和 13G1 的情况类似。新增线路 L13-23 时，铁路的失通过能力下降了 30.56%，铁路系统分减少了 14.23%。

可见，提高母线 1，2，13 上发电机组的运行可靠性，缩短其修复时间，特别是在母线 13 和 23 之间新增一条线路，都将显著提高整条铁路的供电可靠性和铁路的通过能力。

3.5 本章小结

本章视牵引变电站为电力系统的一个综合牵引负荷，以整条高速铁路所有牵引变电站的供电可靠性和铁路的通过能力为评估对象，建立了在考虑越区供电的前提下外部电力系统对高速铁路牵引供电可靠性评估的解析模型：定义了评估牵引变电站供电可靠性的 4 个指标和整条铁路供电可靠性的 5 个指标，推导了供电可靠性指标和铁路通过能力对电力系统元件可靠性参数的灵敏度表达式。

基于时序蒙特卡罗法模拟了外部大电力系统可靠性评估的系统状态，变多重故障为单重故障，通过存储系统状态和状态评估结果来减少需要评估的系统状态数，极大地减少需要评估的系统状态数，减少计算量，以空间换时间。

运用交流潮流启发式就近削负荷和直流潮流灵敏度削负荷两种方法，在VC++ 6.0平台上编制了大电力系统对牵引供电系统的供电可靠性评估软件，以IEEE-RTS 79对一条高速客运专线供电为例，运用直流灵敏度削负荷方法进行故障处理，计算出5个牵引变电站的4个可靠性指标和整条铁路的5个可靠性指标，通过灵敏度分析得出母线1的1号发电机、母线2的1号发电机、母线13的1号发电机对整条铁路的可靠性指标灵敏度最高，当母线1上的1号发电机的故障率降低50%或修复时间减少50%时，整条铁路的失通过能力概率L_{RLCCP}将分别下降38.21%和36.54%，铁路系统分L_{RSI}将分别减少23.11%和22.10%；输电线路中，长距离输电线路L13-23的灵敏度最高，当在母线13与23之间新增一条线路时，L_{RLCCP}下降38.21%，L_{RSI}减少23.11%，高速铁路牵引供电可靠性和整条铁路的通过能力得到显著提高，外部电源的供电薄弱环节得到较大改善。

第 4 章 高速铁路牵引变电站接入电力系统的电压等级

从第 3 章的分析可见，外部电力系统对高速铁路牵引变电站供电能力的大小，直接关系到牵引供电系统对高速列车的供电能力和供电可靠性。在工程上，通常用牵引变电站接入电力系统的公共连接点处的短路容量来衡量外部电力系统对该点的供电能力的大小。一条高速铁路沿线要经过很多地区，如京沪高铁全线纵贯北京、天津、上海三大直辖市和河北、山东、安徽、江苏四省，外部电力系统涉及华北电网和华东电网两大区域电网。由于各地经济发展水平的不平衡导致电力系统的供电能力差异很大，高速铁路的牵引变电站到底是应该接入电力系统的 110 kV 还是 220 kV 电压等级，成为我国高速铁路发展中争论的焦点问题之一，铁路部门和电力部门都十分关心这一点，在多个高铁项目的规划和各个层次多次开展了论证、沟通和协商，作者也曾多次参与其中。电力系统的电压等级提高一倍，短路容量和供电能力提高大约 4 倍，铁路部门从保障牵引供电系统特别是接触网末端的供电能力出发，当然希望牵引变电站接入点的电压等级越高越好。但是，高速铁路是单相冲击性负荷，必然会给电力系统带来谐波、三相不平衡和负序的干扰。牵引变电站接入点的电压等级越高，高铁所带来的谐波和负序在电力系统中传播和影响的面也越大，如果治理不当，不但会影响配电网的电能质量，严重时还可能引起继电保护误动作，误切发电机和负荷，威胁电力系统的安全稳定运行。这是电力部门不愿意看到的。同样作为国民经济的支柱产业和重要的基础设施，铁路和电力的和谐发展和双赢是大家的共同目标。

本章从介绍高速铁路的供电方式和铁路负荷的特点出发，从接触网电压损失、三相电压不平衡度和谐波等方面，详细分析了普速电气化铁路和高速电气化铁路采用三相、V/V 接线和单相牵引变压器，以带回流的直接供电方式和自耦变压器 AT 供电方式接入 110 kV 和 220 kV 电力系统时，对系统短路容量的要求和对其造成的影响，讨论了普速电气化铁路和高速电气化铁路接入电力系统的电压等级问题，结合我国现行的公共电网的国家标准，给出了牵引变电站接入点电压等级选择的理论依据和建议，为高速铁路的规划决策和电网的配套建设提供了理论依据。

4.1 牵引供电系统的组成和供电方式

电气化铁道的牵引供电系统由牵引变电所（包括分区亭、开闭所、AT 所）、牵引网（馈电线、接触网、钢轨和回流线）、电力机车等组成，如图 4－1 所示。牵引变电所将电力系统 110 kV 的三相电变成两相 27.5 kV 分别供给变电所两边的供电臂以为电力机车提供电能（如 A 相和 B 相为 27.5 kV，C 相为钢轨），相邻变电所之间的供电臂为同相电。通过分区亭可以实现越区供电或上下行并联供电。

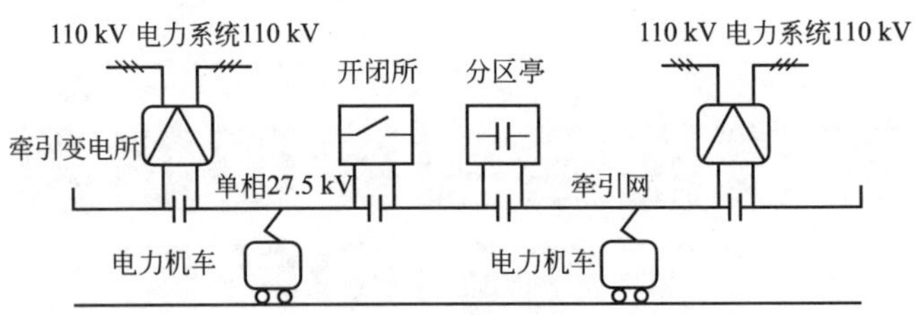

图 4-1　电气化铁道牵引供电系统示意图

4.1.1　牵引供电系统组成

（1）牵引变电所的主要功能是降压、分相，为牵引负荷供电，主要设备是牵引变压器。为适合牵引供电系统高电压、大电流的用电要求，或者为减轻牵引供电系统对电力系统的不对称影响，牵引变压器可采用不同方式的接线。牵引变压器的接线类型主要有纯单相接线、V/V 接线、Y/△-11 接线和三相—两相平衡接线。

（2）分区亭的主要作用是操作设置在两个牵引变电所之间连接两供电分区的开关设备，实现灵活供电，提高运行的可靠性。

（3）开闭所实质上是个不进行变压的配电所，主要是将从牵引变电所牵引母线上引出的一路馈线电线按需要向分组接触网供电。一般设置在需要送出多路馈电线的多接触网分组的枢纽站场附近。

（4）接触网是一种悬挂在电气化铁道线路上方，并和铁路钢轨保持一定距离的链形或单导线的输电网。牵引电力机车能量获取是通过机车受电弓和接触网的滑动接触来实现的。

（5）馈电线是指连接牵引变电所和接触网的导线，把牵引变电所转换完备的牵引用电能送给接触网。

（6）轨道是指在电气化铁道系统中，轨道除了作为列车的导轨外，还与接触网组成通道，完成导通回流的任务。

（7）回流线是指连接轨道和牵引变电所的导线，把轨道中的回路电流导入牵引变电所。

（8）牵引网是指由接触网、馈电线、轨道和回流线组成的电能传输的网络。

4.1.2　牵引供电方式

牵引网供电方式可分为：直接供电方式、吸流变压器（BT）供电方式、直供带回流供电方式、自耦变压器（AT）供电方式等。

我国最初修建的几条电气化铁路采用的是直接供电方式。后来随着铁路电气化逐渐向繁忙干线发展，为了减少通信线路的迁改工程量和降低铁路电气化的工程造价，20 世纪 70 年代中期开始采用吸流变压器—回流线供电方式。1982 年，根据京秦线运量大、牵引定数高的特点，首次采用了自耦变压器（AT）供电方式，后来大秦线和郑武线都采用了这种供电方式。根据我国的铁路实际情况，依照经济技术合理的原则，目前对沿线通信无特殊防护要求的一般区段，基本上采用带回流线的直接供电方式，如浙赣电气、沪杭电化等既有铁路的电化改造工程，而在重载、高速、大密度的繁忙干线及一次电源设施薄弱的地区采用自耦变压器供电（AT）方式。

1. 直接供电方式（DP）

直接供电方式的牵引网仅由接触网和轨道（地）组成。该供电方式对牵引回流归路不作特别控制，任其自由流经钢轨和大地。由于钢轨和大地间没有良好的绝缘，由钢轨泄入地中的回流分量较大，造成接触网和钢轨电流不均衡，对铁路沿线平行接近的架空通信线产生较大的电磁感应干扰。它的特点是：牵引网回路结构简单，成本和维修量少；对通讯线路的干扰影响较严重；钢轨电位通常较其他方式高。直接供电方式原理结线如图 4-2 所示。加到接触网上的电压可以是牵引变电所牵引母线的一相，也可以是经单一三相平衡转换后的统一单相电压。

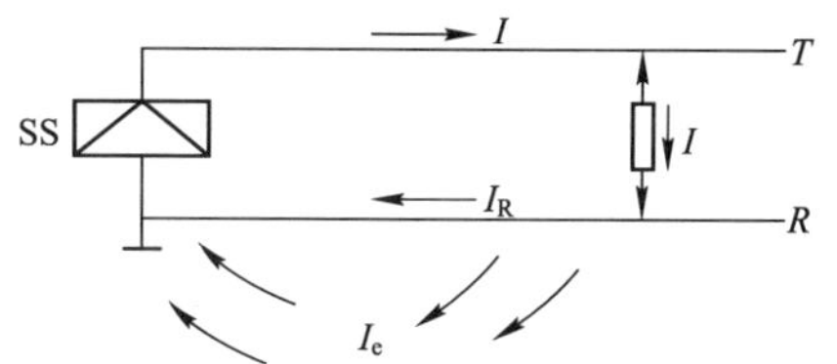

图 4-2　直接供电方式原理图

2. 带回流线的直接供电方式（DF 供电方式）

鉴于目前通信干线已大部分光缆化，其抗干扰能力增强，吸流变压器的作用不大。因此，取消 BT 供电方式中的吸流变压器后，形成了带回流线的直接供电方式，如图 4-3 所示。在该方式中，有相当一部分电流经吸上线和回流线流回变电站，钢轨中和地中泄漏电流大幅减少，钢轨电位也较低，能满足对通信等系统的电磁防护要求，是目前比较常用的一种供电方式。

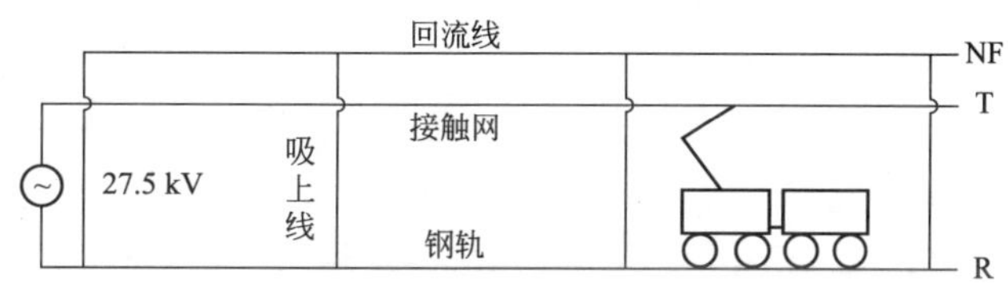

图 4-3　带回流线的直接供电方式示意图

3. AT 供电方式

AT 供电方式即自耦变压器供电方式，一般设置绕组匝数 $n-n$ 的自耦变压器，接触线与正馈线之间的电压为机车受电弓上电压的 2 倍，牵引网以 2×25 kV 电压供电，并在网内分散设置自耦变压器降压至 25 kV 用于电供力牵引。图 4-4 是 AT 供电方式原理图。与接触网同杆架设一条对地电压为 25 kV 但相位与接触网电压反相的“正馈线”，构成 2×25 kV 馈电系统。自耦变压器变比为 2∶1，其一次绕组接在接触网与正馈线之间，而中性点则接至钢轨。在接触网与钢轨和正馈线与钢轨间形成 25 kV 电压可供电力牵引用电。由图可见，假设机车电流为 I，流过接触线的主电流为 $I/2$，是其他供电方式接触线电流的一半左右，电压降落也减小一半，在接触网末端最低电压要求不变的条件下，该供电方式的有效供电距离是其他供电方式的一倍。因此，这种方式可在不提高牵引网绝缘水平的条件下将馈电电压提高一倍，可成倍提高牵引网的供电能力，扩展牵引变电所间距，牵引供电各项技术指标优越，特别适用于高速和重载电气化铁路。机车受电弓上电压与直接供电方式相同。

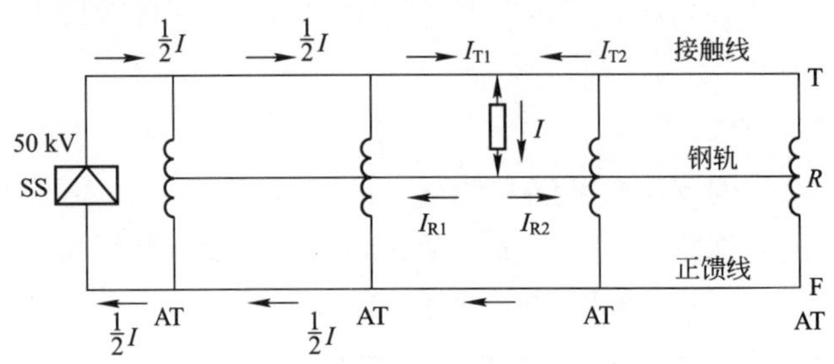

图 4-4　AT 供电方式原理图

直接供电方式具有供电方式简单、可靠、运营维护方便的优点，通过优化其结构和参数能保证较好的屏蔽效果。相对直接供电方式，AT 供电方式的缺点主要是结构比较复杂，如变配电装置除了结构比较复杂的牵引变电所外，还有开闭所、分区所和自耦变压器所等，牵引网中除了接触悬挂和正馈线外，还有保护线、横向连接线、辅助连接线、横向连接等，特别在多隧道区段应用更为困难。但 AT 供电方式也有较大的优点，特别在高速电气化铁路的应用上，它无须提高牵引网的绝缘水平即可将供电电压提高一倍。在相同的牵引负荷条件下，接触悬挂和正馈线中的电流大致可减少一半。AT 供电方式牵引网单位阻抗约为直接供电方式牵引网单位阻抗的 1/3 左右，从而提高了牵引网的供电能力，大大减少了牵引网的电压损失和电能损失。其牵引变电所的间距比直接供电方式增加近一倍，不但牵引变电所数量可以减少，而且相应的外部高压输电线数量也可以减少。如果采用中性点抽出的单相变压器则无须在牵引变电所出口处设置电分段，大大减少了电分相的数目，有利于列车的安全和高速运行。在抗干扰方面，AT 供电方式对邻近通信线路的综合防护效果要优于直接供电方式，减少了防护工程投资。

日本、法国均采用 AT 供电方式。德国、意大利和西班牙采用直供带回流供电方式。两种供电方式比较，AT 供电方式的优点是：①供电能力大，质量高；②便于牵引变电所选址和降低对供电能力的需求；③牵引变电所间距大、数量少、分相点少；④防干扰效果好。

由于 AT 供电方式的上述优点，我国高速铁路都选用了 AT 供电方式。

4.1.3　单边和双边供电

如果按牵引网供电电源分类，则有单边供电，双边供电，复线上、下行环状供电，上、下行全并联供电，以及上下行不同相供电等方式。

1. 单边供电方式

牵引变电所从一侧单方向向牵引网供电的方式。图 4-5 是牵引网单边供电示意图。复线时，上、下行牵引网可以由同相牵引母线供电，也可以由不同相牵引母线供电。

牵引网内的最大电压降：一列平均取流为 I 的列车，通过长度为 L 的供电臂时，受电弓上的最大电压降为

$$\Delta U_{\mathrm{m}}=I\cdot Z\cdot L \tag{4-1}$$

式中，I 为列车在带电运行时间内的平均电流（A）；Z 为牵引网单位阻抗（Ω/km）；L 为供电臂长度（km）。

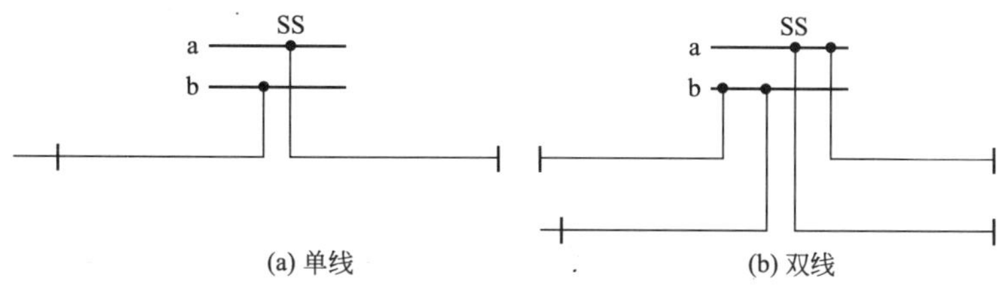

图 4－5　单边供电示意图

2. 双边供电方式

牵引网由相邻两牵引变电所从两端同时供电的方式。图 4－6 是双边供电方式示意图。图中，(a) 是单线双边供电方式；(b) 是双线双边供电方式。在相邻两牵引变电所中间设分区所，可根据需要实现牵引网供电方式的转换。在双边供电牵引网发生短路故障时，可将事故范围限制在一个供电分区内。

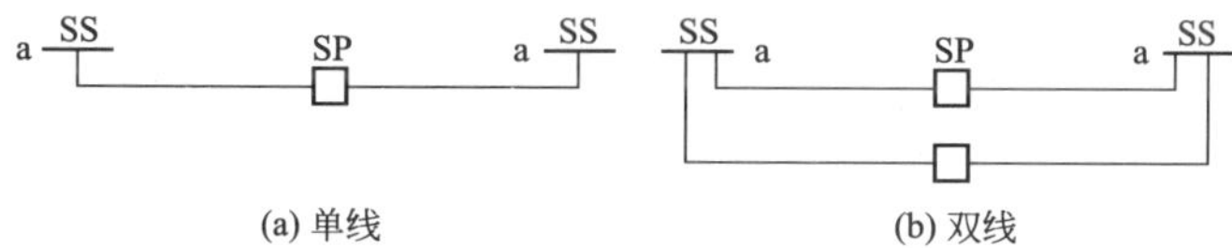

图 4－6　双边供电示意图

列车在牵引网内的最大电压降为

$$\Delta U_{\mathrm{m}}=I\cdot Z\cdot \frac{L_1L_2}{L_1+L_2} \tag{4-2}$$

式中，L_1，L_2 分别为并联供电两臂长度（km）；当 $L_1=L_2=L$ 时，$\Delta U_m=I\cdot Z\cdot L/2$，仅为单边供电的一半。

4.2　电气化铁路的负荷特性和牵引变压器

4.2.1　电气化机车负荷

1. 交直型电力机车

我国目前在既有电铁线路上，主要采用交直型电力机车。除少数从国外引进的电力机车外，绝大多数是我国自行设计制造的 SS（韶山）型单相工频电力机车。例如：适用于重载货运的 SS4 型，客货两用的 SS6 和 SS7 型，以及快速客运和准高速客运的 SS5、SS8 和 SS9 型。机车从接触网取得 25 kV 工频单相电压，经车载变压器降压到 1 500 V，整流后向牵引电动机供电。牵引电动机采用直流串励式，额定电压为 1 020 V，功率约为 700 kW～900 kW。

交直型电力机车采用半控桥式整流装置，通过控制晶闸管的导通角来实现机车出力的调节。这一控制方式，使得交直型机车的功率因数较低（0.8 左右），并产生较大的高次谐波（三次谐波电流分量占 18%以上）。

2. 交直交型电力机车

高速铁路采用高速列车，要求其起动快，使其能在最短的时间和距离内达到额定最高运行速度。为此，必须加大牵引功率，以提高起动牵引力。同时，当列车速度达到额定最高运行速度时，为保持其恒定速度，必须有足够的持续牵引力来克服列车运行阻力。列车运行时的空气阻力与列车速度的三次方成正比，因此，随着列车速度的提高，列车单位重量所需的牵引力成倍增加，机车额定功率也随之增加。

交直交型交流传动机车，采用四象限整流＋PWM 逆变器（VVVF）＋三相交流感应电动机的传动方式。通过 GTO 或 IGBT 器件进行导通和关断角的控制。这种供电方式的最大优点在于：在牵引与制动的整个功率范围内，网侧的功率因数接近 1（0.95 以上）；采用多重的四象限脉冲整流，可以使网侧的电流谐波最小（三次谐波电流小于 2.5%）；通过控制可以使中间直流回路的电压比较稳定。

目前，我国高铁上运行的 CRH 系列和谐号动车组都是交直交型电力机车。

4.2.2 牵引变电所负荷特性

目前，我国既有电气化线路的主要牵引供电负荷为交直型电力机车，其功率因数较低（0.8 左右），易产生较大的高次谐波。而高速铁路的主要牵引供电负荷多为交直交型动车组，其功率因数接近 1（0.95 以上），网侧的谐波电流很小。

1. 负荷的冲击性特点

牵引变电所一般为两侧单相供电，其负荷的大小与供电区间运行的列车数量、铁路线路坡度以及列车运行的速度等因素有关。可以看出，牵引负荷具有如下特点：牵引负荷的波动大，两供电臂负荷不均衡，功率因数低，无功冲击大。

电气化铁路沿线路况千差万别，列车在运行时速度、线路坡度、风速等随时发生变化，列车按信号运行，供电区间内的列车数量疏密不等。这些因素造成列车数量及每一列车的负荷随时变化，使牵引变电所的负荷呈现波动性。

2. 两供电臂负荷的不均衡性

牵引变电所的负荷随着两供电臂内列车数量以及列车负荷而变化，有时轻载甚至空载、有时严重过载。如在节假日、铁路故障后恢复行车时会出现列车紧密追踪情况，在军运、煤电运、农运等特殊情况下，也会出现列车紧密追踪的情况。此时，牵引变电所会出现负荷高峰值。

3. 负荷率低

牵引变电所的负荷是由铁路运量、列车速度、线路条件等因素决定的。列车运行时的受流状态随时都在发生变化，其平均负荷较低。但牵引变电所的供电能力必须适应短时出现的高峰负荷的需要。所以，牵引变电所的负荷率很低，一般不超过 20%，个别达到 30%。

4. 负序特性

由于机车为单相负荷，无论牵引变压器采取何种结线方式，都将向系统注入较大的负序电流，从而造成系统的三相电压不平衡。

5. 谐波特性

国产韶山型电力机车谐波含有率的试验值（单台）如表 4-1 所示。

表 4-1　国产电力机车的谐波电流（%）

机车型号	谐波次数	3	5	7	9	11	13
SS4	谐波含有率 In/I1×100%	18	8	5	2.39	1.97	1.32
SS6B	谐波含有率 In/I1×100%	18.1	6.85	2.59	1.44	1.1	1.15
SS9	谐波含有率 In/I1×100%	17.6	6.6	2.3	1.4	1.13	1.21

4.2.3　高速铁路的负荷特性

1. 单台机车的牵引负荷大

如图 4-7 所示数据，按高速 300 km/h，牵引重量为 1 000 t，则所需的列车牵引功率为 18 600 kW。速度达到 350 km/h 时，所需的牵引功率将达到 24 800 kW。因此，在列车高速行驶时，机车所需的牵引功率大幅增加。

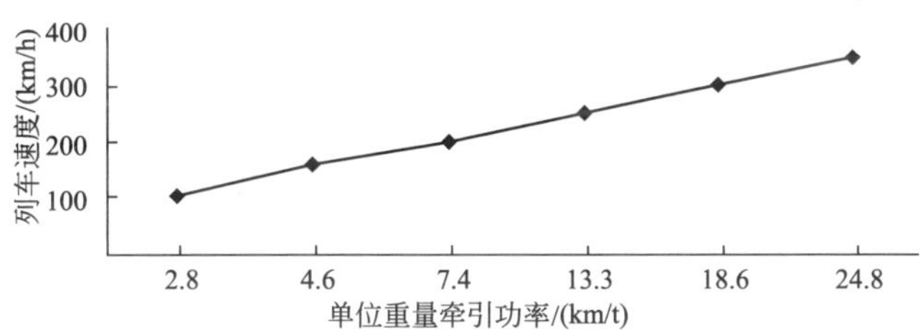

图 4-7　单位重量牵引功率随速度的变化曲线

2. 列车负载率高，受电时间长

列车在运行中，主要克服轮轨摩擦阻力、线路坡道阻力和空气阻力前进。轨道摩擦阻力、线路坡道阻力与速度关系不大，而在高速区段空气阻力与速度的立方成正比。列车高速运行时，空气阻力成为列车运行的主要阻力，因此列车需要持续从接触网取得电能。所以，高速列车的负载率高，受电时间长。

3. 短时集中负荷特征明显

高速铁路具有明显的时段特征，在早、晚时段和节假日的高峰客流期，根据客流量需要，可能组织大编组、高密度运输，甚至在短时形成紧密追踪，其牵引负荷集中特征明显。牵引供电系统应具有应对各种集中负荷供电的能力和条件。

4. 越区供电能力要求高

列车在运行中，在出现某一牵引变电所故障解列、退出供电的情况下，往往采用由两相邻牵引变电所越区进行供电。为了尽量减少越区供电对运输能力和准点的影响，应避免过多限制列车数量或降低列车速度，这样，会相应加大相邻两牵引变电所的供电负荷。

4.2.4　常用的牵引变压器

牵引变压器是牵引变电所的核心电气设备。由牵引变电所的负荷特点可知，牵引变压器全天平均负载率较低，据统计全路牵引变压器容量利用率平均约为 15%；其次牵引负荷幅值变化频繁，大负荷工况下的短时负载率较高，个别达到牵引变压器额定容量的 2 倍以上。

在目前的两部制电价计量方式下，选择过大容量的牵引变压器在经济上是不可取的。牵引变压器容量的选择应在不损害变压器正常使用寿命的原则下，充分利用变压器的过负载能力。

牵引变压器是为满足牵引负荷变化剧烈、外部短路频繁、不对称运行等要求而设计的一种特殊变压器。我国牵引变压器采用三相、三相一二相和单相三种类型。我国以往多采用Y/△-11和V/V接线，目前也有采用单相变压器、Scott变压器和阻抗匹配平衡变压器。在上述几种牵引变压器中，Y/△-11和V/V接线牵引变压器的负序和谐波特性类似，而以Scott变压器和阻抗匹配平衡变压器在两供电臂负荷对称时对降低负序电流效果最好。

4.3 接触网电压损失的计算

下面，根据我国电气化铁路发展的特点，分普速电气化铁路和高速电气化铁路，分别采用三相、V/V接线和单相牵引变压器，以带回流的直接供电方式和自耦变压器（AT）供电方式接入电力系统的情况进行分析。

根据牵引供电系统的结构特点，电压损失可划分为牵引网的电压损失、牵引变压器的电压损失和电力系统的电压损失。

1. 接触网的电压损失

牵引网的电压损失计算公式为

$$\begin{cases}\Delta U=IZ_L\\ Z_L=r\cos\varphi+x\sin\varphi\end{cases} \tag{4-3}$$

式中，Z_L为接触网的等值阻抗；r和x分别是接触网单位长度的电阻和电抗；$\cos\varphi$为功率因数。

普通电气化铁路和高速电气化铁路的接触网均采用全补偿简单链型悬挂。当负荷功率因数为0.8时，普通电气化铁路复线自阻抗Z'_{I}、Z'_{II}和互阻抗Z'_{I}、Z'_{II}的单位等效阻抗分别为0.306 Ω和0.095 Ω；高速电气化铁路长回路的单位阻抗为0.133 Ω、段中的单位阻抗为0.073 Ω。

普通电气化铁路的复线牵引网采用分开供电并带回流线的直接供电方式，其电压损失的计算公式为

$$\Delta U_j=Z'_{\mathrm{I}}\sum_{i-1}^{n}I_{\mathrm{I}i}L_{\mathrm{I}i}+Z'_{\mathrm{I},\mathrm{II}}\sum_{j=1}^{m}I_{\mathrm{II}j}L_{\mathrm{II}j} \tag{4-4}$$

式中，Z'_{I}为复线区段牵引网的单位等效自阻抗；Z'_{I}，Z'_{II}为复线区段上、下行牵引网的单位等效互阻抗；$I_{\mathrm{I}i}$为Ⅰ线第i号列车的电流，$L_{\mathrm{I}i}$为Ⅰ线第i号列车到变电所的距离，$I_{\mathrm{II}i}$为Ⅱ线第i号列车的电流，$L_{\mathrm{II}i}$为Ⅱ线第i号列车到变电所的距离。

高速铁路主要采用AT供电方式，其电压损失的计算公式为

$$\Delta U_j=\frac{(2L-L_j)}{2L}\times Z_L\sum_{i=1}^{j}I_iL_i+\frac{L_j}{2L}\times Z_L\sum_{r=1}^{r}I_rL_r+Z'_L\left(1-\frac{X_j}{D_j}\right)X_jI_j \tag{4-5}$$

式中，ΔU_j为复线区段上、下行串联供电方式接触网的电压损失；L为供电臂全长；L_j为第j号列车距离变电站的距离；Z_L为接触网长回路的单位阻抗；I_i和L_i分别为各同行列车的电流和距离该AT段首端的距离；I_r和L_r分别为各非同行列车的电流和距离该AT段首

端的距离；Z_L^l 为 AT 段段中部分的单位阻抗；X_j、D_j 和 I_j 分别表示位于供电臂末端的第 j 号列车距离该 AT 段首端的距离，该 AT 段的总长度和该列车的电流。

2. 牵引变压器的电压损失

选择三相 YNd11 接线变压器、V/V 接线变压器和单相接线变压器来校验牵引变压器的电压损失。

对于三相 YNd11 接线变压器，普通电气化铁路的功率因数为 0.8 时，其超前相和滞后相的最大电压损失分别为

$$\Delta U_{T1\max}=(0.4L_{1\max}-0.13L_{2av})x_T \tag{4-6}$$

$$\Delta U_{T2\max}=(0.4L_{1\max}+0.33L_{2av})x_T \tag{4-7}$$

式中，X_T 为变压器电抗；$I_{1\max}$和 $I_{2\mathrm{av}}$分别为计算臂最大负荷电流和另一计算臂的平均电流。

高速铁路功率因数为 0.95 时，其超前相和滞后相的最大电压损失分别为

$$\Delta U_{T1\max}=(0.21L_{1\max}-0.22L_{2av})x_T \tag{4-8}$$

$$\Delta U_{T2\max}=(0.21L_{1\max}+0.33L_{2av})x_T \tag{4-9}$$

对于 V/V 接线变压器，普通电气化铁路功率因数为 0.8 时，变压器的最大电压损失为

$$\Delta U_{T1\max}=0.6x_T\cdot I_{1\max} \tag{4-10}$$

高速铁路功率因数为 0.95 时，变压器的最大电压损失为

$$\Delta U_{T1\max}=0.33x_T\cdot I_{1\max} \tag{4-11}$$

对于单相接线变压器，普通电气化铁路功率因数为 0.8 时，变压器的最大电压损失为

$$\Delta U_{T1\max}=0.6x_T(I_{1\max}+I_{av}) \tag{4-12}$$

高速铁路功率因数为 0.95 时，变压器的最大电压损失为

$$\Delta U_{T1\max}=0.33x_T(I_{1\max}+I_{av}) \tag{4-13}$$

3. 电力系统的电压损失

分别用三相变压器、V/V 接线变压器和单相接线变压器来校验牵引变压器的电压损失。对于三相变压器，普通电气化铁路功率因数为 0.8 时，其超前相和滞后相的最大电压损失为

$$\Delta U_{s\max}=(0.4I_{1\max}+0.33I_{2av})x_s \tag{4-14}$$

式中，x_s 为归算至 27.5 kV 侧的系统电抗。

高速铁路功率因数为 0.95 时，其超前相和滞后相的最大电压损失为

$$\Delta U_{s\max}=(0.21I_{1\max}+0.33I_{2av})x_s \tag{4-15}$$

对于 V/V 接线变压器，普通电气化铁路功率因数为 0.8 时，该变压器的最大电压损失为

$$\Delta U_{s\max}=0.6x_s\cdot I_{1\max} \tag{4-16}$$

当高速铁路功率因数为 0.95 时，该变压器的最大电压损失为

$$\Delta U_{s\max}=0.33x_s\cdot I_{1\max} \tag{4-17}$$

对于单相接线变压器，普通电气化铁路功率因数为 0.8 时，该变压器的最大电压损失为

$$\Delta U_{s\max}=0.6x_s(I_{1\max}+I_{2av}) \tag{4-18}$$

当高速铁路功率因数为 0.95 时，该变压器的最大电压损失为

$$\Delta U_{s\max}=0.33x_s(I_{1\max}+I_{2av}) \tag{4-19}$$

牵引变电所牵引侧母线的额定电压为 27.5 kV，自耦变压器供电方式为 55 kV；电力机

车、电动车组受电弓和接触网的额定电压为25 kV，最高允许电压为29 kV（在牵引供电系统因改变运行方式或电网电压波动时可能出现的持续时间不大于5 min的电压最大值）；电力机车、电动车组受电弓上最低工作电压为20 kV，在供电系统非正常（检修或事故）情况下运行时，受电弓上的电压不得低于19 kV，瞬时最小值为17.5 kV（在牵引供电系统因故障或越区供电时可能出现的持续时间不大于10 min的电压最小值）。

只有当牵引供电臂末端的最低电压都满足以上要求时，电力机车才能正常运行，因此这里只计算牵引供电系统的最低电压。根据牵引供电系统的结构，牵引负荷引起的电压损失为牵引网的电压损失、牵引供电变电所的电压损失和电力系统的电压损失之和，则牵引供电系统的最低电压为

$$U_{\min}=U_{20}-\Delta U_j-\Delta U_{T\max}-\Delta U_s \tag{4-20}$$

式中，U_{20}为牵引变压器二次侧空载电压，一般为29 kV；ΔU_j牵引网的电压损失（kV），$\Delta U_{T\max}$牵引变压器最大电压损失（kV），ΔU_s电力系统的电压损失（kV）。

4.4 三相电压不平衡度的计算

国标规定了三相电压不平衡度的允许值及其计算、测量和取值方法，适用于电力系统正常运行方式下由于负序分量引起的公共连接点的电压不平衡度。国标规定电力系统公共连接点的正常电压不平衡度允许值为2%，短时不得超过4%。每个用户一般不超过1.3%。

不同牵引变压器（三相、V/V接线和单相牵引变压器）和供电方式（带回流的直供方式和AT供电方式）下，牵引变电站高压侧三相电压不平衡度的计算公式为

$$K_U=\frac{U_2}{U_1}\times 100\% \tag{4-21}$$

式中，K_U为电压不平衡系数，U_1和U_2分别是正序和负序电压的绝对值。

4.5 谐波的计算

电气化铁路的电力牵引单相整流机车使牵引变压器27.5 kV侧电流以及电压发生畸变，所产生的大量高次谐波分量通过牵引变压器的高压侧注入电力系统，并与系统负序源两者叠加，使系统内部电网的3次、5次谐波在谐振时严重放大。电力机车是一个很大的谐波源，机车类型不同，波形畸变不同，谐波含有率也不同。根据资料统计，交直电力机车韶山4型主要含有3、5次谐波。谐波电流等值电路如图4-8所示，谐波电流大小与基波电流有关，基波电流决定于牵引负荷，其经验公式$I_n=kI_1/n^2$，式中I_1为基波电流，I_n为n次谐波电流，$k=1.5\sim2$为修正系数。考虑并联电容补偿装置，流入电力系统的n次谐波电流I_{Sn}计算式为

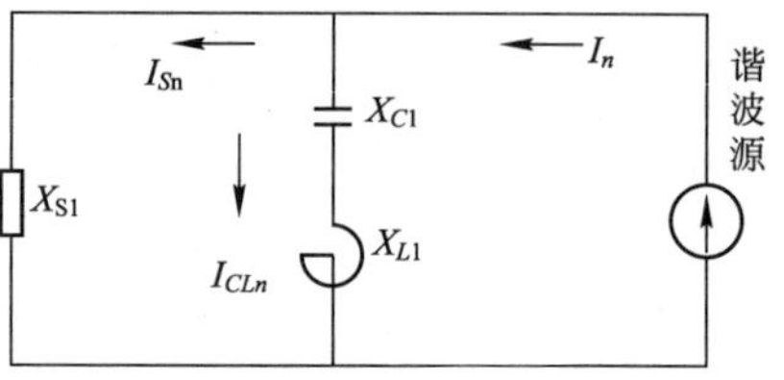

图4-8 谐波电流等值电路图

$$I_{sn}=I_n\times\frac{nX_{Ll}-\frac{X_{C1}}{n}}{nX_{Sl}+\left(nX_{Ll}-\frac{X_{C1}}{n}\right)} \tag{4-22}$$

式中，X_{S1}是包括牵引变压器在内的系统基波电抗。

监测点谐波电压U_n(%) 计算式为

$$U_n(\%)=I_{Snmax}X_{Sn}\times\frac{\sqrt{3}}{U_1}\times 100\% \tag{4-23}$$

式中，I_{Snmax}是由牵引变压器一次绕组流入电力系统的 n 次谐波电流最大相的值。

当电力机车采用交直交型机车时，谐波含量会大大降低，对电力系统影响较小。我国对交直交机车基本上采用的是电压型变流器供电系统，该系统由网侧四象限脉冲整流器、中间直流环节、PWM 电压源逆变器和异步电动机组成，其中电压型 PWM 技术变换器中每相变换桥臂由高压大功率 GTO 器件串联而成，多电平是由中间直流环节的电容器串联对直流电压进行分压，再由二极管按一定规则钳位连接。在多电平的各个 GTO 的开关状态基础上进行脉宽调制（PWM），这不仅使线电压输出波形进一步接近正弦基波，更重要的是使输出的电流波形为正弦基波，减少高次谐波，输出电流波形非常接近于光滑的正弦波形。同时中间直流环节储能电容器的滤波作用，也能减少电网的高次谐波作用。谐波电压限值执行国家标准 GB/T 14549—1993《电能质量　公用电网谐波》。标准规定的公用电网谐波电压（相电压）限值如表 4-2 所示。

表 4-2　公用电网谐波电压限值

电网标称电压/kV	电压总谐波畸变率/%	各次谐波电压含有率/%	
		奇次	偶次
110	2.0	1.6	0.8

谐波用户注入电力系统公共连接点的各次谐波电流应满足国家标准《电能质量　公用电网谐波》要求，并且应严格按国家标准所规定的方法，根据公共连接点的最小短路容量、供电设备容量及用电协议容量进行换算。国标中规定公共连接点的全部用户向该点注入的谐波电流分量（均方根值）允许值。当公共连接点处的短路容量不同于基准短路容量时，表中的谐波电流允许值应按下式进行换算

$$I_h=\frac{S_{k1}}{S_{k2}}I_{hp} \tag{4-24}$$

式中，S_{k1}为公共连接点的最小短路容量（MVA）；S_{k2}为基准短路容量（MVA）；I_{hp}为国标中规定的第 h 次谐波电流允许值（A）；I_h 为短路容量为 S_{k1}时的第 h 次谐波电流允许值（A）。

按国标的要求，在公共连接点处第 i 个用户的第 h 次谐波电流允许值计算为

$$I_{hi}=I_h(S_i/S_t)^{\frac{1}{\alpha}} \tag{4-25}$$

式中，I_h 为第一次换算的第 h 次谐波电流允许值（A）；S_i 为第 i 个用户的用电协议容量（MVA）；S_t 为公共连接点的供电设备容量（MVA）；α 为相位叠加系数，按表 4-3 取值。

表4-3 相位叠加系数的取值

H	3	5	7	11	13	9>13，偶次
α	1.1	1.2	1.4	1.8	1.9	2.0

4.6 计算结果与分析

4.6.1 接触网最大电压损失

普通电气化铁路和高速电气化铁路接触网最大电压损失的计算条件如表4-4所示。

表4-4 接触网最大电压损失的计算条件

计算条件		普通铁路	高速铁路
110kV系统短路容量/MVA		750	750
110kV系统供电设备容量/MVA		180	180
220kV系统短路容量/MVA		2 000	2 000
220kV系统供电设备容量/MVA		350	350
负荷条件	牵引变压器容量/MVA	31.5/40/50	75/90/120
	阻抗电压/%	10.5	10.5
	接线方式	3	3
	供电方式	带回流直供	AT
	列车时速/(km/h)	160	350
	追踪间隔/min	5	3
	供电臂长度/km	25	40
	单臂最大列车数	4	4
机车条件	传动方式	交直型	交直交型
	功率因数	0.8	0.95
	谐波电流百分比/%	21	5
	单列机车最大功率/kW	6 400	24 800

当普通电气化机车的最大可承受电流为270 A、功率因数为0.8、变压器电抗比为10.5%，变压器容量为31.5/40/50 MVA时，三相、V/V接线和单相牵引变压器接线方式下，满足接触网末端电压供电要求的普通电气化铁路系统短路容量的计算条件和结果如表4-5所示。

表4-5 普通电气化铁路系统短路容量的计算条件和结果

计算条件	变压器容量/MVA	31.50	40	50	50
	功率因数	0.80	0.80	0.80	0.90
	电抗比/%	10.50	10.50	8.00	8.00
计算结果	系统短路容量/MVA	750	950	2 800	2 100
	三相/kV	18.02	18.13	18.80	18.74
	V/V/kV	19.99	20.01	19.98	20.00
	单相/kV	20.06	20.16	20.31	20.33

由表4-5可知：

(1) 在相同条件下采用三相牵引变压器的接触网末端电压最低，采用单相变压器的接触网末端电压最高；

(2) 采用三相牵引变压器时，为满足接触网末端电压的供电需求，系统短路容量应很大，但这与实际情况不符，因此一般不采用三相变压器作为普速电气化铁路的牵引变压器；

(3) 采用容量为 31.5 MVA 的单相变压器和容量为 40 MVA 的 V/V 接线变压器时，当系统短路容量分别大于 750 MVA 和 950 MVA 时，末端电压满足供电要求；而当变压器容量达到 50 MVA 时，为满足末端电压供电要求，系统短路容量很大，有必要降低变压器的电抗比或提高负荷的功率因数。

当高速铁路机车最大可承受电流为 1 000 A、功率因数为 0.95、变压器电抗比为 10.5%、变压器容量为 75/90/120 MVA 时，三相、V/V 接线和单相牵引变压器接线方式下，满足接触网末端电压供电要求的高速电气化铁路系统短路容量的计算条件和结果如表 4－6 所示。

表 4－6　高速电气化铁路系统短路容量的计算条件和结果

计算条件	变压器容量/MVA	75	90	120	120
	功率因数	0.95	0.95	0.95	0.95
	电抗比/%	10.50	10.50	10.50	8.00
计算结果	系统短路容量/MVA	1 200	2 400	5 000	3 000
	三相/kV	17.97	17.20	18.10	18.42
	V/V/kV	20.33	19.85	19.99	20.18
	单相/kV	20.23	20.02	20.29	20.18

由表 4－6 可知：

(1) 在相同条件下采用三相变压器的接触网末端电压最低，采用单相变压器的接触网末端电压最高；

(2) 采用三相牵引变压器时，为满足接触网末端电压的供电需求，系统短路容量应很大，但这与实际情况不符，因此一般不采用三相变压器作为高速电气化铁路的牵引变压器；

(3) 采用容量为 75 MVA 的单相变压器和容量为 90 MVA 的 V/V 接线变压器时，当系统短路容量分别大于 1 200 MVA 和 2 400 MVA 时可以满足末端电压的供电要求。而当变压器容量达到 120 MVA 时，系统短路容量应很大，此时应降低变压器的电抗比。

4.6.2　三相电压不平衡度

电力系统公共连接点的正常电压不平衡度允许值为 2%，短时电压不平衡度不得超过 4%。根据 4.4 节计算得到牵引供电负荷与电路系统接触点的三相电压不平衡度的计算结果如表 4－7 所示。

表 4－7　三相电压不平衡度的计算结果

变压器容量/MVA	供电容量/MVA	不平衡度允许值/%	最小短路容量/MVA
31.5	750	4	788
40	950	4	1 000
50	2 100	2.5	2 000
75	1 200	3	2 625
90	2 400	3	3 150
120	3 000	3	4 200

由表 4-7 可知：

(1) 对于普速电气化铁路，当牵引变压器容量分别为 31.5 和 40 MVA 时，为使电力系统公共连接点的短时电压不平衡度不超过 4%，接入点的系统最小短路容量应分别为 788 和 1000 MVA，上述系统最小短路容量分别大于为满足接触网电压降所要求的供电容量 (750 MVA 和 950 MVA)，因此按牵引变压器额定容量的 25 倍，选择牵引供电负荷的接入点可以满足相关要求。

(2) 对比表 4-5 和表 4-6 可知，对于普速电气化铁路，当牵引变压器容量为 50 MVA 时，按电压三相不平衡度不超过 4%计算，得到的接入点系统最小短路容量远大于为满足接触网电压降所要求的供电容量，因此需辅以功率因数补偿系统，或减小牵引变压器的短路阻抗等措施。如表 4-5 的最后一列所示，采用功率因数补偿系统可以使接入点的系统短路容量为 2 000 MVA 左右，而此时系统电压三相电压不平衡度也仅为 2.5%。综合考虑，可以按牵引变压器额定容量的 40 倍（即 2 000 MVA)，选择牵引供电负荷的接入点。

(3) 对比表 4-6 和表 4-7 可知，对于高速电气化铁路，当牵引变压器容量分别为 75 MVA、90 MVA 和 120 MVA 时，按短时三相电压不平衡度小于 3%计算，接入点系统的短路容量应分别大于 2 625 MVA、3 150 MVA 和 4 200 MVA，此短路容量也可以满足接触网末端电压的要求。综合考虑，可以按牵引变压器额定容量的 35 倍，选择牵引供电负荷的接入点。

(4) 按三相电压不平衡度计算得到的系统短路容量，一般大于按综合电压降要求得到的系统最小短路容量，因此可将按照三相电压不平衡度计算得到的系统短路容量，作为牵引变压器接入电网时的系统短路容量。

4.6.3 谐波

不同牵引变压器接线方式下，普通电气化铁路和高速电气化铁路分别接入 110 kV 和 220 kV 系统时的谐波计算结果分别如表 4-8 和表 4-9 所示。

表 4-8 典型普速电气化铁路谐波计算结果

电压等级/kV	接线方式	主要谐波数据		
		谐波电流/A	谐波电压畸变率/%	
			无补偿措施	加装电容器
110	单相接线	超标	7.0	6.1
	V/V 接线	超标	5.0	4.7
220	单相接线	超标	2.6	2.3
	V/V 接线	超标	1.9	1.7

表 4-9 典型高速铁路谐波计算结果

电压等级/kV	接线方式	主要谐波数据		
		谐波电流/A	谐波电压畸变率/%	
			无补偿措施	加装电容器
110	单相接线	超标	5.6	4.9
	V/V 接线	超标	4.2	3.7
220	单相接线	超标	2.1	1.8
	V/V 接线	超标	1.6	1.4

由表 4-8 和 4-9 可知：

(1) 如果不采取滤波措施，普速电气化铁路和高速电气化铁路注入 110 kV 或 220 kV 电力系统的谐波电流，均超过国家标准。当普速电气化铁路和高速电气化铁路接入 110 kV 电力系统时，系统公共连接点的综合谐波电压畸变率均大于 2%。当普速电气化铁路和高速电气化铁路接入 220 kV 系统时，由于 220 kV 系统的短路容量大于 110 kV 系统的短路容量，高速电气化铁路在系统公共连接点的综合谐波电压畸变率在允许范围内，普速电气化铁路在系统公共连接点的综合谐波电压畸变率也有所改善。

(2) 在 110 kV 和 220 kV 系统供电臂安装容抗为 12%的电容器补偿装置后，综合谐波电压的畸变率得到明显改善。

4.7 本章小结

(1) 对普速电气化铁路，当牵引变压器的额定容量为 31.5 MVA 或 40 MVA 时，应优先考虑接入 110 kV 电力系统，且接入点的系统短路容量不小于牵引变压器额定容量的 25 倍；当牵引变压器的额定容量为 50 MVA 时，接入点的系统短路容量应不小于牵引变压器额定容量的 40 倍。

(2) 高速电气化铁路应优先考虑接入 220 kV 系统，且接入点的短路容量不小于牵引变压器额定容量的 35 倍。在电网比较发达的地区，如果系统短路容量满足要求，高速电气化铁路也可接入 110 kV 系统。

(3) 普速电气化铁路在三相电压不平衡和谐波方面对电力系统的影响较大，因此在电气化铁路的规划和建设阶段，可在多个牵引变电站采用换相的方式将电气化铁路接入电力系统。

第 5 章 牵引变电站主接线及电力供电系统的可靠性评估

高速铁路牵引变电站主接线通常由母线、牵引变压器、断路器、隔离开关、电压互感器、电流互感器以及继电保护和自动装置等辅助设备组成，进线电源一主一备（220 kV 或 330 kV），互为热备用，为上下行接触网提供充足可靠、高质量的电能，确保动车组安全、平稳、高速、高密度地运行。

高速铁路 10 kV 电力供电系统通常由外部电源、电力变配电所、电力贯通线路、区间箱式变电站及低压供电设施构成。全线设置一条一级负荷贯通线和一条综合贯通线。沿线与行车有关的通信、信号、综合调度系统等由一级负荷电力贯通线主供，沿线其他用电负荷及各牵引所的所用电源由综合贯通线提供，两路进线电源相互独立，正常时，母联打开，两路电源同时运行，互为备用；当一路检修或发生故障时，母联闭合，由另一路电源供电。

两个供电系统虽在电压等级和功能上有所不同，但在可靠性评估方面，都可通过分析电气设备的拓扑结构、最小割集法搜索各重故障、故障模式与后果分析法制定故障判据的流程计算各自的可靠性指标，定量评估各元件对系统供电可靠性的影响程度。其中，牵引变电站主接线的可靠性评估是对铁路上下行供电负荷及整条铁路的可靠性指标进行计算、比较、分析；10kV 电力供电系统则是评估整个铁路贯通线系统满足供电点电力需求能力的程度。

5.1 可靠性评估指标

5.1.1 牵引变电站主接线的可靠性评估指标

综合考虑牵引变电站主接线的经济性，目前我国的高速铁路牵引变电站一次侧两条 220 kV分支接线不设跨条，即采用无桥接线方式，其可靠性评估指标包括以下几项。

1. 故障率 λ_s

系统在时刻 t 以前正常工作，在 t 以后的单位时间（年）内发生故障的条件概率密度，单位为次/年。

2. 故障修复时间 D

系统发生一次故障的平均修复时间，单位为小时/次。

3. 年停电平均时间 U

系统一年中发生故障的期望平均停电持续时间，单位为小时/年。年停电平均时间＝故障率×故障修复时间。

4. 可用率 A

系统处于可用状态的概率，A＝(365×24－年停电平均时间)×100％/(365×24)，1－A 即停电概率。

5. 停电频率 f_s

系统一年内发生停电故障的平均次数，单位为次/年。

6. 期望故障受阻电力（Expected Power Not Supplied，EPNS）

系统一年中由于发生停电故障而无法送出电力的期望值，单位为 MW/年。

7. 期望故障受阻电能（Expected Energy Not Supplied，EENS）

系统一年中由于发生停电故障而无法送出电能的期望值，单位为 MWh/年。

高速铁路牵引变电站负荷的 EENS 可以通过以下经验公式得到

$$\text{EENS}=P\times U \tag{5-1}$$

P 为电力牵引用电需要电力系统增加的功率，单位为 10^4kW，U 为年平均停电时间，单位为 h，故 EENS 单位也可记为 10^4kWh/年。这里

$$P=\frac{E}{T}=\frac{1.05(E_h+E_k)}{T} \tag{5-2}$$

式中，T 为年最大负荷利用小时，一般取 4500～6000 h，见表 5-1。

表 5-1　年最大负荷利用小时

E/(10^6kWh)	25 以下	40	55	75	100	120 以上
T/h	4 500	5 000	5 250	5 500	5 750	6 000

E_h 为货运年用电量，E_k 为客运年用电量，单位同为 10^4kWh。

$$E_h=(1.766G_z+G_q)e_hL\times 10^{-4} \tag{5-3}$$

$$E_k=2Q_kN_ke_kL\times 365\times 10^{-8} \tag{5-4}$$

式中，G_z 为重车方向年运量，G_q 为轻车方向年运量，单位同为 10^4t（吨）；e_h 为货车单位能耗，e_k 为客车单位能耗，单位同为 kWh/(10^4t·km)；Q_k 为客车牵引重量，单位为 t（吨）；N_k 为客车对数，单位为对/天；L 为电气化铁路长度，单位为 km。以上参数按照表 5-2 取值。

表 5-2　客货车技术限坡与耗能参数对照表

限坡/(‰)	4	6	12	15	30
列车平均技术速度/(km/h)	65	63	55	53	48
货车单位耗能 e_h/(kWh/(10^4t·km))	100	120	160	180	270
客车单位耗能 e_k/(kWh/(10^4t·km))	150	180	240	260	400

5.1.2 10 kV电力供电系统的可靠性评估指标

除了故障率和故障修复时间等固有的负荷供电可靠性指标外，还可借鉴电力系统配电网的可靠性评估模型，对电力贯通线不同区段的以下4个指标进行评估。

1. 平均供电可用率指标（ASAI）

一年中用户经受的不停电小时总数与用户要求的总供电小时数之比。

$$\text{ASAI}=\frac{\text{用户总供电小时数}}{\text{用户要求总供电小时数}}=\frac{365\times24-U}{365\times24} \tag{5-5}$$

式中，U为年停电平均时间，在数值上等于年故障率×故障修复时间。

2. 平均供电不可用率指标（ASUI）

一年中用户的累计停电小时总数与用户要求的总供电小时数之比。

$$\text{ASUI}=\frac{\text{用户总停电小时数}}{\text{用户要求总供电小时数}}=1-\text{ASAI} \tag{5-6}$$

3. 用户平均停电频率指标（CAIFI）

每个受停电影响的用户在每单位时间里经受的平均停电次数。单位为次/(年·户)。

$$\text{CAIFI}=\frac{\text{用户总停电次数}}{\text{受停电影响的总用户数}}=\sum_{k=1}^{N}\lambda_k/N \tag{5-7}$$

式中，N是负荷点总数，即用户总数；λ_k是第k个负荷点的故障次数。

4. 用户平均停电持续时间指标（CAIDI）

一年中被停电的用户经受的平均停电持续时间，单位为小时/年。

$$\text{CAIDI}=\frac{\text{用户总停电持续时间总和}}{\text{用户总停电次数}}=\sum_{k=1}^{N}U_k/N \tag{5-8}$$

5.2 最小割集的基本理论与搜索方法

5.2.1 网络割集的若干定义

为采用最小割集法评估主接线和电力贯通线的供电可靠性，先介绍割集有关的专业名词。

1. 割集（cut sets）

割集是网络中由弧构成的一个集合。若这些弧失效，则导致网络由起点到终点的有向路径全部失效，就称这一组弧的集合为该网络的一个割集。在供电系统中，割集是一些独立元件的集合，这样的割集也称为元件割集，如集合中的这些元件故障，则系统故障。也就是说，如将这些元件从电网中移去，则输入和输出之间的联系就会被割断。

2. 最小割集（minimum cut sets）

若$C=\{x_1, x_2, \cdots, x_n\}$是系统的一个割集，即某些电力元件的集合，当从$C$中移去任意一个元件后，若所剩下的元件不再组成割集，则 C 为最小割集。

3. 割集的阶

割集中所含元件的个数称为割集的阶，铁路供电系统中的一阶割集、二阶割集、三阶割集，对应其一重故障、二重故障、三重故障。由于三重以上的故障发生的概率和频率都极小，因此不予考虑。

4. 最小路集

如果一条路中移去任意一条弧后就不再构成路，则称这条路为最小路。由最小路构成的集合称为最小路集。

5. 关联矩阵

设给定一个有 n 个节点的网络 S（有向，无向或混合型）。定义相应的 n 阶矩阵 $\boldsymbol{C}=[c_{ij}]$，称 $\boldsymbol{C}$ 为网络 S 的关联矩阵。关联矩阵的元素

$$c_{ij}=\begin{cases}0\text{——节点之间无支路直接连接}\\1\text{——节点之间有支路直接连接}\end{cases}$$

5.2.2　系统 *n* 阶割集的搜索与概率计算

根据以上对系统故障阶的定义，通过用程序处理供电网络图，找出影响每一回线路停电的事件，分析在该事件下的后果，得到系统的故障概率和频率。

故障的搜索方法如下：首先找到任一出线到源点的最小割集，包括一阶割集、二阶割集、三阶割集，也就是相应的一重故障、二重故障、三重故障。各阶割集的可靠性指标按如下原则计算。

一重故障：故障率即为单个元件强迫停运的故障率，故障恢复时间也为单个元件强迫停运的恢复时间。如果存在备用设备，停电时间就是备用设备投运的操作时间。

二重故障：应考虑强迫停运时间与计划检修停运重叠的情况。假设两个元件强迫停运的故障率为 λ_1 和 λ_2，强迫停运故障恢复时间分别为 r_1 和 r_2，计划检修停运率分别为 λ_{m1} 和 λ_{m2}，计划检修停运时间为 r_{m1} 和 r_{m2}，则二重故障的持续强迫停运故障率为

$$\lambda_p=\lambda_1\lambda_2(r_1+r_2) \tag{5-9}$$

持续强迫停运时间为

$$r_p=\frac{r_1r_2}{r_1+r_2} \tag{5-10}$$

计划检修停运与持续强迫停运一般在以下两种情况之一重叠：元件 1 已在检修，元件 2 强迫停运；元件 2 已在检修，元件 1 强迫停运。此时的等效停运率为

$$\lambda_{sm}=\lambda_{m1}\lambda_2\lambda_{m2}+\lambda_{m2}\lambda_1\lambda_{m2} \tag{5-11}$$

等效停运时间为

$$r_{sm}=\frac{1}{\lambda_{sm}}\left(\frac{r_2}{r_{m1}+r_2}\lambda_{m1}\lambda_2r_{m1}{}^2+\frac{r_1}{r_{m2}+r_1}\lambda_{m2}\lambda_1r_{m2}{}^2\right) \tag{5-12}$$

三重故障：应考虑到强迫停运和计划检修停运重叠的情况。由于在工程实际中，不会同时对两个元件进行检修，因此只考虑两个元件强迫停运与另外一个元件发生检修停运重叠。计算方法和公式与二重故障类似，只需将两个强迫停运元件首先进行等效为一个强迫停运元

件，代入式（5-9）～式（5-12）即可。

在求出任一回线路的故障事件后，根据相应的故障判据，求出在此判据下或导致系统故障的各重故障事件，即在相应的故障判据下用最小割集程序检索相应的故障事件，求出各种情况下的供电指标。

最小割集算法在可靠性评估中有很多优点：①它很容易实现程序化，在数字计算机上可以快速而高效地解决一般系统的可靠性问题；②由于最小割集和系统失效模式直接相连，可以识别系统各种不同的失效方式；③可利用最小割集筛选故障状态，结合系统的特性进行可靠性评估。

可靠性网络可由系统的运行机理和系统网络图导出，任一最小割集失效则系统失效，可得系统由许多串联的最小割集组成，而每一个最小割集又由并联的若干个元件组成；根据网络结构应用并联系统的方程组可以计算出每一个最小割集的等效指标，然后将等效指标组合即可得出系统的可靠性指标。

5.2.3 邻接终点矩阵算法搜索最小割集原理

在相关研究成果的基础上，应用矩阵技术对传统的搜索最小路的方法进行了改进，运用邻接终点矩阵方法[109,110]，通过定义特殊的矩阵乘法规则，用矩阵的乘法运算完成了对最小路的搜索过程，计算效率大大提高。

1. 邻接终点矩阵算法求出网络的最小路

设 $N=(V, E)$ 是一个简单有向网络，其中 $V=\{v_1, v_2, \cdots, v_n\}$ 是节点集，E 是支路集。定义 n 阶方阵 $A_1=[a_{ij}^1]$ 为网络的邻接矩阵，其中

（1）当 v_i 和 v_j 之间通过有向支路 v_iv_j 连接时，$a_{ij}^1=v_iv_j$；

（2）当 v_i 和 v_j 之间没有支路连接，或 $i=j$ 时，$a_{ij}^1=0$。

定义 n 阶方阵 $\boldsymbol{R}=[r_{jk}]$ 为网络的终点矩阵，其中当 v_j 和 v_k 之间通过有向支路 v_jv_k 连接时，$r_{jk}^1=v_k$；当和 v_j 之 v_k 间没有支路连接，或 $j=k$ 时，$r_{jk}^1=0$。

显然，矩阵 $\boldsymbol{A}_1$ 包含了网络中所有长度为 1 的路径，矩阵 $\boldsymbol{R}$ 反映了网络中每条支路的终点。另外定义矩阵 $\boldsymbol{A}_1$ 和 $\boldsymbol{R}$ 之间的乘法运算产生新矩阵 $\boldsymbol{A}_2=[a_{ik}^2]$。$\boldsymbol{A}_2$ 的元素 a_{ik}^2 由下列法则得到

$$a_{ik}^2=\{a_{ij}^1 r_{jk} \mid j=1, 2, \cdots, n\} \tag{5-13}$$

式中，当 $a_{ij}^1=v_iv_j$，$r_{jk}=v_k$，且 v_i，v_j，v_k 各不相同时，$a_{ij}^1 r_{jk}=v_iv_jv_k$；

当 $a_{ij}^1=0$ 或 $r_{jk}=0$ 或 v_k 至少与 v_i，v_j 中的一个相同时，$a_{ij}^1 r_{jk}=0$。

不难看出，$\boldsymbol{A}_2$ 的所有非零元素构成了网络的所有长度为 2 的最小路。类似地，可以计算得到 $\boldsymbol{A}_3$，$\boldsymbol{A}_4$，$\cdots$，$\boldsymbol{A}_{n-1}$，从而得到了网络的任意节点之间所有长度的路径。将 $\boldsymbol{A}_1$，$\boldsymbol{A}_2$，$\cdots$，$\boldsymbol{A}_{n-1}$ 中对应位置（i，j）的非零元素组合在一起，就得到从节点 i 到 j 节点的所有最小路。显然，这种矩阵的算法，对单电源点、单负荷点的情况和多电源点、多负荷点的情况并没有太大的差别，只是多取几个非零元素的集合而已。

2. 最小路和关联矩阵求最小割集

在上述的最小路计算中并没有涉及单节点元件。在将最小路集转化为最小割集时，就需

要把单节点元件包括进来。对原来形成的节点支路关联矩阵进行增广处理，添加单节点元件的节点元件关联向量，从而形成新的节点元件关联矩阵。其中，单节点元件的节点元件关联向量只有元件所在节点对应位置的元素为1，其他都是0元素。

根据得到的最小路集和节点元件关联矩阵，形成元件最小路集矩阵。每条最小路构成矩阵的一行，该路中包含的元件对应位置的元素为1，其他元素为0。这样得到的元件最小路集矩阵的每一列，包含了通过该列对应的元件的所有最小路的信息。根据最小路集矩阵的列向量的逻辑运算，就能够得到系统的最小割集。若某一列是一向量（所有元素的值均为1），则该元件就是系统的一阶割集；若 m 列逻辑相加得到一向量，则这 m 个元件构成系统的 m 阶割集。当然，如果该割集包含某个已经得到的低阶割集，则该割集不是最小割集，应舍弃。相应地，对通过特定电源点、出线点的最小路集构成的子矩阵进行类似的分析，就可以得到对应出线点、电源点的各阶最小割集。

随着节点数的增加，计算会变得越来越复杂，所以用Java软件完成算法编程，计算电网络中任意电源点和负荷点之间的最小割集。

5.2.4 任意网络最小割集计算程序设计

程序设计的总体思路为：

（1）读取数据文件，形成电网络割集计算的原始数据；

（2）创建路集和割集子类生成原始路集；

（3）生成终点矩阵；

（4）调用路集子类，生成最小路集；

（5）创建元件—路集矩阵；

（6）根据关联矩阵逻辑，求出各阶割集并输出。

软件算法的基本流程如图5-1所示。在Windows XP环境下，采用Java语言开发了基于Access数据库的割集计算软件，用户可以方便地根据电气元件的网络拓扑，得到设定运行方式和可靠性准则下各重故障割集。

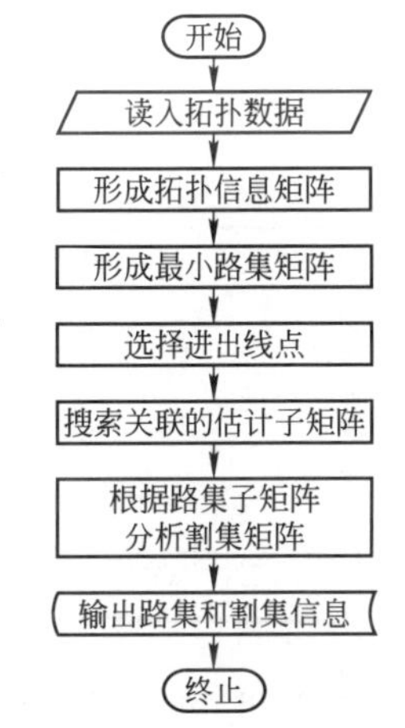

图5-1 最小割集算法流程

5.3 FMECA分析牵引变电站主接线故障判据

高速铁路牵引变电所的典型主接线如图5-2(a)所示，其中T代表牵引变压器，DL代表断路器，GL代表隔离开关，CT代表电流互感器。该牵引变电所采用两个单元组接线，分别为左右上下行供电，供电制式为AT供电方式。为简化研究和方便计算，根据供电关系，图5-2(a)可进一步简化为5-2(b)。

在分析计算中，把串联系统当作一个元件处理。根据第2章中简单串并联系统可靠性分析方法可知，设第 i 个部件的故障率为 λ_i，修复时间为 r_i，修复率为 $\mu_i=r_i^{-1}$，n 为系统串联元件个数，串并联系统的可靠性指标计算公式如表5-3所示。

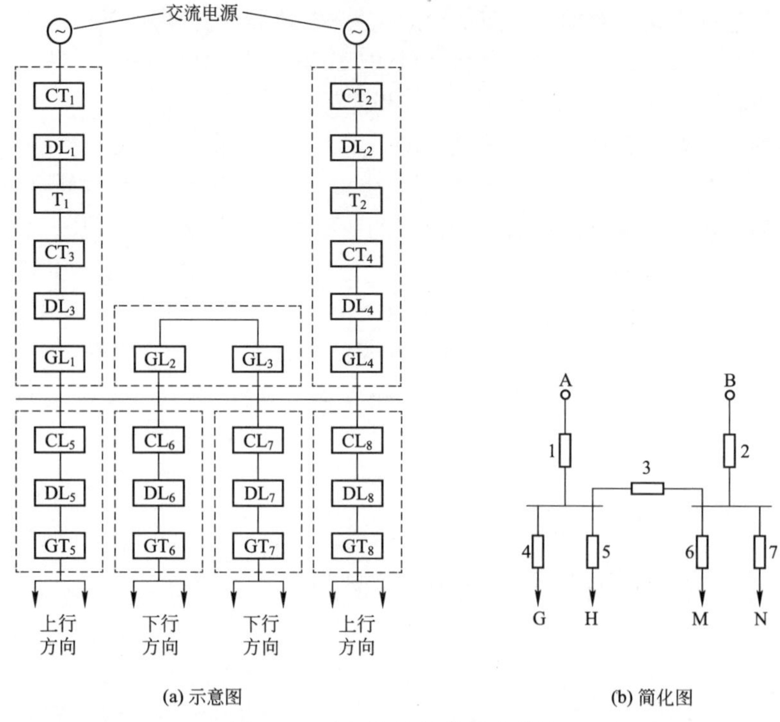

图 5-2　牵引变电站典型主接线

表 5-3　串并联系统可靠性指标

元件逻辑关系	故障率 λ_s	修复率 μ_s	修复时间 r_s	不可用率 U_s
串联可修复	$\sum_{i=1}^{n}\lambda_i$	$\sum_{i=1}^{n}\lambda_i \Big/ \sum_{i=1}^{n}\frac{\lambda_i}{\mu_i}$	$\sum_{i=1}^{n}\lambda_i r_i \Big/ \sum_{i=1}^{n}\lambda_i$	$\sum_{i=1}^{n}\lambda_i r_i$
并联可修复（$n=2$ 时）	$\lambda_1\lambda_2(r_1+r_2)$	$\mu_1+\mu_2$	$\frac{r_1 r_2}{r_1+r_2}$	$\lambda_s r_s$

由于牵引变电站负荷是电力系统中的一级负荷，任意一个电源可以给四个负荷供电，如电源 A 或 B 都可向 G、H、M、N 四个负荷供电，但在列车运行中，G 和 H 负责向左供电臂供电，M 和 N 负责向右供电臂供电，左右供电臂上行（或下行）供电点中若有一个故障都会导致整条上行（或下行）线路供电故障。故定义：

(1) 电源不能给某个负荷供电为单个负荷故障；

(2) 左右两个上行供电点至少有一个得不到供电为上行故障；

(3) 左右两个下行供电点至少有一个得不到供电为下行故障；

(4) 各供电臂上下行均得不到供电为全所故障（或整条铁路故障）。

根据元件的原始可靠性参数计算出各个负荷点的供电可靠性参数，再根据故障后果分析法得出的铁路供电可靠性判据，可计算出高速铁路上行、下行以及整条铁路的可靠性指标值。

5.4　京津客运专线牵引变电站主接线的可靠性评估

图 5-3 是我国第一条高速铁路京津客运专线 220 kV 牵引变电站主接线图。

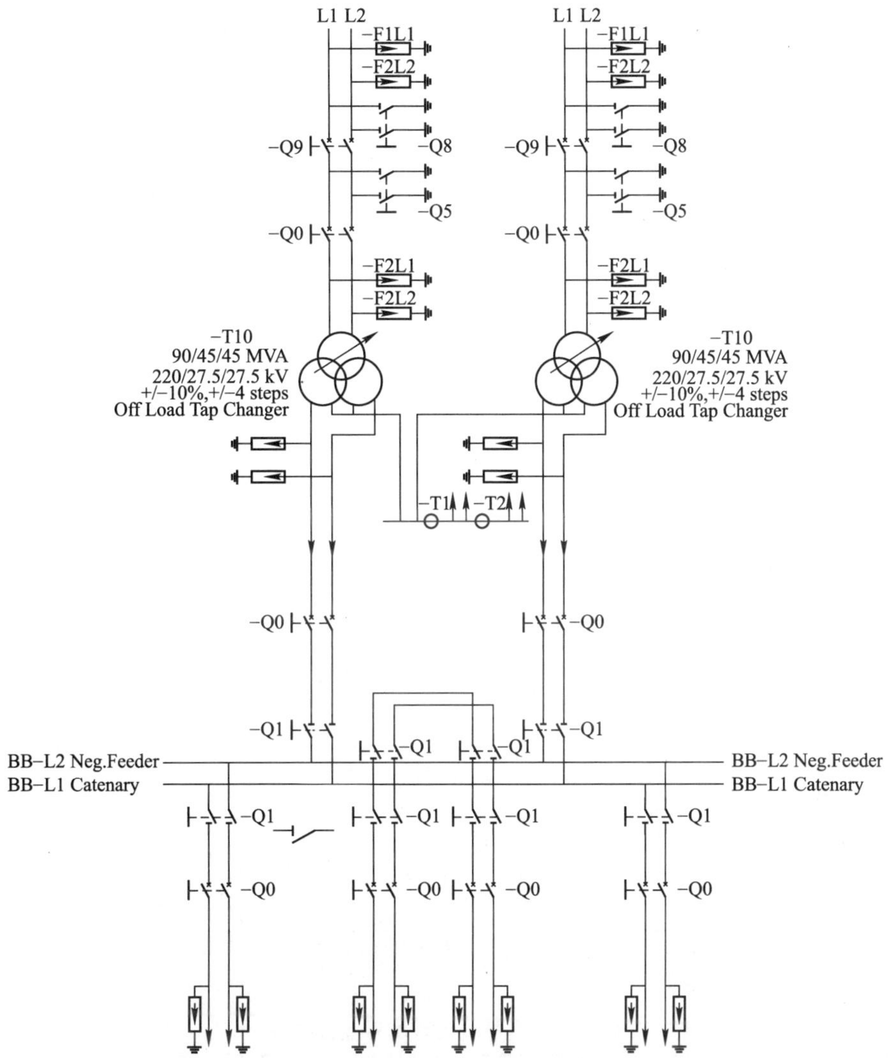

图 5-3　京津客运专线 220 kV 牵引变电站电气主接线图

由于每条线路都是双线，器件相同，可以简化为一条线路。按照拓扑结构，进一步简化为图 5-4。图中 UDL 表示 Up Direction Load，即上行负荷，DDL 表示 Down Direction Load，即下行负荷。数字表示支路（元件）编号。其中逻辑元件 1 除了包含左侧 L1、L2 上的牵引变压器、断路器、隔离开关以外，还包含左侧分段母联开关，均按照串联元件等效。逻辑元件 2 同理。

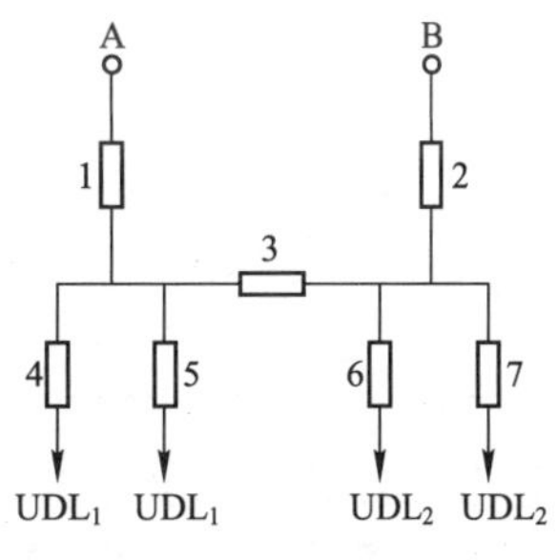

图 5-4　牵引变电站主接线的网络拓扑

将拓扑数据代入最小割集计算程序中，生成 4 个负荷点的各阶故障，即最小割集，如表 5-4 所示。

表 5-4 4负荷的各阶故障

各重故障	UDL_1	DDL_1	DDL_2	UDL_2
一阶故障	4	5	6	7
二阶故障	(1，2)	(1，2)	(1，2)	(1，2)
二阶故障	(1，3)	(1，3)	(2，3)	(2，3)

根据故障后果分析法判定主接线供电各种故障割集为：

(1) 引起上行故障的割集（UDL_1 或 UDL_2 故障）：

一阶故障：4，7

二阶故障：(1，2)，(1，3)，(2，3)

(2) 引起下行故障的割集（DDL_1 或 DDL_2 故障）：

一阶故障：5，6

二阶故障：(1，2)，(1，3)，(2，3)

(3) 引起全所故障的割集：

二阶故障：(1，2)

四阶故障：(4，5，6，7)

主接线元件的原始可靠性参数如表 5-5 所示，各拓扑元件的可靠性参数如表 5-6。

表 5-5 主接线元件的原始可靠性参数

器件类别	故障率	故障修复时间/min
牵引变压器	0.030 4	200
高压进线侧断路器	0.009 3	20
母线	0.015 0	20
隔离开关	0.008 0	15
馈线侧断路器	0.120 0注	15

注：馈线侧断路器的故障率要远高于高压进线侧断路器的故障率。这是因为牵引网的故障比较频繁，馈线侧断路器的动作次数要远高于电力系统中的断路器。

表 5-6 各拓扑元件的可靠性参数

拓扑元件编号	故障率	故障修复时间/min
1	0.193	44.62
2	0.193	44.62
3	0.016	15
4	0.128	15
5	0.128	15
6	0.128	15
7	0.128	15

结合元件的故障事件表和可靠性数据，可计算出各负荷点的可靠性指标和上行故障、下行故障及整条铁路故障的可靠性指标。

需要说明的是，期望故障受阻电能 EENS 的计算方法如下。

京津客运专线上下行电气化线路里程共 240 km，设计限坡 $i_q=12‰$，客车牵引重量为 768 t，客车对数取高峰日和非高峰日的平均值 175 对/天，最大负荷利用小时采用实际值

5 840 小时（每日 6～22 点运行）。按照 3.1.1 节所述的计算方法，可得该牵引变电站从电力系统中得到的功率 $P=10.160\,64(10^4\ \text{kW})$，则

（1）单个负荷点（4 个负荷）的期望故障受阻电能$=P/4\times$年停电平均时间；

（2）上、下行的期望故障受阻电能$=P/2\times$年停电平均时间；

（3）整条铁路的期望故障受阻电能$=P\times$年停电平均时间。

各负荷点的可靠性指标如表 5-7 所示，铁路供电可靠性指标如表 5-8 所示。

表 5-7　4 负荷点的可靠性指标

负荷点	λ_s /(次/年)	D /min	A /%	U /(min/年)	$1-A$ /%	f_s /(次/年)	EENS /(MWh/年)
UDL_1	4.026 8	20.729 1	99.984 1	83.471 4	0.015 88	4.026 8	35.358 5
DDL_1	4.026 8	20.729 1	99.984 1	83.471 4	0.015 88	4.026 8	35.358 5
DDL_2	4.026 8	20.729 1	99.984 1	83.471 4	0.015 88	4.026 8	35.358 5
UDL_2	4.026 8	20.729 1	99.984 1	83.471 4	0.015 88	4.026 8	35.358 5

表 5-8　上下行供电可靠性指标

负荷	λ_s /(次/年)	D /min	A /%	U /(min/年)	$1-A$ /%	f_s /(次/年)	EENS /(MWh/年)
上行	4.338 9	20.156 8	99.983 4	87.458 3	0.016 64	4.338 9	74.052 7
下行	4.338 9	20.156 8	99.983 4	87.458 3	0.016 64	4.338 9	74.052 7
整条铁路	3.328 1	22.289 2	99.985 9	74.181 1	0.014 11	3.328 1	148.105 4

牵引变压器是实现牵引供变电的关键设备，在主接线元件中牵引变压器的故障修复时间最长，当其故障修复时间由 200 分钟减少为 100 分钟时，铁路上下行供电指标见表 5-9。

表 5-9　上下行供电可靠性指标变化量

负荷	λ_s /(次/年)	$\Delta\lambda_s$ /%	D /min	ΔD /%	A /%	ΔA /%	U /(min/年)	ΔU /%
上行	2.977 0	−31.39	13.791 1	−31.58	99.992 19	0.008 8	41.055 7	−53.06
下行	2.977 0	−31.39	13.791 1	−31.58	99.992 19	0.008 8	41.055 7	−53.06
整条铁路	2.154 7	−35.26	14.415 9	−35.32	99.994 09	0.008 2	31.061 8	−58.13

由表可见，牵引变压器的可靠性决定了整个系统的可靠性，当其故障修复时间减少 50%时，铁路上下行及整条铁路的年平均停电时间均减少 50%以上。可见，提高牵引变压器的可靠性能在很大程度上提高整个牵引变电站的供电可靠性水平。

5.5　京津客运专线 10 kV 电力供电系统的可靠性评估

京津客运专线 10 kV 电力供电系统总长为 114.376 km，共有电源点 10 个，分别来自北京南站变配电所、亦庄变配电所、永乐变配电所、武清变配电所和天津站变配电所。通过综合贯通线和一级贯通线向 56 个负荷点供电。负荷分为 4 类：40 个通信负荷、7 个 AT 所负荷、7 个信号负荷、2 个牵引负荷。亦庄到永乐区段接线如图 5-5 所示。

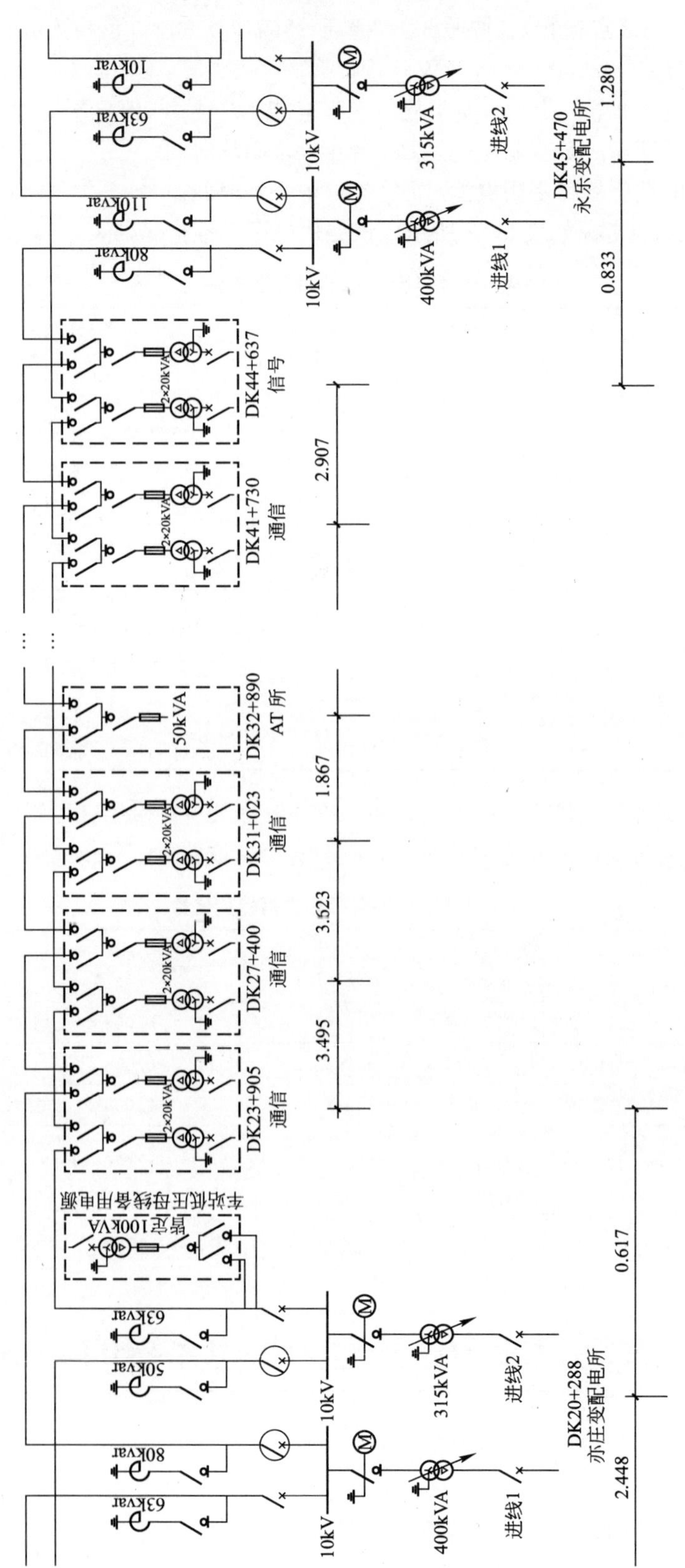

图 5-5 亦庄到永乐段 10kV 电力供电系统接线图（部分）

下面以亦庄到永乐变配电所供电区段为例说明可靠性评估过程。

按照电力供电关系，图 5－5 可简化为图 5－6。

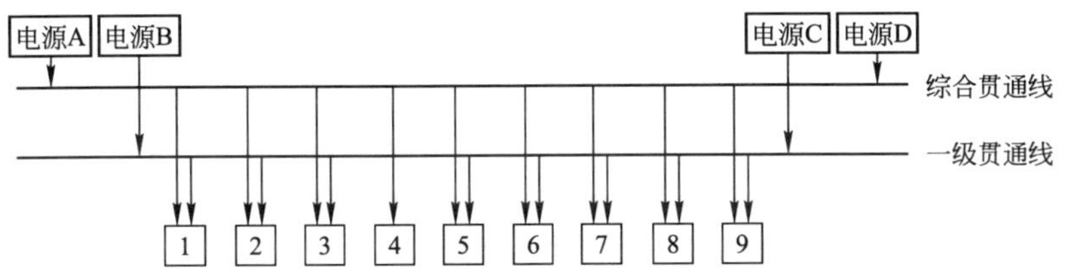

图 5－6　亦庄到永乐段电力供电关系示意图

为便于计算，图 5－6 的拓扑关系如图 5－7 所示。其中负荷 1～9（LD1～LD9）分别表示 DK23＋905 通信、DK27＋400 通信、DK31＋032 通信、DK32＋890AT 所、DK34＋716 通信、DK34＋943 信号、DK38＋150 通信、DK41＋730 通信、DK44＋637 信号。

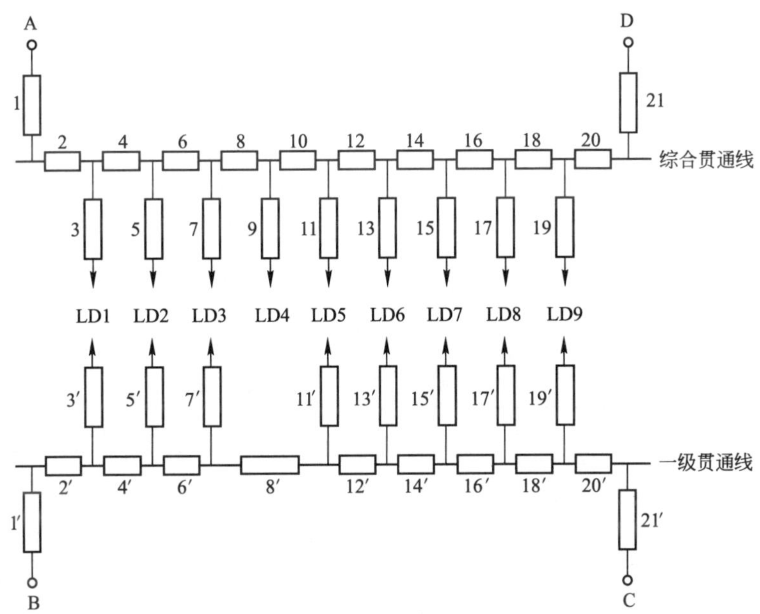

图 5－7　亦庄到永乐段电力供电拓扑图

将拓扑结构代入最小割集计算程序中，生成 9 个负荷点的各阶故障，即最小割集，综合贯通线负荷各阶故障如表 5－10 所示，一级贯通线负荷各阶故障如表 5－11 所示。

表 5－10　9 负荷的各阶故障（综合贯通线）

各阶故障	LD1	LD2	LD3	LD4	LD5	LD6	LD7	LD8	LD9
一阶故障	3	5	7	9	11	13	15	17	19
二阶故障	(2，4)	(4，6)	(6，8)	(8，10)	(10，12)	(12，14)	(14，16)	(16，18)	(18，20)
二阶故障	(1，21)	(1，21)	(1，21)	(1，21)	(1，21)	(1，21)	(1，21)	(1，21)	(1，21)

根据国家电力监管委员会电力可靠性中心发布的可靠性数据，并参照部分铁路统计数

据，图5-5中各元件的可靠性参数如表5-12所示。其中两路10 kV电力贯通线全部采用单芯铜铠铜芯电缆，在高架桥上分别沿铁路两侧预制电缆槽敷设，在路基地段两侧坡角设置电缆沟槽。

表5-11 9负荷的各阶故障（一级贯通线）

各阶故障	LD1	LD2	LD3	LD5	LD6	LD7	LD8	LD9
一阶故障	3′	5′	7′	11′	13′	15′	17′	19′
二阶故障	(2′, 4′)	(4′, 6′)	(6′, 8′)	(10′, 12′)	(12′, 14′)	(14′, 16′)	(16′, 18′)	(18′, 20′)
二阶故障	(1′, 21′)	(1′, 21′)	(1′, 21′)	(1′, 21′)	(1′, 21′)	(1′, 21′)	(1′, 21′)	(1′, 21′)

表5-12 设备可靠性参数

设备名称	设备分类	故障率（次/年）	故障恢复时间（h）
变压器	电源侧	0.004	6.416
	负荷侧	0.001	8.692
断路器	电源侧	0.019	6.112
	负荷侧	0.004 2	4.7
隔离开关	装入式	0.011	4.443
贯通线	地下电缆	0.009 (km^{-1})	6.28 (km^{-1})
熔断器	装入式	0.011	4.538

于是可根据表5-10和表5-11计算出各供电负荷的可靠性指标，见表5-13、表5-14和表5-15。

表5-13 9负荷可靠性指标（综合贯通线）

可靠性指标	LD1	LD2	LD3	LD4	LD5	LD6	LD7	LD8	LD9
故障率/(次/年)	0.052 2	0.078 8	0.051 8	0.042 0	0.044 0	0.044 8	0.083 2	0.077 9	0.046 6
故障修复时间/(h)	4.132 6	6.742 8	4.191 6	3.797 0	3.909 2	3.861 6	7.123 2	6.643 2	3.879 2
年停电平均时间/(h/年)	0.215 5	0.531 4	0.217 0	0.159 4	0.171 8	0.173 0	0.592 4	0.517 3	0.180 6

表5-14 9负荷可靠性指标（一级贯通线）

可靠性指标	LD1	LD2	LD3	LD5	LD6	LD7	LD8	LD9
故障率/(次/年)	0.052 2	0.078 8	0.051 8	0.043 7	0.044 8	0.083 2	0.077 9	0.046 6
故障修复时间/(h)	4.132 6	6.742 8	4.191 6	3.922 3	3.861 6	7.123 2	6.643 2	3.879 2
年停电平均时间/(h/年)	0.215 5	0.531 4	0.217 0	0.171 5	0.173 0	0.592 4	0.517 3	0.180 6

整个区段的可靠性指标见表5-16。

表 5-15　9 负荷可靠性指标（双贯通线）

可靠性指标	LD1	LD2	LD3	LD4	LD5	LD6	LD7	LD8	LD9
故障率/(次/年)	0.022 5	0.083 7	0.022 5	0.042 0	0.015 1	0.015 5	0.098 5	0.080 6	0.016 8
故障修复时间/(h)	2.066 3	3.371 4	2.095 8	3.797 0	1.957 9	1.930 8	3.561 6	3.321 6	1.939 6
年停电平均时间/(h/年)	0.046 5	0.282 3	0.047 1	0.159 4	0.029 5	0.029 9	0.350 9	0.267 6	0.032 6

表 5-16　亦庄-永乐供电区段可靠性指标

供电方式	ASAI/%	ASUI/%	CAIFI/(次/(年·户))	CAIDI/(h/年)
综合贯通线	99.968 5	3.148 8	0.057 89	0.306 48
一级贯通线	99.970 3	2.966 5	0.0598 6	0.324 83
双贯通线	99.985 8	1.422 1	0.044 12	0.138 42

从表 5-16 可以看出，采用分段双贯通线后，整个供电区段的各项可靠性指标都得到了较大改善，其系统平均供电不可用率从 2.97%降低到 1.42%，降幅为 52.06%；平均停电持续时间从每年 0.32 h 降至 0.14 h，降幅为 57.39%。可见高速铁路双贯通线供电方式的可靠性远远高于单贯通线供电方式。

由表 5-17 得知，目前高速铁路电力供电贯通线均采用地埋电缆形式供电，与普速电气化铁路采用的架空线供电方式相比，供电可靠性也有较大提高。

表 5-17　可靠性指标变化量

	ASAI/%	ASUI/%	CAIFI/(次/(年·户))	CAIDI/(h/年)
架空线注	99.950 0	4.996 2	0.116 65	0.486 29
地埋式电缆	99.985 8	1.422 1	0.044 12	0.138 42
变化量（%）	0.035 8	−71.54	−62.17	−71.54

注：架空线故障率取 0.013 次/(年·km)；故障修复时间取 6.985 h/km。

由于贯通线电缆线路敷设于隔离带内，不易受外界施工、人为破坏等影响，故地埋式电缆的故障率和修复时间都远远低于架空线。由表 5-17 可知，采用地埋式电缆后，整个电力供电系统的供电不可用率和停电持续时间均减少了 70%以上。

高速铁路贯通线的负荷点呈线状分布，线路较长，供电臂长度一般为 40～60 km，有的地方甚至长达 70～80 km。当电缆的故障恢复时间减少一半，即由 6.28 h/km 降至 3.14 h/km 时，经计算系统的不可用率为 0.59%，降幅达 58.75%，供电可靠性得到大幅提高。

5.6　本章小结

根据牵引变电站电气主接线和 10 kV 电力供电系统的供电特点，分别建立故障率、故障修复时间、年停电平均时间、可用率、期望受阻电能等 7 个电气主接线可靠性评估指标，以及系统平均供电可用率、不可用率、用户平均停电频率和平均停电持续时间等 4 个电力供电系统的可靠性指标。通过牵引变电站电气主接线故障后果分析，定义了上下行铁路故障和整条铁路故障的可靠性判据。

对京津客运专线 220 kV 牵引变电站主接线拓扑结构进行简化，运用邻接终点矩阵生成 4 个负荷点的各阶故障割集，根据故障判据分析出上下行和整条铁路的割集集合。可靠性指标计算结果表明，该牵引变电站的供电可用率已达到 99.98%以上，当牵引变压器的故障修复时间减少一半时，铁路上下行及整条铁路的年停电平均时间减少 50%以上。

对京津 10 kV 电力供电系统的供电可靠性进行了评估。分析了亦庄到永乐段 10 kV 电力供电系统的拓扑结构，得出 9 个负荷点的各阶故障割集，计算出各负荷点及整个区段的供电可靠性指标。通过比较综合贯通线、一级贯通线及双贯通线系统供电方式下系统的可用率、不可用率等计算结果可知，采用双贯通线可将系统的供电不可用率降低 50%以上，同时采用地埋电缆式贯通线可将系统的不可用率降低 70%以上。如果采用在线故障定位技术等使电缆的故障修复时间减少一半，系统的不可用率将降低 58.75%。以上措施都使得供电可靠性得到大幅提高。

第 6 章 接触网设备及系统的可靠性评估

6.1 设备可靠性分布参数拟合及检验方法

6.1.1 设备可靠性分布参数拟合

设备的失效分布是指其失效概率密度函数或累积失效概率函数，与可靠性特征量有着很密切的关系。如已知设备的失效分布函数，则可求出可靠度函数、失效函数和寿命特征量。在可靠性理论中，研究设备的失效分布类型十分重要。常见的设备失效分布有指数（Exponential）分布、正态（Normal）分布、对数正态（Lognormal）分布、Weibull 分布等。各分布的概率密度函数及参数表如表 6-1 所示。

表 6-1 常用分布概率密度函数及参数

分布	概率密度函数	参数 1	参数 2 和 3
Exponential-1	$f(t)=\frac{1}{m}e^{-\frac{t}{m}}$	故障平均时间 m，正值	——
Exponential-2	$f(t)=\lambda e^{-\lambda(t-\gamma)}$	恒定故障率 $\lambda>0$	位置参数 $\gamma>0$
Normal	$f(t)=\frac{1}{\sigma_t\sqrt{2\pi}}e^{-\frac{1}{2}\left(\frac{t-\mu}{\sigma_t}\right)^2}$	失效时间的均值 μ	失效时间的方差 $\sigma_t>0$
Lognormal	$f(t')=\frac{1}{\sigma_{t'}\sqrt{2\pi}}e^{-\frac{1}{2}\left(\frac{t'-\mu'}{\sigma_{t'}}\right)^2}$	失效时间对数的均值 μ'	失效时间对数的方差 $\sigma_{t'}>0$
Weibull-2	$f(t)=\frac{\beta}{\alpha}\left(\frac{t}{\alpha}\right)^{\beta-1}e^{-\left(\frac{t}{\alpha}\right)^\beta}$	尺度参数 α	形状参数 β
Weibull-3	$f(t)=\frac{\beta}{\alpha}\left(\frac{t-\delta}{\alpha}\right)^{\beta-1}e^{-\left(\frac{t-\delta}{\alpha}\right)^\beta}$	尺度参数 α	形状参数 β 位置参数 δ
Gamma	$f(t)=\frac{(\alpha x)^{\beta-1}\cdot\alpha e^{-\alpha x}}{\Gamma(\beta)},\Gamma(\beta)=\int_0^\infty t^{\beta-1}e^{-t}dt$	尺度参数 β	形状参数 α
G-Gamma	$f(t)=\frac{\lvert\lambda\rvert}{\sigma t}\cdot\frac{1}{\Gamma(\lambda^{-2})}\cdot\exp\left[\left(\lambda\cdot\frac{\ln(t)-\mu}{\sigma}-\ln\lambda^2-e^{\lambda\cdot\frac{\ln(t)-\mu}{\sigma}}\right)/\lambda^2\right]$	μ 为实数	$\sigma>0$，$\lambda>0$

续表

分布	概率密度函数	参数1	参数2和3
Logistic	$f(t)=\frac{e^z}{\sigma(1+e^z)^2}$，$z=\frac{t-\mu}{\sigma}$	尺度参数 σ	位置参数 μ
Loglogistic	$f(t)=\frac{e^z}{\sigma t(1+e^z)^2}$，$z=\frac{\ln(t)-\mu}{\sigma}$	尺度参数 μ	形状参数 σ
Gumbel	$f(t)=\frac{1}{\sigma}e^{z-e^z}$，$z=\frac{t-\mu}{\sigma}$	尺度参数 $\sigma>0$	位置参数 μ

失效分布的参数拟合方法包括极大似然估计法（Maximum Likelihood Estimation，MLE）、最小二乘参数估计、X秩回归和Y秩回归等，这里以一种联合最小二乘和平均秩次法（中位秩法的改进算法）为例，介绍Weibull二参数分布的参数拟合方法。

Weibull分布的失效分布函数为

$$F(t)=1-\exp\left[-\left(\frac{t}{\alpha}\right)^{\beta}\right] \tag{6-1}$$

将其左右变形，得

$$\frac{1}{1-F(t)}=\exp\left(\frac{t}{\alpha}\right)^{\beta} \tag{6-2}$$

两边取自然对数，得

$$\ln\ln[1/(1-F(t))]=\beta[\ln t-\ln\alpha] \tag{6-3}$$

令

$$\begin{cases} x=\ln t \\ y=\ln\ln[1/(1-F(t))] \\ A=\beta \\ B=-\beta\ln\alpha \end{cases} \tag{6-4}$$

则式（6-3）化为

$$y=Ax+B \tag{6-5}$$

对于线性回归方程（6-5），回归系数 A 与 B 的最小二乘估计解为

$$\begin{cases} \hat{A}=\dfrac{\sum\limits_{i=1}^{n}x_iy_i-n\bar{x}\,\bar{y}}{\sum\limits_{i=1}^{n}x_i^2-n\,\bar{x}^2} \\ \hat{B}=\bar{y}-\hat{A}\,\bar{x} \end{cases} \tag{6-6}$$

式中，$\bar{x}=\frac{1}{n}\sum\limits_{i=1}^{n}x_i$，$\bar{y}=\frac{1}{n}\sum\limits_{i=1}^{n}y_i$。

为求得一条偏差最小的回归直线和复合实际最好的回归系数估计值，关键是要提高经验分布函数的精度。平均秩次法[111]是提高经验分布函数精度的一种有效的方法，它的原理是，对于一组不完全寿命的样本数据，由于某些尚未发生故障而中途停止试验的样本，什么时间发生故障无法预计，就不能使用平均秩或近似中位秩公式（6-7）计算。但可以根据故障样本和中止样本估计出所有可能的秩次，再求出平均秩次，将平均秩次代入近似中位秩公式，求出其经验分布函数。

$$F_n(t_i)=\frac{i-0.3}{n+0.4} \tag{6-7}$$

式中，i 为故障设备的顺序号，n 为样本量。

对于有中止项的试验数据，统计学家们经过长期的实践总结[112]，给出计算平均秩的增量公式

$$\begin{cases}\Delta A_i=\dfrac{n+1-A_{i-1}}{n-k+2} \\ A_i=A_{i-1}+\Delta A_i\end{cases} \tag{6-8}$$

式中，n 为样本量；k 为所有设备的排列顺序号，按故障时间和删除时间的大小排列；i 为故障设备的顺序号；A_i 为故障设备的平均秩次；A_{i-1} 为前一个故障设备的平均秩次。将 A_i 代入近似中位秩公式（6－7）得到

$$F_n(t_i)=\frac{A_i-0.3}{n+0.4} \tag{6-9}$$

将发生故障时间和通过计算出来的经验分布函数，利用最小二乘参数估计法，拟合出 Weibull 分布模型的回归直线，从而确定出 Weibull 分布的尺度参数和形状参数。

Reliasoft 公司的 Weibull＋＋ 7.0 软件可以很好地实现以上方法，根据 Weibull＋＋7.0 工具书[113]，对于删失数据多的案例，当失效数据大于 10 且小于样本量时，采用极大似然估计进行失效数据拟合；否则软件会根据设定自动选择中位秩法或 Kaplan－Meier 方法拟合分布参数。

6.1.2　拟合结果的优度检验

在得到参数拟合结果后，需要对拟合结果进行优度检验，常用的检验方法有 K－S（Kolmogorov－Smirnov）检验和 χ^2 检验。在 Weibull＋＋ 7.0 中也有对应的功能模块。下面作简要介绍。

K－S 检验是以样本数据的累计频数分布与特定理论分布比较。若两者间的差距很小，则推论该样本取自某特定分布。假设 H_0 表示样本所来自的总体分布服从某特定分布，H_1 表示样本所来自的总体分布不服从某特定分布。$F_0(x)$ 表示理论分布的分布函数，$F_n(x)$ 表示一组随机样本的累计频率函数。定义 $D=\max|F_n(x)-F_0(x)|$，设 $D(n, \alpha)$ 是显著水平为 α，样本容量为 n 时 D 的拒绝临界值，通过查 K－S 表[9]可以得到，则当实际观测 $D>D(n, \alpha)$ 时则拒绝 H_0，反之则接受 H_0 假设。

χ^2 检验与 K－S 检验都采用实际频数和期望频数进行检验。它们之间最大的区别在于前者主要用于类别数据，而后者主要用于有单位的数量数据，有时前者也可以用于数量数据但必须将数据分组得到实际观测频数，并要求多变量之间独立，而后者可以不分组直接把原始数据进行检验，因此 K－S 检验对数据的应用较完整。

Weibull＋＋ 7.0 软件 K－S 和 χ^2 检验都分别返回了临界值小于计算值的概率。该概率接近 1，表示理论分布和该数据组之间有很大的差别。根据使用的样本大小，χ^2 和 K－S 检验将返回不同的结果。对于 K－S 检验，当增大样本时，$D(n, \alpha)$ 会变小，这将导致 $D(n, \alpha)<D$ 的概率增加。χ^2 检验对于较小的样本不准确，例如，至少要 35 个样本。故在本章的算例中，同时运用了两种检验方法互为补充和验证。

6.2 系统概述及设备故障分类

6.2.1 高速铁路接触网系统设备概述

接触网系统是铁路电气化工程的主构架，承担着向电力机车提供电力的重任。接触网主要包括接触悬挂、支持装置、定位装置、支柱与基础几部分。图 6-1 为高速铁路接触网系统及其主要部件图。

图 6-1 高速铁路接触网系统

接触悬挂包括接触线、吊弦、承力索以及连接零件，通过支持装置架设在支柱上，将从牵引变电所获得的电能输送给电力机车。其中，接触线直接和受电弓滑板摩擦接触，电力机车可以直接从接触线上取得电能，因此要求接触线要有足够的机械强度和良好的电气性能；承力索的作用是通过吊弦将接触线悬挂起来，要求其能够承受较大的张力和具有抗腐蚀能力，且在温度变化时弛度变化较小。

支持装置包括腕臂、水平拉杆、悬式绝缘子串、棒式绝缘子及其他建筑物的特殊支持设备等，用以支持接触悬挂，并将其负荷传给支柱或其他建筑物，根据接触网所在区间、站场和大型建筑物而有所不同。绝缘子用以悬吊和支持接触悬挂并使带电体与接地之间保持电气绝缘。

定位装置包括定位管和定位器，其功用是固定接触线的位置，使接触线在受电弓滑板运行轨迹范围内，保证接触线与受电弓不脱离，并将接触线的水平负荷传给支柱。

支柱与基础用以承受接触悬挂、支持和定位装置的全部负荷，并将接触悬挂固定在规定的位置和高度上。

为满足供电和机械受力方面的需要，将接触网分成若干一定长度且互相独立的分段，这种独立的分段称为锚段。设立锚段便于限制事故范围和供电分段，也便于在接触线和承力索两端设置补装置，以调整线索的张力与弛度。两个相邻锚段的衔接部分称为锚段关节，其结构复杂，工作状态的好坏直接影响接触网供电质量和电力机车取流。

补偿装置是自动调节接触线和承力索张力的补偿器及其制动装置的总称，当温度变化时，线索受温度变化的影响热胀冷缩出现伸长或缩短，由于在锚段两端线索下锚处安装了补偿器，在其坠砣串重力的作用下，能够自动调整线索的张力并保持线索尺度满足技术要求，从而使解除悬挂的稳定性与弹性得到改善。

接触网的分类大多以接触悬挂的类型来区分。接触悬挂的种类较多，一般根据其结构的不同分成简单接触悬挂和链形接触悬挂两大类。简单接触悬挂（以下简称简单悬挂）系由一根接触线直接固定在支柱支持装置上的悬挂形式。我国现采用的带补偿装置的弹性简单悬挂系在接触线下锚处装设了张力补偿装置，以调节张力和弛度的变化；在悬挂点上加装 8～20m 长的弹性吊索，通过弹性吊索悬挂接触线，减少了悬挂点处产生的硬点，改善了取流条件。另外跨距适当缩小，增大接触线的张力去改善弛度对取流的影响。链形悬挂减小了接触线在跨距中间的弛度，改善了弹性，增加了悬挂重量，提高了稳定性，可以满足电力机车高速运行取流的要求。链形悬挂比简单悬挂有较好的性能，但也带来了结构复杂、造价高、施工和维修任务量大等许多问题。链形悬挂分类方法较多，按悬挂链数的多少可分为单链形、双链形和多链形。链形悬挂根据线索的锚定方式（即线索两端下锚的方式），可分为未补偿链形悬挂、半补偿链形悬挂、全补偿链形悬挂等几种方式。

对于接触网系统这样一个多设备系统，任何设备的故障都有可能影响供电可靠性。常见的设备故障有吊弦烧断、磨断、腐蚀、拉断、脱落；定位器扭断、腐蚀、紧固螺丝松动、折断、脱落；承力索烧断股、拉断股、腐蚀断股、高度改变、断线；接触线拉断、烧断；绝缘子击穿、闪络、折断；中心锚段关节被盗、因发生刷弓事故损坏、辅助绳松弛、脱落甚至断开；补偿滑轮偏斜补偿卡滞、补偿绳断线等。6.2.2 节具体介绍接触网设备故障分类和处理措施。

6.2.2　接触网设备缺陷（故障）及处理措施分类

接触网系统设备众多，分上下行，暴露在室外，受到雨雪风霜和雷电的考验，正常运行时通过接触线和受电弓的滑动摩擦向动车组供电，受电弓的离线对接触线造成电气腐蚀，摩擦造成机械腐蚀，接触网的振动还会造成定位器偏离，这些都是造成接触网系统故障的原因。更重要的是，接触网系统没有备用，类似串联系统，一旦发生故障将导致客运专线的运营中断，给铁路运输和社会经济生活带来严重影响。因此，提高牵引供电系统特别是接触网系统的可靠性，开展接触网的可靠性维修是客运专线运营维护的重要内容。

2009 年 7 月至 12 月，在与北京铁路局供电段合作项目《京津城际高速铁路接触网可靠性维修研究》的支持下，建立在中铁电气化工程局京津城际运营维管公司的调研和京津客专维修工区的实地考察工作基础上，就我国首条最高时速 350 km 的客运专线开通运营一年来接触网和变电设备的维修记录进行统计、分析和整理，采用 VB 和 MySQL 数据库技术开发了《京津城际高速铁路接触网精细化维修辅助决策系统》，对所有的设备及其故障信息进行分类管理，分析各个工区接触网设备出现的设备缺陷和故障的概率和频率，并给出今后的维修建议。

参考接触网设备维修规程，研究将接触网系统分为 12 类、35 种设备，共 256 种缺陷（故障）和对应的维修措施。参见表 6－2～表 6－4。

表6-2 接触网设备类别

<table>
<tr><th>设备大类</th><th>设备类别</th></tr>
<tr><td>接触网部分</td><td>接触悬挂
锚段关节
附加悬挂
绝缘器
线岔
电联结类
定位装置</td></tr>
<tr><td>接触网部分</td><td>支撑装置
补偿装置
支柱</td></tr>
<tr><td>电气部分</td><td>电气设备</td></tr>
<tr><td>其他</td><td>其他</td></tr>
</table>

表6-3 接触网设备名称

<table>
<tr><td rowspan="5">接触悬挂</td><td>接触导线</td></tr>
<tr><td>承力索</td></tr>
<tr><td>吊弦</td></tr>
<tr><td>软（硬）横跨</td></tr>
<tr><td>中心锚结（承力索和接触线中心锚结绳）</td></tr>
<tr><td rowspan="2">锚段关节</td><td>关节式分相</td></tr>
<tr><td>锚段关节（绝缘/非绝缘）</td></tr>
<tr><td rowspan="2">附加悬挂</td><td>附加导线（供电线/回流线/正馈线/负馈线/保护线/吸上线含其联结线夹/架空地线/电缆）</td></tr>
<tr><td>附加导线悬挂装置</td></tr>
<tr><td rowspan="2">绝缘器</td><td>器件式分相绝缘器</td></tr>
<tr><td>分段绝缘器</td></tr>
<tr><td rowspan="2">线岔</td><td>普通线岔</td></tr>
<tr><td>复式交分线岔</td></tr>
<tr><td>电联结类</td><td>电联结器（锚段关节电联结器/线岔电联结器/横向电联结器/线索交叉处的等电位线）</td></tr>
<tr><td rowspan="6">定位装置</td><td>定位环/定位支座（含等电位线）</td></tr>
<tr><td>斜拉线（含钩形线夹）（同防风支撑）</td></tr>
<tr><td>定位管</td></tr>
<tr><td>定位器</td></tr>
<tr><td>定位线夹</td></tr>
<tr><td>防风拉线</td></tr>
<tr><td rowspan="3">支撑装置</td><td>棒式绝缘子/悬式绝缘子</td></tr>
<tr><td>水平腕臂/斜腕臂管（本体）</td></tr>
<tr><td>底座（腕臂底座/拉杆底座/压管底座（含支持装置联结件）/辅助支撑管（接触悬挂降低结构高度区段）/承力索座（含组合型）/腕臂支撑（斜支撑））</td></tr>
<tr><td rowspan="2">补偿装置</td><td>张力补偿装置</td></tr>
<tr><td>补偿绳</td></tr>
</table>

续表

支柱	支柱本体
	支柱基础及基础防护
	支柱防护
	支柱拉线及拉线基础
	支柱接地极（轨面标准线）
电气设备	隔离开关（含隔离开关引线部分）
	避雷器（含火花间隙）
	电压互感器（属变电设备）
	电流互感器（属变电设备）
其他	保安装置及标志

表 6-4　接触网设备故障及处理措施（部分）

设备名称	故障或设备缺陷内容	处理措施
接触导线	局部损伤或磨耗超标	用接触线接头线夹进行电气机械补强（如磨耗超过 20%，须整锚段换线）
	接触线线面不正，造成线夹偏斜，容易打碰弓	接触线校正扳手，整正线面
	接触线有弯曲部分	用五轮直弯器直弯，橡皮锤、垫板敲直
	拉出值不符合标准	重新安装定位器或调整定位支座的位置
	接触网高度不符合标准（接触线坡度或者接触线的不平顺度超标）	重新安装吊弦，必要时调整接触悬挂的结构高度
	非支接触线磨工支定位管	调整斜拉线定位管钩环的位置
	接触导线磨断或烧断	整锚段换线

高速铁路接触网系统 12 大类，35 种设备，共 256 种缺陷（故障）和对应的维修措施详见附录 B。

6.3　京津城际接触网精细化维修辅助决策管理系统

6.3.1　系统总体结构

在北京铁路局和中铁电气化局京津城际维管段的大力支持和积极配合下，我们开发了京津城际接触网精细化维修辅助决策管理系统。根据系统的需求分析，我们确定了系统的主要功能模块为五大部分，包括系统管理、设备管理、故障录入、故障查询和故障分析。其中，前三个模块实现的是基本的管理功能，而故障查询和故障分析实现了对京津城际接触网设备故障的统计分析查询功能，能够清楚地显示出我们需要的数据内容，为接触网可靠性分析提供数据依据。系统的总体结构框图如图 6-2 所示。

系统管理包括工区管理、员工级别管理、员工管理，这三个子模块的主要功能分别为对工区、员工级别和员工等数据进行管理，可进行添加、删除和修改操作。设备管理包括类别

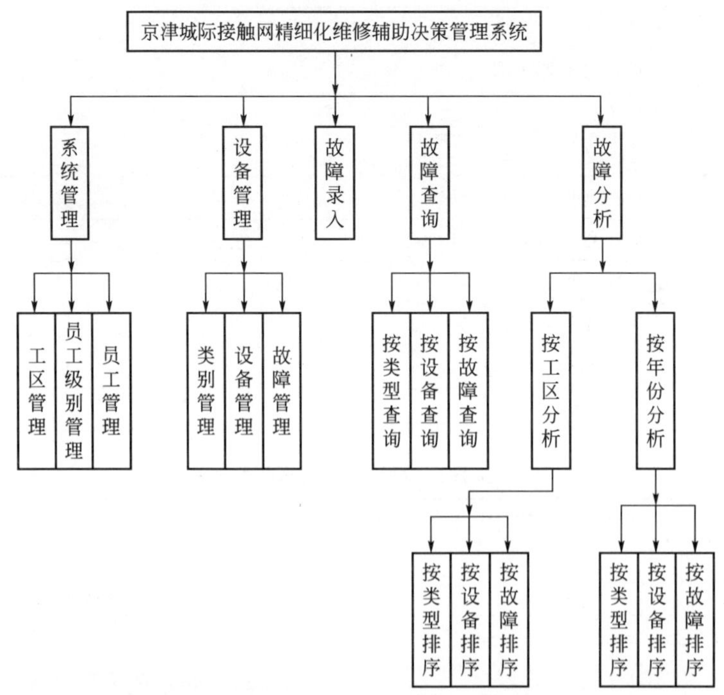

图 6-2　接触网维修管理系统结构图

管理、设备管理和故障管理，这三个子模块的主要功能分别为对接触网设备类别、设备元件和设备故障进行管理，可进行添加、删除和修改操作。故障录入模块的主要功能是对每条故障进行详细的记录，包括故障发现时间、故障发现工区、支柱编号、发现员工、设备类别、设备元件、设备故障、是否已处理、维修员工、维修时间和备注等条目，可对具体的故障记录进行添加、删除和修改操作。故障查询包括按类型查询、按设备查询和按故障查询三个子模块，这三个子模块的主要功能均为针对所选条件对故障记录进行符合条件的查询，方便管理人员进行故障记录的查看和筛选。故障分析包括按工区分析和按年份分析两大类功能，这两类功能下面又分别有按类型排序、按设备排序和按故障排序三种排序分析功能，每种分析功能是按所选条件进行故障记录的图表显示，有饼状图和柱状图两种显示结果，根据显示结果可以清楚地看出各种故障发生的次数、比例和时间分布，为接触网系统可靠性分析提供数据依据。

6.3.2　各功能模块介绍

1. 主菜单

系统主界面中，包含了六个主要功能：系统管理，设备管理，故障录入，故障查询，故障分析和帮助。如图 6-3 所示。下面分别进行介绍。

2. 系统管理

系统管理分为工区管理、员工级别管理、员工管理和退出系统。如图 6-4 所示。

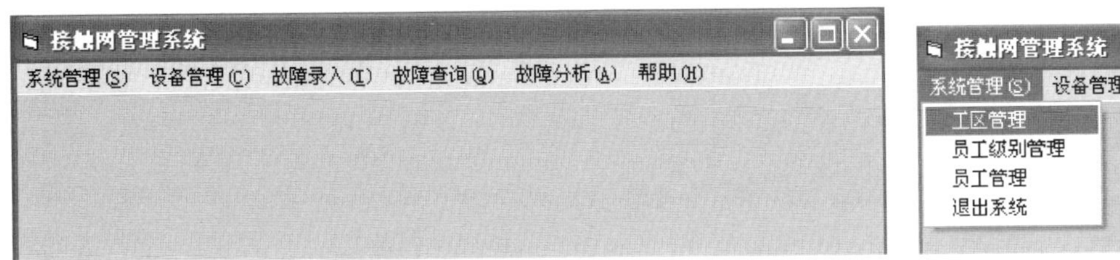

图 6-3　主菜单

图 6-4　系统管理

1）工区管理

工区管理的主要功能是对供电工区进行添加、修改、删除等操作。如图 6-5 所示。

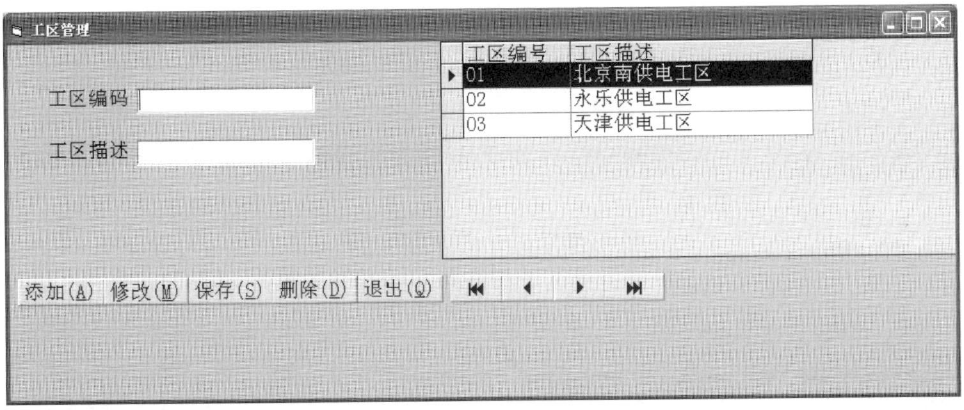

图 6-5　工区管理

2）员工级别管理

员工级别管理的主要功能是对员工所有的级别进行添加、修改、删除等操作。如图 6-6 所示。

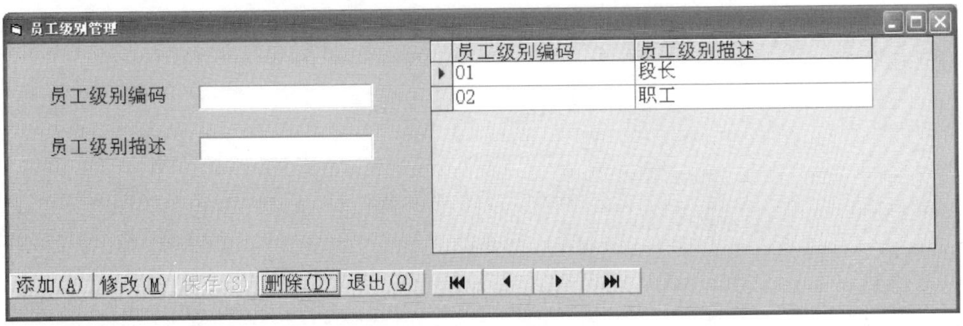

图 6-6　员工级别管理

3）员工管理

员工管理的主要功能是对所有供电工区员工的信息进行添加、修改、删除等操作。如图 6-7所示。

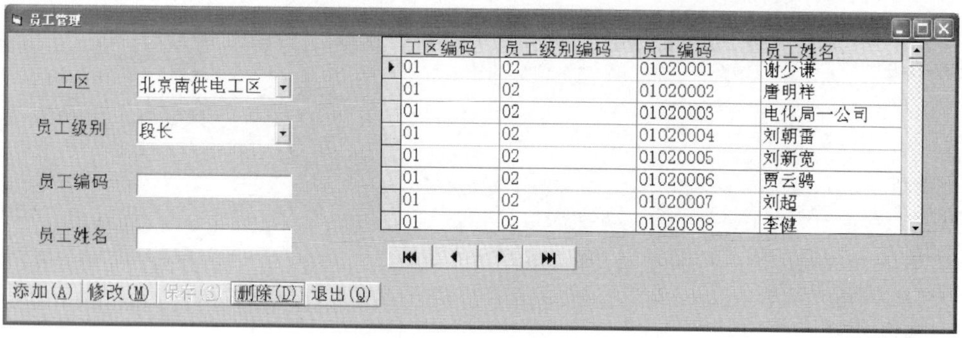

员工管理
工区
北京南供电工区
员工级别
段长
员工编码
员工姓名
工区编码
员工级别编码
员工编码
员工姓名
01
02
01020001
谢少谦
01
02
01020002
唐明祥
01
02
01020003
电化局一公司
01
02
01020004
刘朝雷
01
02
01020005
刘新宽
01
02
01020006
贾云骋
01
02
01020007
刘超
01
02
01020008
李健
添加(A)
修改(M)
保存(S)
删除(D)
退出(Q)

图 6-7　员工管理

4）退出系统

单击该按钮即可退出京津城际接触网精细化维修辅助决策系统。

设备管理(C)
故障录
类别管理
设备管理
故障管理

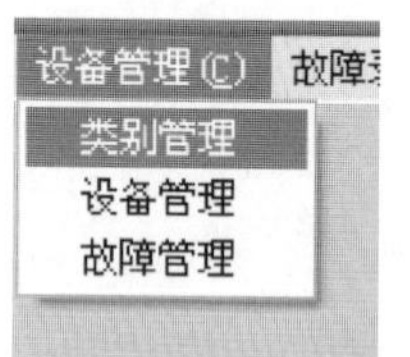

图 6-8　设备管理

3. 设备管理

设备管理分为类别管理、设备管理和故障管理。如图 6-8 所示。

1）类别管理

类别管理的主要功能是对设备类别进行添加、修改、删除等操作。如图 6-9 所示。

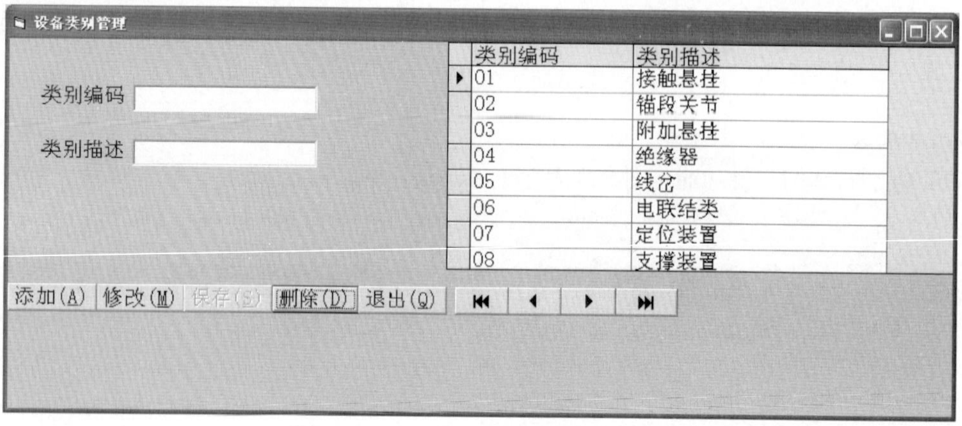

设备类别管理
类别编码
类别描述
类别编码
类别描述
01
接触悬挂
02
锚段关节
03
附加悬挂
04
绝缘器
05
线岔
06
电联结类
07
定位装置
08
支撑装置
添加(A)
修改(M)
保存(S)
删除(D)
退出(Q)

图 6-9　类别管理

2）设备管理

设备管理的主要功能是对设备元件进行添加、修改、删除等操作。如图 6-10 所示。

3）故障管理

故障管理的主要功能是对设备故障进行添加、修改、删除等操作。如图 6-11 所示。

4. 故障录入

在主菜单中，单击故障录入即可进入故障录入界面，如图 6-12 所示。

故障录入界面的主要功能是对发生故障的信息明细进行添加、修改和删除等操作。

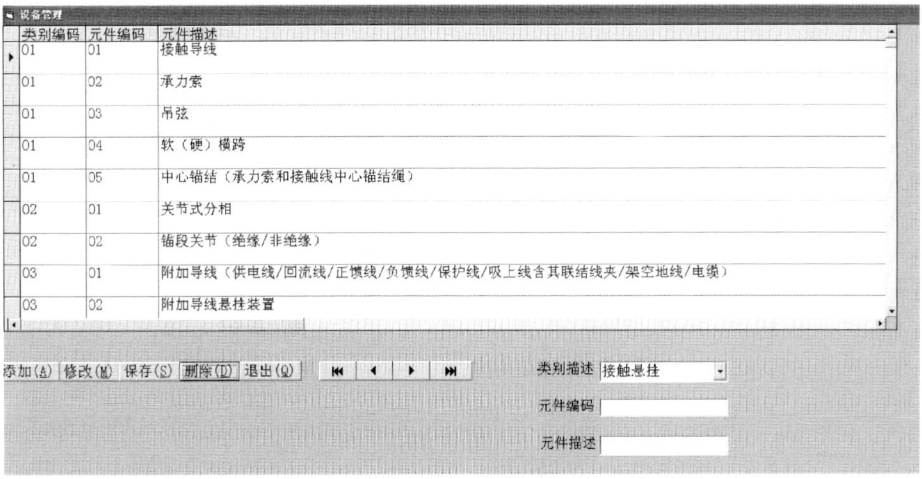

设备管理

类别编码	元件编码	元件描述
01	01	接触导线
01	02	承力索
01	03	吊弦
01	04	软（硬）横跨
01	05	中心锚结（承力索和接触线中心锚结绳）
02	01	关节式分相
02	02	锚段关节（绝缘/非绝缘）
03	01	附加导线（供电线/回流线/正馈线/负馈线/保护线/吸上线含其联结线夹/架空地线/电缆）
03	02	附加导线悬挂装置

添加(A)　修改(M)　保存(S)　删除(D)　退出(Q)

类别描述　接触悬挂

元件编码

元件描述

图 6－10　设备管理

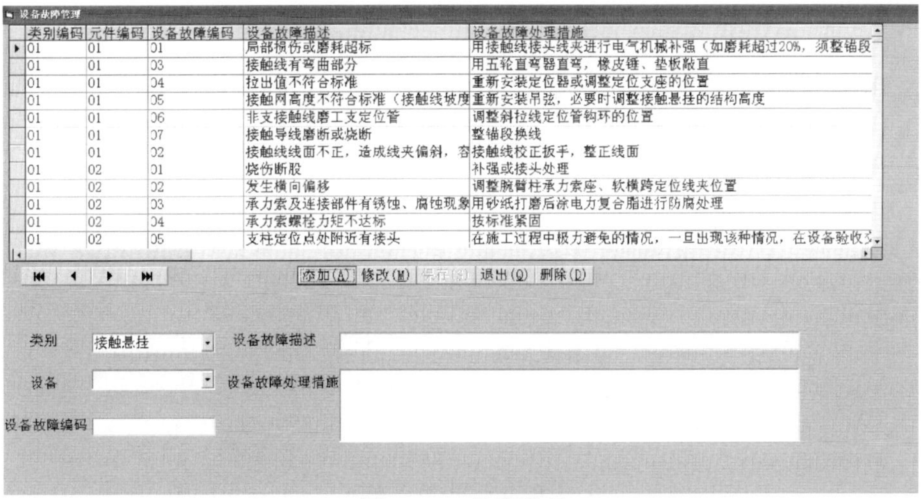

设备故障管理

类别编码	元件编码	设备故障编码	设备故障描述	设备故障处理措施
01	01	01	局部损伤或磨耗超标	用接触线接头线夹进行电气机械补强（如磨耗超过20%，须整锚段
01	01	03	接触线有弯曲部分	用五轮直弯器直弯，橡皮锤、垫板敲直
01	01	04	拉出值不符合标准	重新安装定位器或调整定位支座的位置
01	01	05	接触网高度不符合标准（接触线坡度	重新安装吊弦，必要时调整接触悬挂的结构高度
01	01	06	非支接触线磨工支定位管	调整斜拉线定位管钩环的位置
01	01	07	接触导线磨断或烧断	整锚段换线
01	01	02	接触线线面不正，造成线夹偏斜，容	接触线校正扳手，整正线面
01	02	01	烧伤断股	补强或接头处理
01	02	02	发生横向偏移	调整腕臂柱承力索座、软横跨定位线夹位置
01	02	03	承力索及连接部件有锈蚀、腐蚀现象	用砂纸打磨后涂电力复合脂进行防腐处理
01	02	04	承力索螺栓力矩不达标	按标准紧固
01	02	05	支柱定位点处附近有接头	在施工过程中极力避免的情况，一旦出现该种情况，在设备验收

添加(A)　修改(M)　保存(S)　退出(Q)　删除(D)

类别　接触悬挂　　设备故障描述

设备　　设备故障处理措施

设备故障编码

图 6－11　故障管理

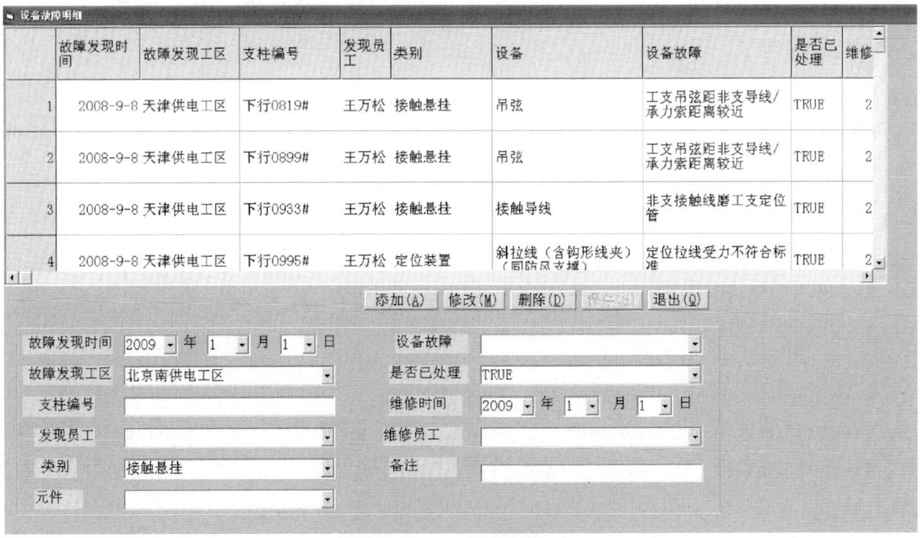

设备故障明细

	故障发现时间	故障发现工区	支柱编号	发现员工	类别	设备	设备故障	是否已处理	维修
1	2008-9-8	天津供电工区	下行0819#	王万松	接触悬挂	吊弦	工支吊弦距非支导线/承力索距离较近	TRUE	2
2	2008-9-8	天津供电工区	下行0899#	王万松	接触悬挂	吊弦	工支吊弦距非支导线/承力索距离较近	TRUE	2
3	2008-9-8	天津供电工区	下行0933#	王万松	接触悬挂	接触导线	非支接触线磨工支定位管	TRUE	2
4	2008-9-8	天津供电工区	下行0995#	王万松	定位装置	斜拉线（含钩形线夹）	定位拉线受力不符合标	TRUE	2

添加(A)　修改(M)　删除(D)　保存(S)　退出(Q)

故障发现时间　2009 年 1 月 1 日　　设备故障

故障发现工区　北京南供电工区　　是否已处理　TRUE

支柱编号　　维修时间　2009 年 1 月 1 日

发现员工　　维修员工

类别　接触悬挂　　备注

元件

图 6－12　故障录入

5. 故障查询

故障查询分为按类型查询、按设备查询和按故障查询。如图 6－13 所示。

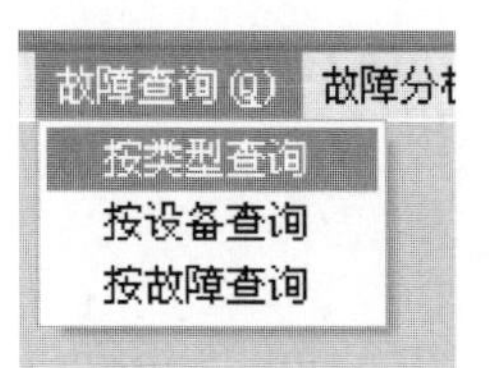

图 6－13　故障查询

1）按类型查询

该界面的主要功能是对所选工区、所选类型和时间条件查询符合条件的所有故障记录。图 6－14 为对所有工区、所有类型和所有时间的查询，上方的表格为符合条件的故障记录，从图中看出：

工区下拉条：单击工区下拉条对工区进行选取，内容为：所有工区、北京南供电工区、永乐供电工区和天津供电工区。

按类型查询

	故障发现时间	故障发现工区	支柱编号	发现员工	类别	设备	设备故障	是否已处理	维修
1	2008-9-8	天津供电工区	下行0819#	王万松	接触悬挂	吊弦	工支吊弦距非支导线/承力索距离较近	TRUE	2
2	2008-9-8	天津供电工区	下行0899#	王万松	接触悬挂	吊弦	工支吊弦距非支导线/承力索距离较近	TRUE	2
3	2008-9-8	天津供电工区	下行0933#	王万松	接触悬挂	接触导线	非支接触线磨工支定位管	TRUE	2
4	2008-9-8	天津供电工区	下行0995#	王万松	定位装置	斜拉线（含钩形线夹）（同防风支撑）	定位拉线受力不符合标准	TRUE	2
5	2008-9-8	天津供电工区	下行1081#	王万松	接触悬挂	吊弦	工支吊弦距非支导线/承力索距离较近	TRUE	2
6							非支接触线磨工支定位		

工区 所有工区　类型 所有类型　起始年月 2010 年 月

确认　退出

图 6－14　按类型查询

类型下拉条：单击类型下拉条对设备类别进行选取，内容为：所有类型、接触悬挂、锚段关节、附加悬挂等。

起始年月：当进行勾选时，年份下拉条和月份下拉条被激活，进行选择后查询随后一年内符合条件的所有故障记录；没有勾选时，年份下拉条和月份下拉条不可用，选择所有时间内符合条件的故障记录。

确认：单击该按钮即可进行故障查询。

退出：单击该按钮即可退出该界面。

例如，选择北京南供电工区，类型为接触悬挂，起始年月为 2009 年 1 月的界面如图 6－15 所示。

2）按设备查询

该界面的主要功能是对所选工区、类型、设备和时间条件查询符合条件的所有故障记录。图 6－16 为对所有工区、所有类型和所有时间的查询，上方的表格为符合条件的故障记录，从图中看出：

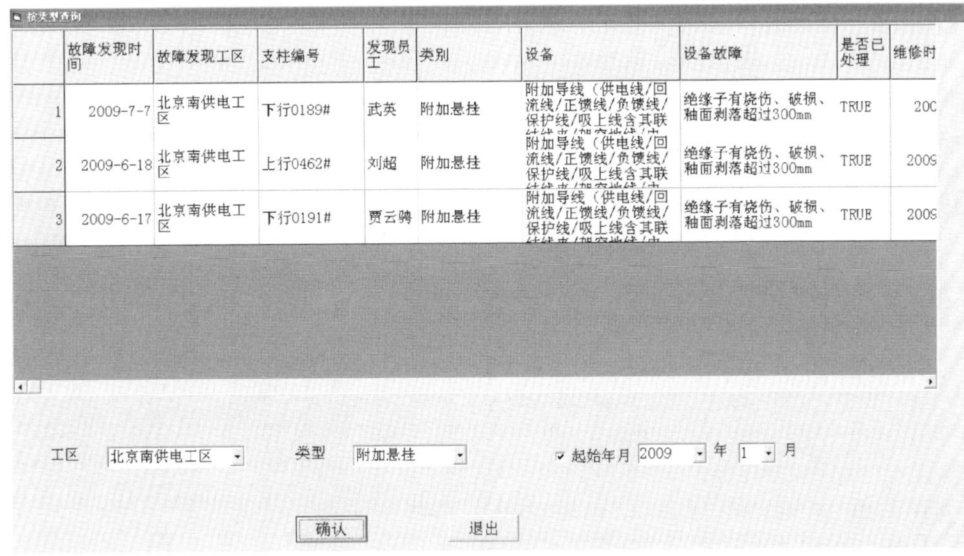

图 6－15　按类型查询举例

按设备查询

	故障发现时间	故障发现工区	支柱编号	发现员工	类别	设备	设备故障	是否已处理	维修
1	2008-9-8	天津供电工区	下行0819#	王万松	接触悬挂	吊弦	工支吊弦距非支导线/承力索距离较近	TRUE	2
2	2008-9-8	天津供电工区	下行0899#	王万松	接触悬挂	吊弦	工支吊弦距非支导线/承力索距离较近	TRUE	2
3	2008-9-8	天津供电工区	下行0933#	王万松	接触悬挂	接触导线	非支接触线磨工支定位管	TRUE	2
4	2008-9-8	天津供电工区	下行0995#	王万松	定位装置	斜拉线（含钩形线夹）（同防风支撑）	定位拉线受力不符合标准	TRUE	2
5	2008-9-8	天津供电工区	下行1081#	王万松	接触悬挂	吊弦	工支吊弦距非支导线/承力索距离较近	TRUE	2

工区 所有工区

类型 所有类型　设备

起始年月 2010 年 1 月

确认　退出

图 6－16　按设备查询

工区下拉条：单击工区下拉条对工区进行选取，内容为：所有工区、北京南供电工区、永乐供电工区和天津供电工区。

类型下拉条：单击类型下拉条对设备类别进行选取，内容为：所有类型、接触悬挂、锚段关节、附加悬挂等。

设备下拉条：只有在选择除所有类型的某个设备类别时，设备下拉条才会出现对应这个类别的设备元件，单击设备下拉条对设备元件进行选取。

起始年月：当进行勾选时，年份下拉条和月份下拉条被激活，进行选择后查询随后一年内符合条件的所有故障记录；没有勾选时，年份下拉条和月份下拉条不可用，选择所有时间内符合条件的故障记录。

确认：单击该按钮即可进行故障查询。

退出：单击该按钮即可退出该界面。

例如，选择永乐供电工区，类型为接触悬挂，设备为吊弦，起始年月为 2009 年 1 月的界面如图 6 - 17 所示。

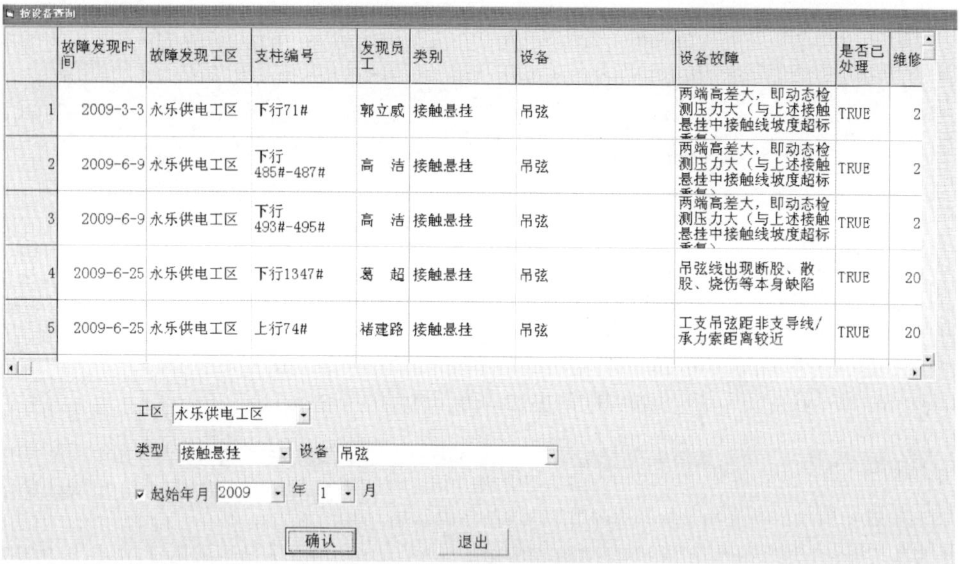

按设备查询

	故障发现时间	故障发现工区	支柱编号	发现员工	类别	设备	设备故障	是否已处理	维修
1	2009-3-3	永乐供电工区	下行71#	郭立威	接触悬挂	吊弦	两端高差大，即动态检测压力大（与上述接触悬挂中接触线坡度超标	TRUE	2
2	2009-6-9	永乐供电工区	下行485#-487#	高　洁	接触悬挂	吊弦	两端高差大，即动态检测压力大（与上述接触悬挂中接触线坡度超标	TRUE	2
3	2009-6-9	永乐供电工区	下行493#-495#	高　洁	接触悬挂	吊弦	两端高差大，即动态检测压力大（与上述接触悬挂中接触线坡度超标	TRUE	2
4	2009-6-25	永乐供电工区	下行1347#	葛　超	接触悬挂	吊弦	吊弦线出现断股、散股、烧伤等本身缺陷	TRUE	20
5	2009-6-25	永乐供电工区	上行74#	褚建路	接触悬挂	吊弦	工支吊弦距非支导线/承力索距离较近	TRUE	20

工区 永乐供电工区

类型 接触悬挂　设备 吊弦

☑ 起始年月 2009 年 1 月

确认　退出

图 6 - 17　按设备查询举例

3）按故障查询

该界面的主要功能是对所选工区、类型、设备、故障和时间条件查询符合条件的所有故障记录。图 6 - 18 为对所有工区、所有类型和所有时间的查询，上方的表格为符合条件的故障记录，从图中看出：

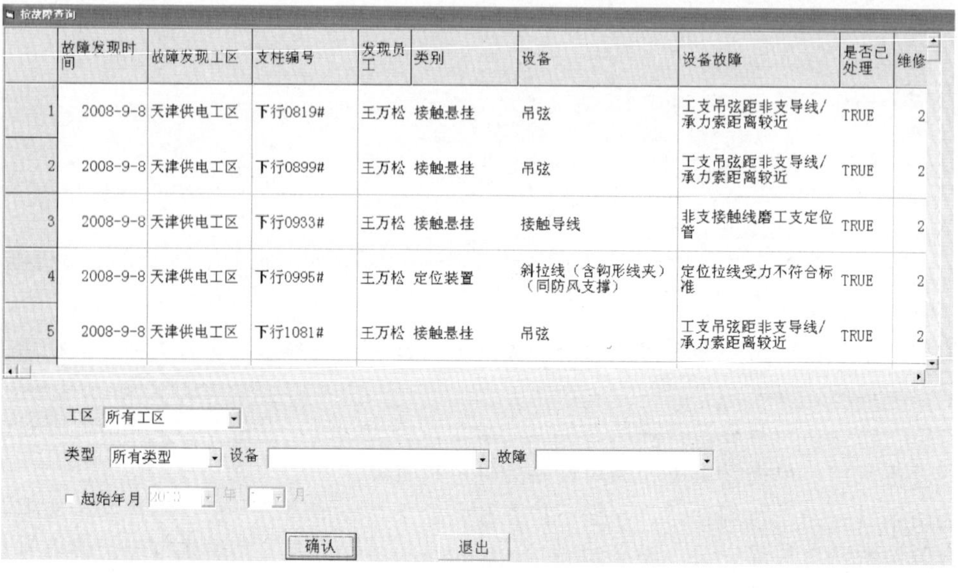

按故障查询

	故障发现时间	故障发现工区	支柱编号	发现员工	类别	设备	设备故障	是否已处理	维修
1	2008-9-8	天津供电工区	下行0819#	王万松	接触悬挂	吊弦	工支吊弦距非支导线/承力索距离较近	TRUE	2
2	2008-9-8	天津供电工区	下行0899#	王万松	接触悬挂	吊弦	工支吊弦距非支导线/承力索距离较近	TRUE	2
3	2008-9-8	天津供电工区	下行0933#	王万松	接触悬挂	接触导线	非支接触线磨工支定位管	TRUE	2
4	2008-9-8	天津供电工区	下行0995#	王万松	定位装置	斜拉线（含钩形线夹）（同防风支撑）	定位拉线受力不符合标准	TRUE	2
5	2008-9-8	天津供电工区	下行1081#	王万松	接触悬挂	吊弦	工支吊弦距非支导线/承力索距离较近	TRUE	2

工区 所有工区

类型 所有类型　设备　故障

☐ 起始年月　年　月

确认　退出

图 6 - 18　按故障查询

工区下拉条：单击工区下拉条对工区进行选取，内容为：所有工区、北京南供电工区、永乐供电工区和天津供电工区。

类型下拉条：单击类型下拉条对设备类别进行选取，内容为：所有类型、接触悬挂、锚段关节、附加悬挂等。

设备下拉条：只有在选择除所有类型的某个设备类别时，设备下拉条才会出现对应这个类别的设备元件，单击设备下拉条对设备元件进行选取。

故障下拉条：只有在选择除所有设备的某个设备元件时，故障下拉条才会出现对应这个设备元件的故障，单击故障下拉条对设备故障进行选取。

起始年月：当进行勾选时，年份下拉条和月份下拉条被激活，进行选择后查询随后一年内符合条件的所有故障记录；没有勾选时，年份下拉条和月份下拉条不可用，选择所有时间内符合条件的故障记录。

确认：单击该按钮即可进行故障查询。

退出：单击该按钮即可退出该界面。

例如，选择天津供电工区，类型为接触悬挂，设备为吊弦，故障为吊弦出现断股、烧伤，起始年月为2008年1月的界面如图6-19所示。

按故障查询

	故障发现时间	故障发现工区	支柱编号	发现员工	类别	设备	设备故障	是否已处理	维修
1	2008-9-7	天津供电工区	下行0123#	王万松	接触悬挂	吊弦	吊弦线出现断股、散股、烧伤等本身缺陷	TRUE	2
2	2008-9-7	天津供电工区	下行0203#	王万松	接触悬挂	吊弦	吊弦线出现断股、散股、烧伤等本身缺陷	TRUE	2
3	2008-9-7	天津供电工区	下行0643#	王万松	接触悬挂	吊弦	吊弦线出现断股、散股、烧伤等本身缺陷	TRUE	2
4	2008-9-6	天津供电工区	上行0602#-0604#	王万松	接触悬挂	吊弦	吊弦线出现断股、散股、烧伤等本身缺陷	TRUE	2
5	2008-9-6	天津供电工区	上行0688#-0686#	王万松	接触悬挂	吊弦	吊弦线出现断股、散股、烧伤等本身缺陷	TRUE	2

工区 天津供电工区

类型 接触悬挂 设备 吊弦 故障 吊弦线出现断股、散股、

☑ 起始年月 2008 年 1 月

确认 退出

图6-19 按故障查询举例

6. 故障分析

故障分析分为两部分：按工区分析和按年份分析。其中，每个部分又分为三类：按类型排序、按设备排序和按故障排序。如图6-20所示。

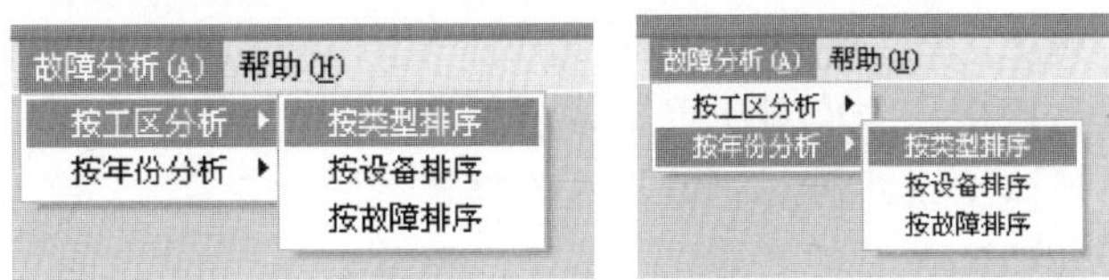

图6-20 故障分析

1）按工区分析

“按工区分析”以下，又分成“按类型排序”、“按设备排序”和“按故障排序”三种方法。

（1）按类型排序。

该界面的主要功能是对所选工区、按故障次数最多的前十种设备类别进行排序和画图。图6－21为对所有工区画饼状图，右方的图例为相应设备类别，从图中看出：

工区下拉条：单击工区下拉条对工区进行选取，内容为所有工区、北京南供电工区、永乐供电工区和天津供电工区。

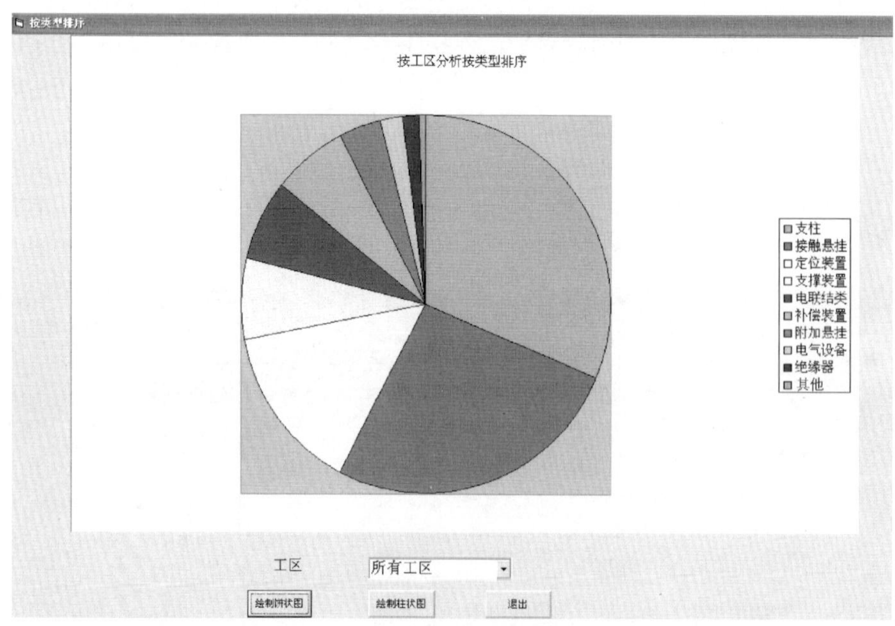

图6－21　按工区分析按类型排序饼状图

绘制饼状图：单击该按钮即可对所选工区绘制饼状图。

绘制柱状图：单击该按钮即可对所选工区绘制柱状图。

退出：单击该按钮即可退出该界面。

例如，选择北京南供电工区，绘制柱状图界面如图6－22所示。

（2）按设备排序。

该界面的主要功能是对所选工区，按故障次数最多的前十种设备元件进行排序和画图。图6－23为对所有工区画饼状图，右方的图例为相应设备元件，从图中看出：

工区下拉条：单击工区下拉条对工区进行选取，内容为：所有工区、北京南供电工区、永乐供电工区和天津供电工区。

绘制饼状图：单击该按钮即可对所选工区绘制饼状图。

绘制柱状图：单击该按钮即可对所选工区绘制柱状图。

退出：单击该按钮即可退出该界面。

例如：选择北京南供电工区，绘制柱状图界面如图6－24所示。

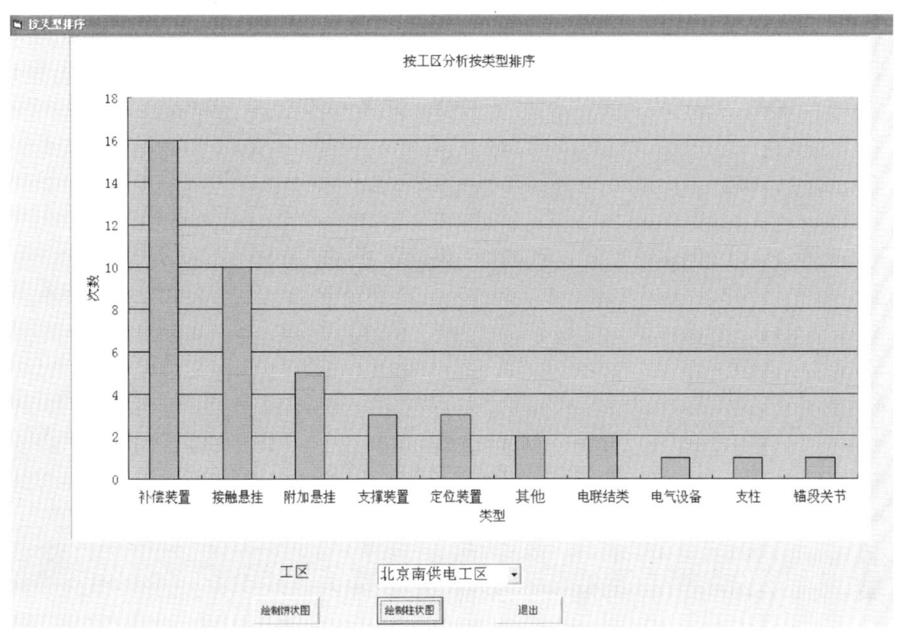

图 6-22 按工区分析按类型排序柱状图

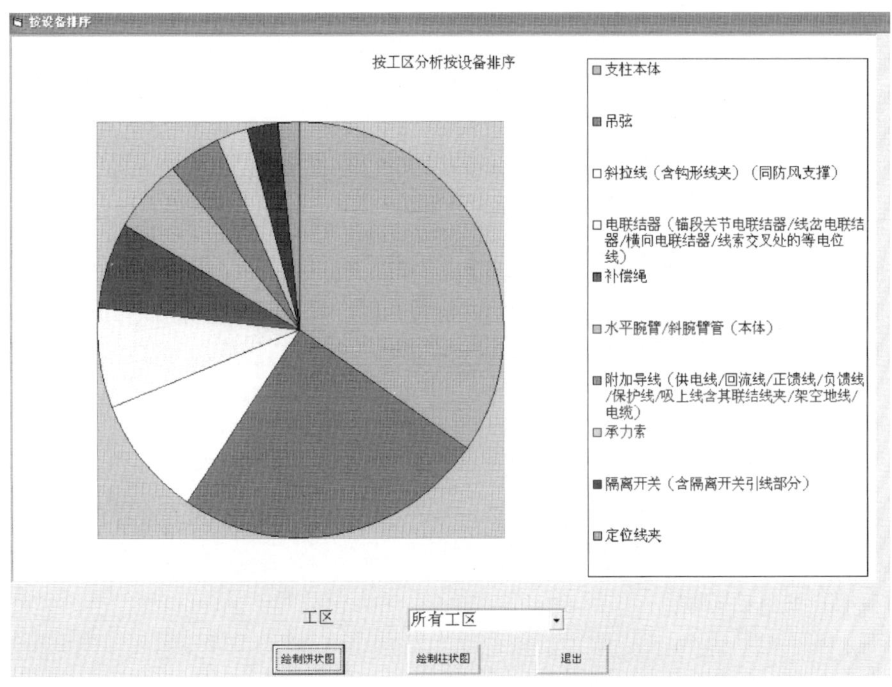

图 6-23 按工区分析按设备排序饼状图

(3) 按故障排序。

该界面的主要功能是对所选工区，按故障次数最多的前十种设备故障进行排序和画图。图 6-25 为对所有工区画饼状图，右方的图例为相应设备故障，从图中看出：

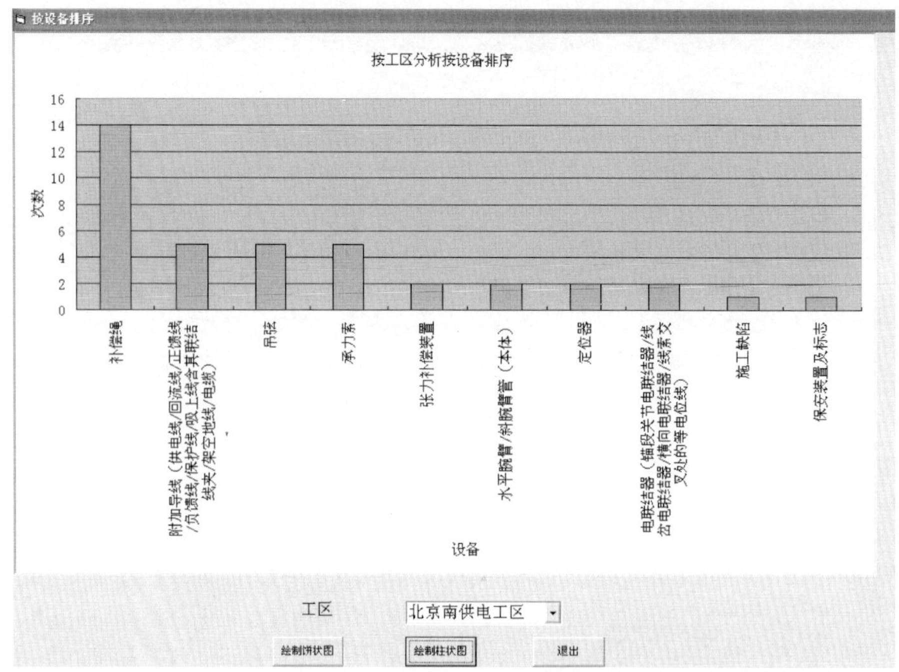

图 6-24　按工区分析按设备排序柱状图

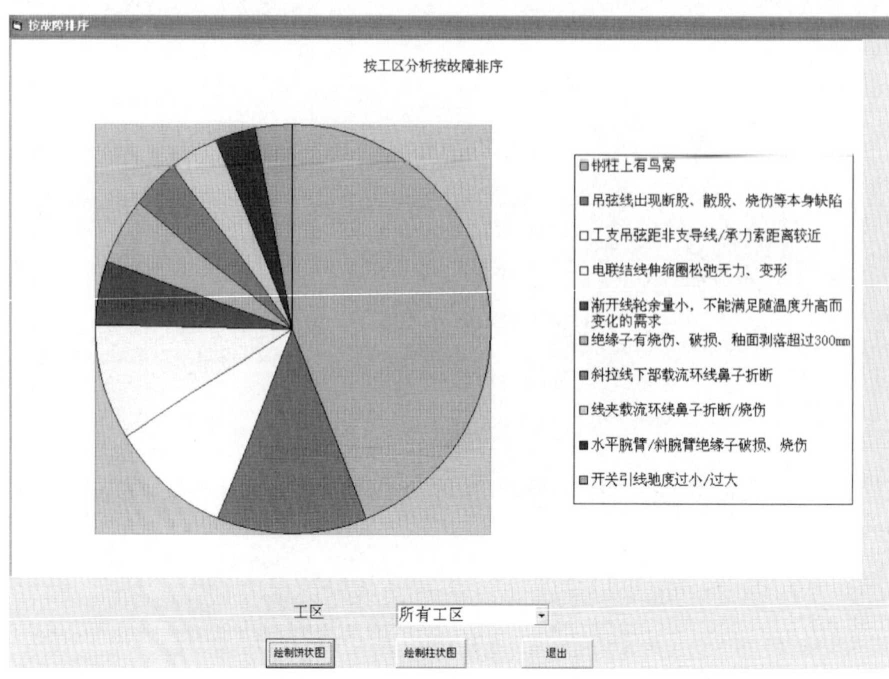

图 6-25　按工区分析按故障排序饼状图

工区下拉条：单击工区下拉条对工区进行选取，内容为所有工区、北京南供电工区、永乐供电工区和天津供电工区。

绘制饼状图：单击该按钮即可对所选工区绘制饼状图。

绘制柱状图：单击该按钮即可对所选工区绘制柱状图。

退出：单击该按钮即可退出该界面。

例如，选择永乐供电工区，绘制柱状图界面如图 6－26 所示。

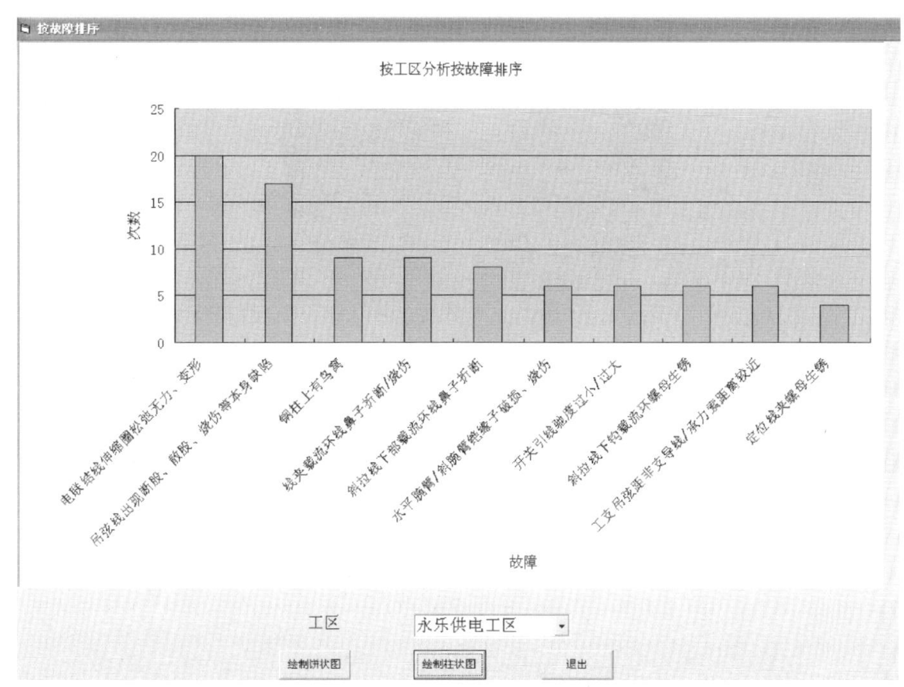

图 6－26 按工区分析按故障排序柱状图

2）按年份分析

“按年份分析”以下，又分成“按类型排序”、“按设备排序”和“按故障排序”三种方法。

（1）按类型排序。

该界面的主要功能是对所选工区、类型和起始年月，按随后一年内每个月的故障次数画图。图 6－27 为对所有工区、所有设备类型、起始年月为 2008 年 1 月画饼状图，右方的图例为相应月份，从图中看出：

工区下拉条：单击工区下拉条对工区进行选取，内容为所有工区、北京南供电工区、永乐供电工区和天津供电工区。

类型下拉条：单击类型下拉条对设备类别进行选取，内容为所有类型、接触悬挂、锚段关节、附加悬挂等。

起始年月：单击年份下拉条进行年份选取，范围是 2006 年到当前年；单击月份下拉条进行月份选取，范围是 1—12 月。

绘制饼状图：单击该按钮即可对所选工区绘制饼状图。

绘制柱状图：单击该按钮即可对所选工区绘制柱状图。

退出：单击该按钮即可退出该界面。

例如，选择天津供电工区，设备类型为接触悬挂，起始年月为 2008 年 3 月，绘制柱状图界面如图 6－28 所示。

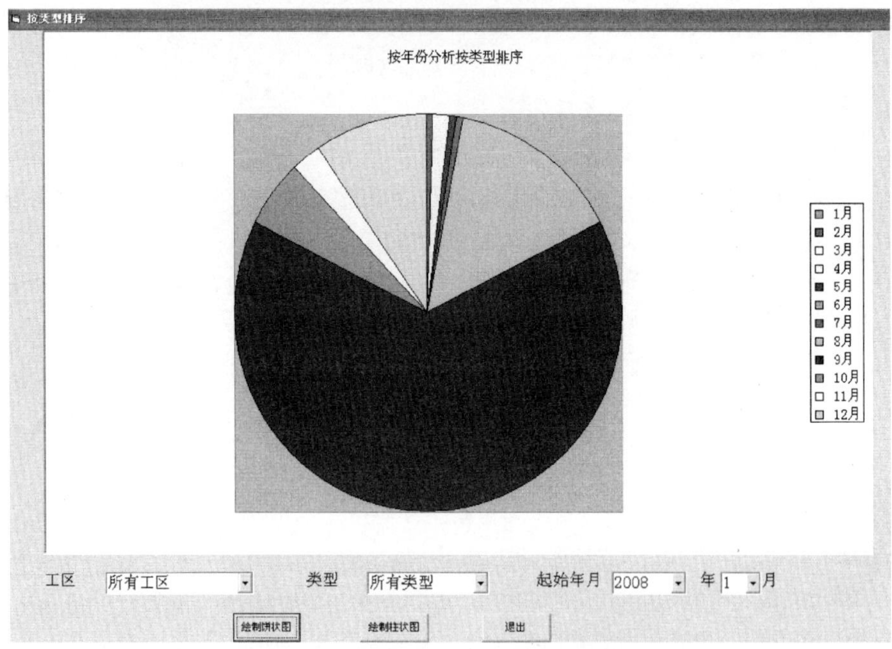

图 6-27 按年份分析按类型排序饼状图

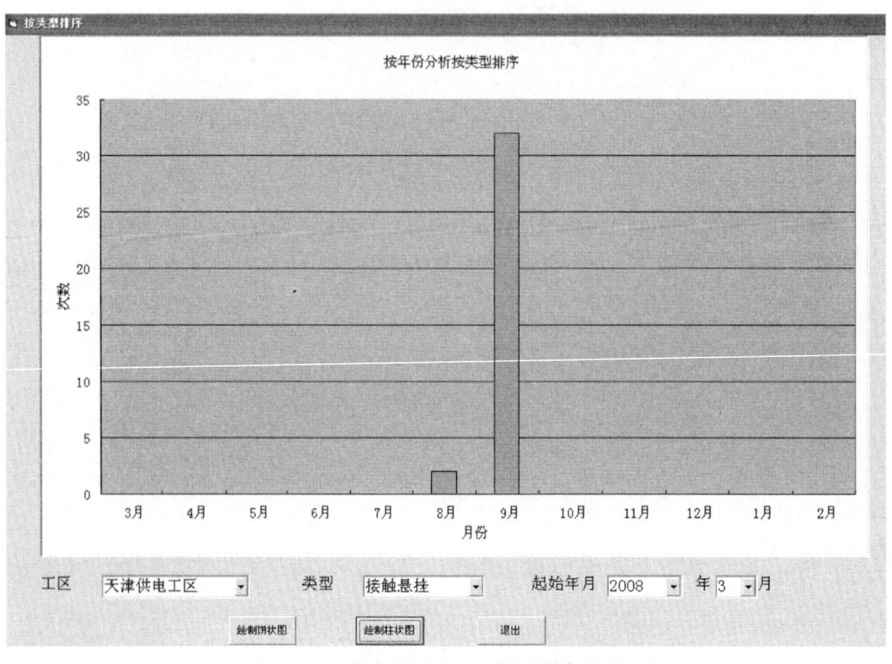

图 6-28 按年份分析按类型排序柱状图

(2) 按设备排序。

该界面的主要功能是对所选工区、类型、设备和起始年月，按随后一年内每个月的故障次数画图。图 6-29 为对所有工区、所有设备类型、起始年月为 2008 年 1 月画饼状图，右方的图例为相应月份，从图中看出：

工区下拉条：单击工区下拉条对工区进行选取，内容为所有工区、北京南供电工区、永

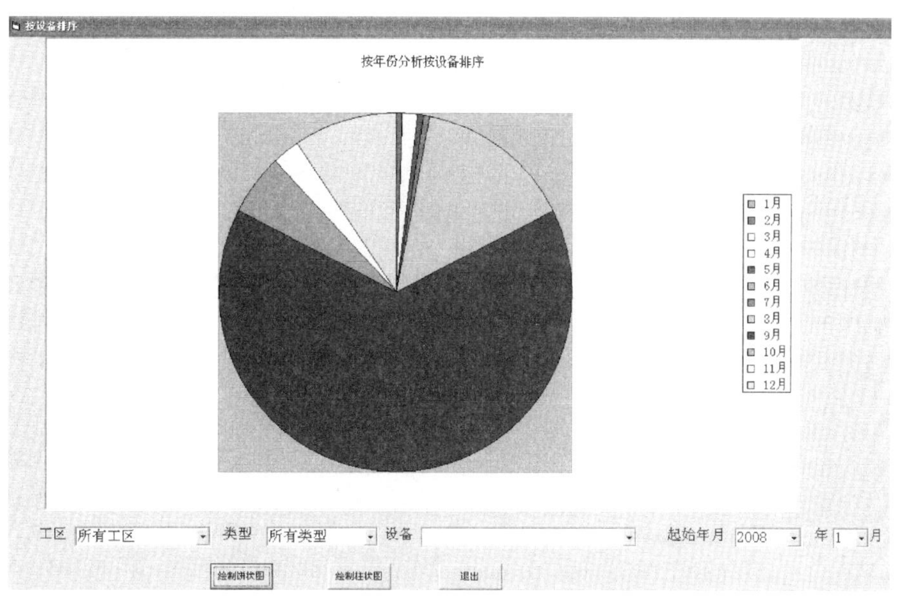

图 6－29 按年份分析按设备排序饼状图

乐供电工区和天津供电工区。

类型下拉条：单击类型下拉条对设备类别进行选取，内容为所有类型、接触悬挂、锚段关节、附加悬挂等。

设备下拉条：只有在选择除所有类型的某个设备类别时，设备下拉条才会出现对应这个类别的设备元件，单击设备下拉条对设备元件进行选取。

起始年月：单击年份下拉条进行年份选取，范围是 2006 年到当前年；单击月份下拉条进行月份选取，范围是 1—12 月。

绘制饼状图：单击该按钮即可对所选工区绘制饼状图。

绘制柱状图：单击该按钮即可对所选工区绘制柱状图。

退出：单击该按钮即可退出该界面。

例如，选择北京南供电工区，设备类型为接触悬挂，设备元件为吊弦，起始年月为 2008 年 5 月，绘制柱状图界面如图 6－30 所示。

(3) 按故障排序

该界面的主要功能是对所选工区、类型、设备、故障和起始年月，按随后一年内每个月的故障次数画图。图 6－31 为对所有工区、所有设备类型、起始年月为 2008 年 1 月画饼状图，右方的图例为相应月份，从图中看出：

工区下拉条：单击工区下拉条对工区进行选取，内容为所有工区、北京南供电工区、永乐供电工区和天津供电工区。

类型下拉条：单击类型下拉条对设备类别进行选取，内容为所有类型、接触悬挂、锚段关节、附加悬挂等。

设备下拉条：只有在选择除所有类型的某个设备类别时，设备下拉条才会出现对应这个类别的设备元件，单击设备下拉条对设备元件进行选取。

故障下拉条：只有在选择除所有设备的某个设备元件时，故障下拉条才会出现对应这个

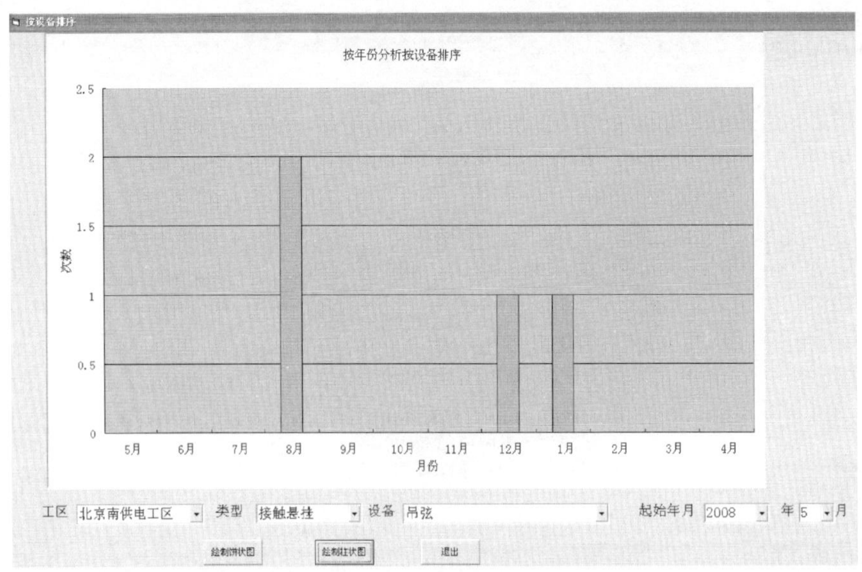

图 6－30　按年份分析按设备排序柱状图

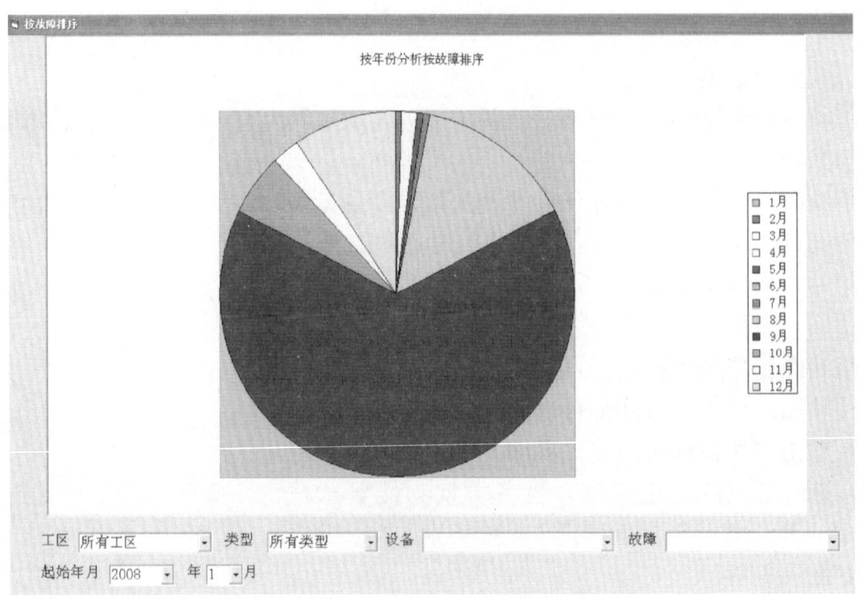

图 6－31　按年份分析按故障排序饼状图

设备元件的故障，单击故障下拉条对设备故障进行选取。

起始年月：单击年份下拉条进行年份选取，范围是 2006 年到当前年；单击月份下拉条进行月份选取，范围是 1—12 月。

绘制饼状图：单击该按钮即可对所选工区绘制饼状图。

绘制柱状图：单击该按钮即可对所选工区绘制柱状图。

退出：单击该按钮即可退出该界面。

例如，选择永乐供电工区，设备类型为支柱，设备元件为支柱本体，故障为钢柱上有鸟窝，起始年月为 2008 年 6 月，绘制柱状图界面如图 6－32 所示。

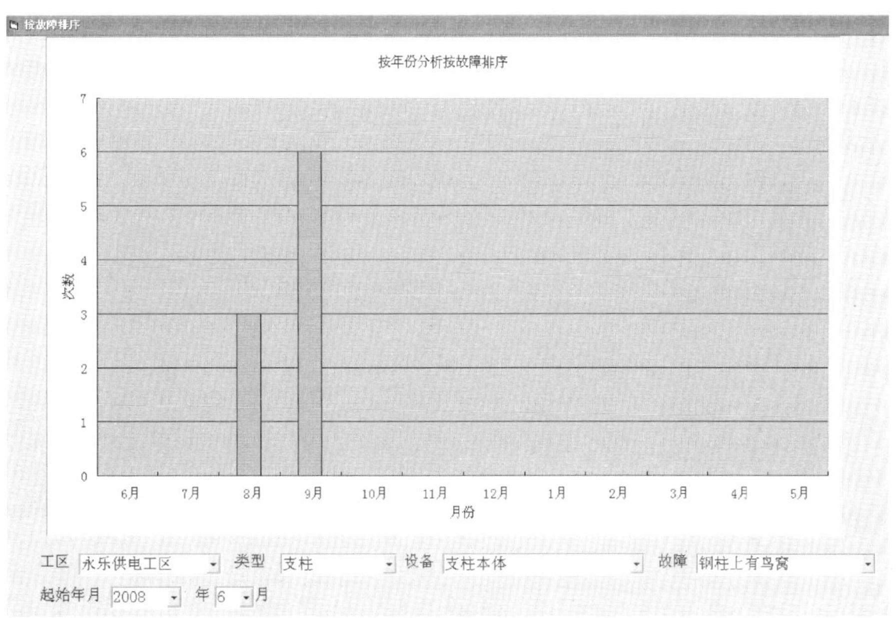

图 6-32 按年份分析按故障排序柱状图

6.3.3 京津城际接触网各工区故障统计结果

京津城际全程 120 公里，接触网维修分三个工区，分别是北京南供电工区、永乐供电工区和天津供电工区。为了给接触网设备失效分布的拟合提供数据支持，需要应用该维修管理系统对故障数据进行统计和分析，下面将就各个工区进行数据统计和分析，起始年月均选为 2008 年 8 月。

1. 北京南供电工区

1）按类型排序

对北京南供电工区的故障信息进行按类型排序分析，其具体的故障类型和发生次数，如图 6-33 所示。

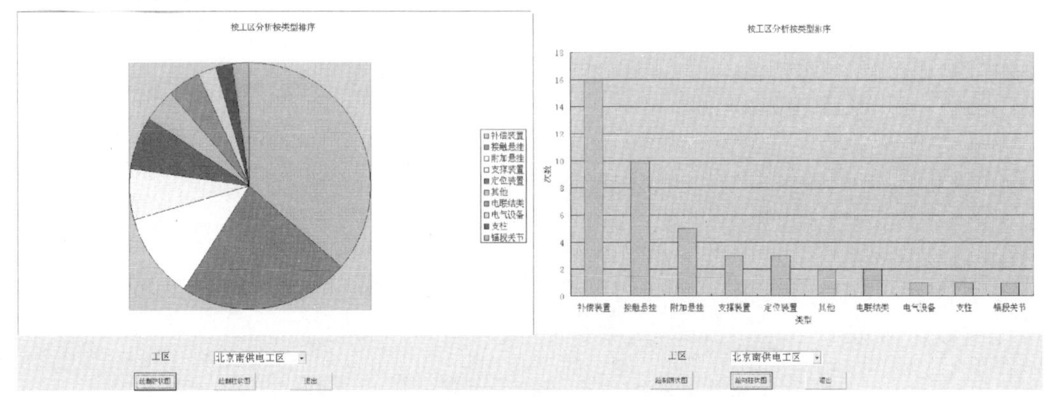

图 6-33 北京南供电工区按类型排序

可见，该工区设备缺陷和故障中，排列前三位的类型分别是“补偿装置”类、“接触悬挂”类和“附加悬挂”类。统计结果如表 6-5 所示。

表 6-5 北京南供电工区按类型分析结果

排列前三位类型	故障次数	前十位类型故障总次数	故障次数所占比例
补偿装置	16		36%
接触悬挂	10	44	23%
附加悬挂	5		11%

2）按设备排序

对北京南供电工区的故障信息进行按设备排序分析，其具体的故障类型和发生次数，如图 6-34 所示。

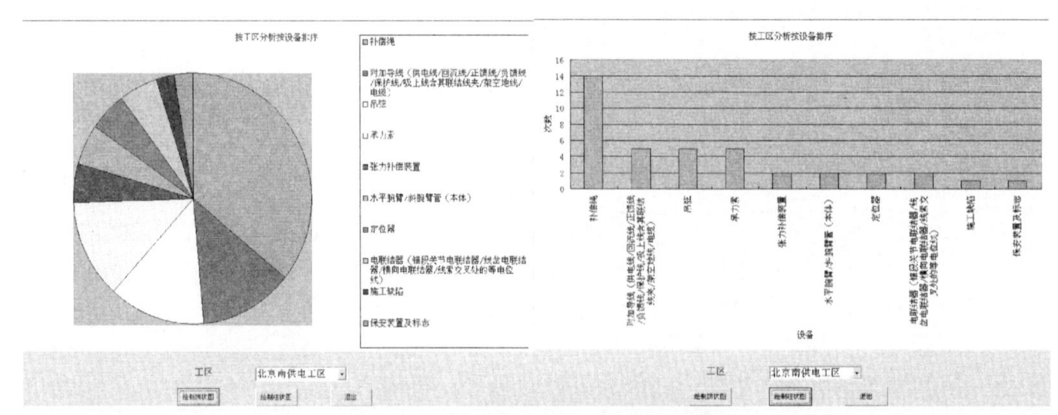

图 6-34 北京南供电工区按设备排序

可见，该工区设备缺陷和故障中，排列前三位的设备分别是“补偿绳”、“附加导线”和“吊弦”。它们对应的发生时间的分布如图 6-35 所示。

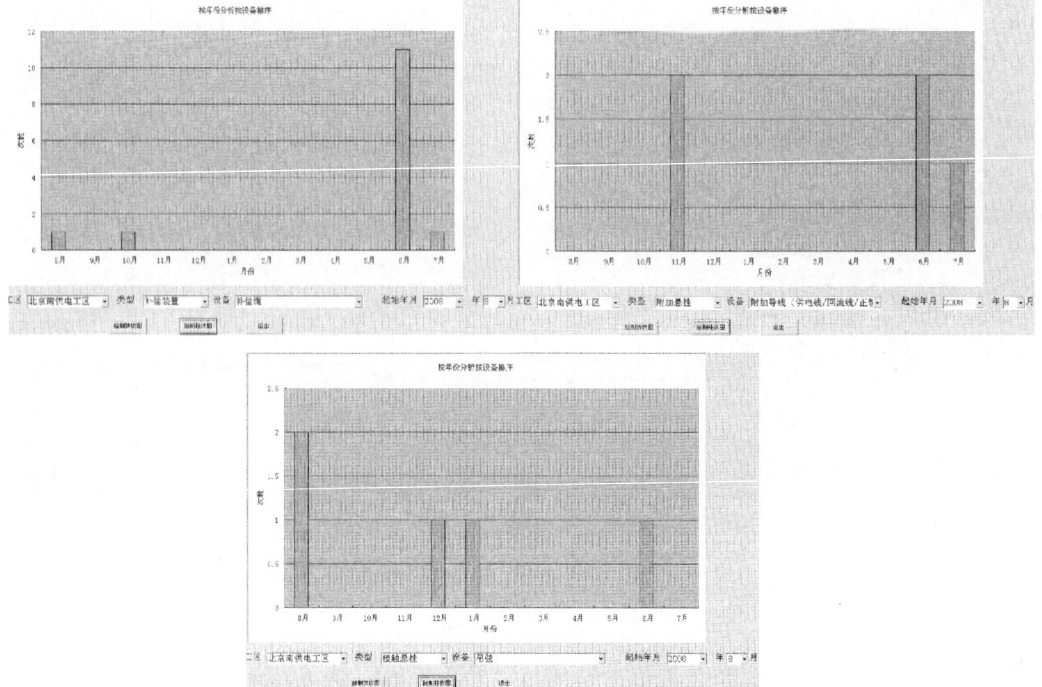

图 6-35 北京南供电工区排列前三位设备时间分布

可见，“补偿绳”和“附加导线”的检修周期最好以半年为宜；而“吊弦”在开通初期出现的大量问题应是安装问题，经检修后大幅减少，它不属于运营维护期间的问题，而“吊弦”的检修周期最好以三个月为宜。排列前三位设备的统计结果如表 6 - 6 所示。

表 6 - 6　北京南供电工区按设备分析结果

排列前三位设备	故障次数	前十位设备故障总次数	故障次数所占比例	分析结果
补偿绳	14	39	35%	检修周期最好以半年为宜
附加导线	5		13%	检修周期最好以半年为宜
吊弦	5		13%	开通初期存在安装问题，检修周期最好以 3 个月为宜

3）按故障排序

对北京南供电工区的故障信息进行按故障排序分析，其具体的故障类型和发生次数，如图 6 - 36 所示。

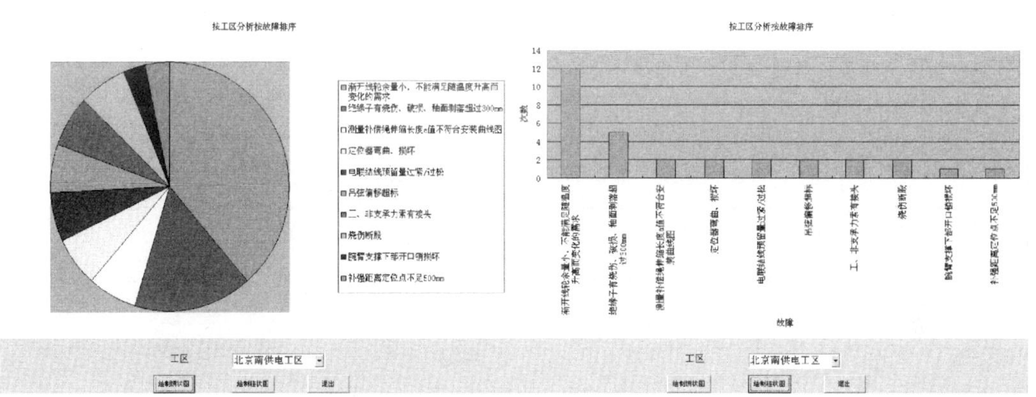

图 6 - 36　北京南供电工区按故障排序

可见，该工区设备缺陷和故障中，排列前三位的故障分别是“张力平衡器的渐开轮余量小”、“绝缘子烧伤”和“补偿绳不合规范”。它们对应的发生时间的分布如图 6 - 37 所示。

可见，“补偿绳不合规范”属于安装问题，经检修趋于正常；除“补偿绳”以外，“绝缘子”的检修周期最好以半年为宜。排列前三位故障统计结果如表 6 - 7 所示。

2. 永乐供电工区

1）按类型排序

对永乐供电工区的故障信息进行按类型排序分析，其具体的故障类型和发生次数，如图 6 - 38所示。

可见，该工区设备缺陷和故障中，排列前三位的类型分别是“接触悬挂”类、“定位装置”类和“电联结器”类。统计结果如表 6 - 8 所示。

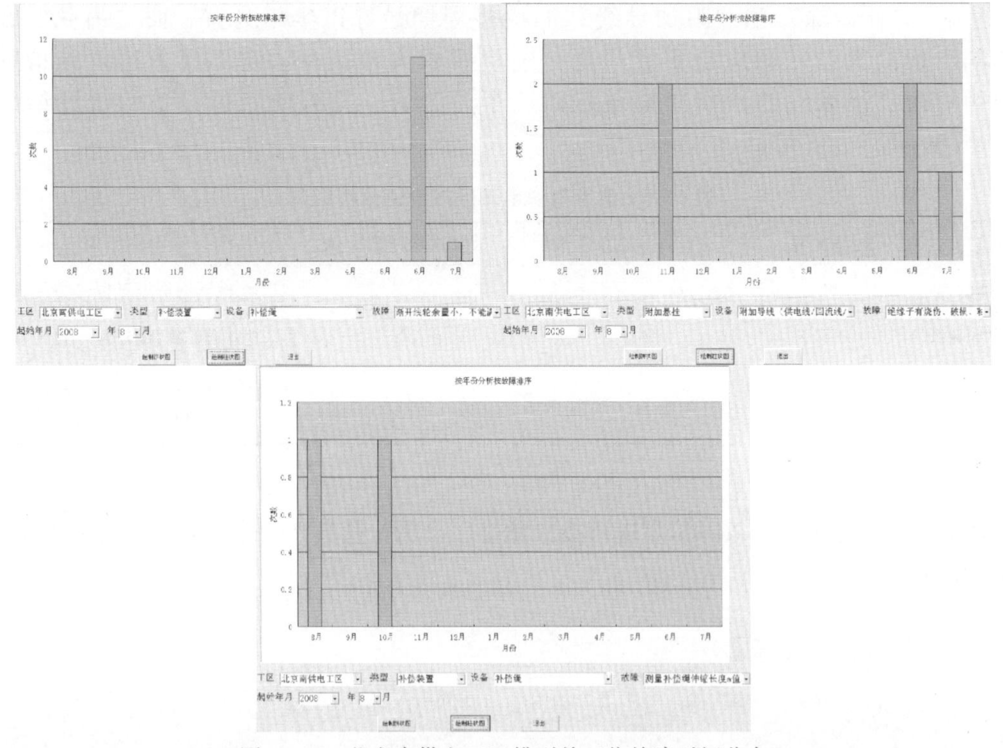

图 6-37 北京南供电工区排列前三位故障时间分布

表 6-7 北京南供电工区按故障分析结果

排列前三位故障	故障次数	前十位故障总次数	故障次数所占比例	分析结果
渐开轮余量小	12		40%	
绝缘子烧伤	5	31	17%	检修周期最好以半年为宜
补偿绳不合规范	2		7%	开通初期存在安装问题

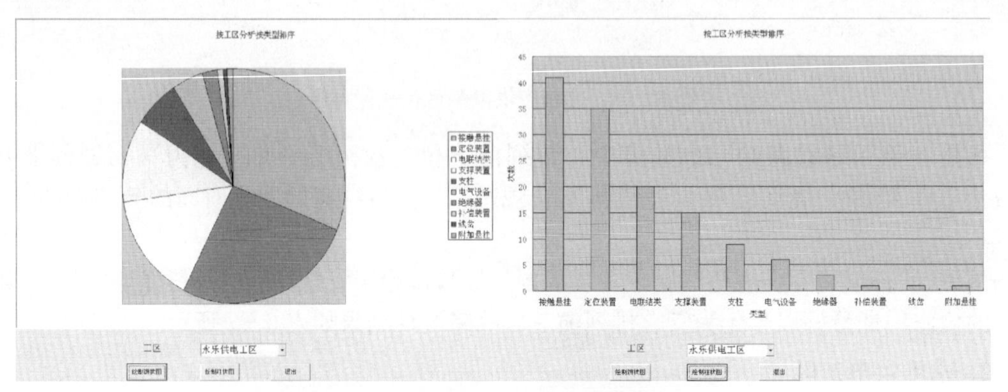

图 6-38 永乐供电工区按类型排序

表 6-8 永乐供电工区按类型分析结果

排列前三位类型	故障次数	前十位类型故障总次数	故障次数所占比例
接触悬挂	41		30%
定位装置	35	132	27%
电联结器	20		15%

2）按设备排序

对永乐供电工区的故障信息进行按设备排序分析，其具体的故障类型和发生次数，如图 6－39所示。

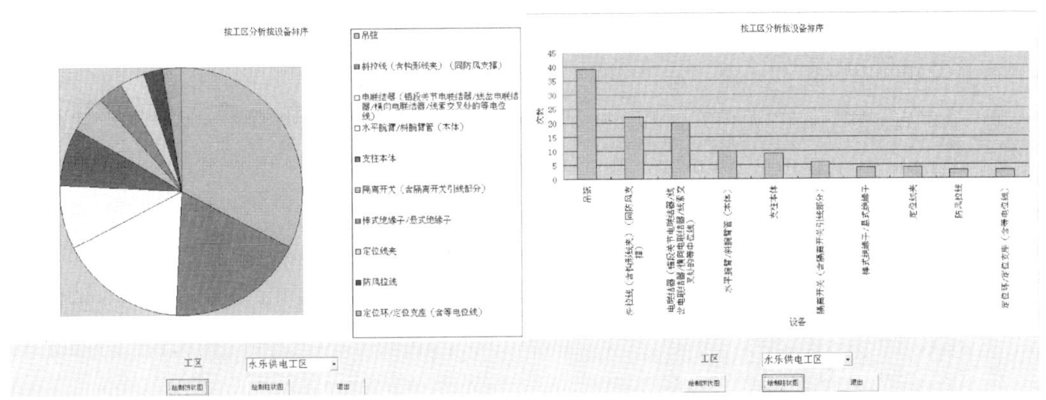

图 6－39　永乐供电工区按设备排序

可见，该工区设备缺陷和故障中，排列前三位的设备分别是“吊弦”、“斜拉线”和“电联结器”。它们对应的发生时间的分布如图 6－40 所示。

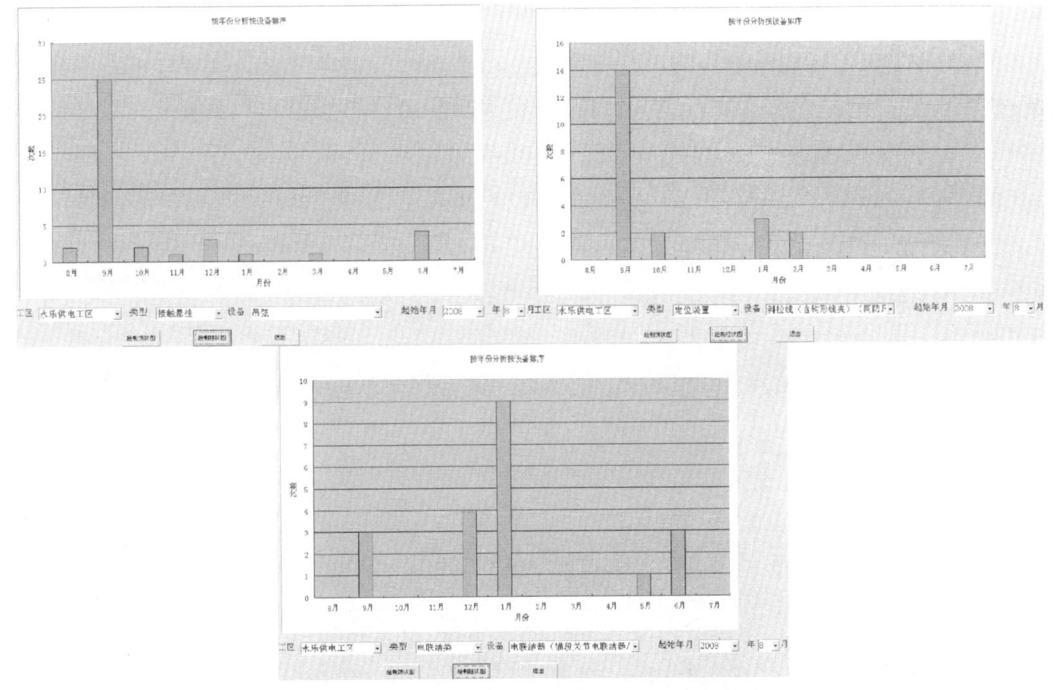

图 6－40　永乐供电工区排列前三位设备时间分布

从时间分布上来看，“吊弦”和“斜拉线”在 2008 年 9 月期间发生故障频率较高，此时系统刚开通一个月，如此高的故障频率应归结为系统安装的问题，不属于运营维修期的问题，而“电联结器”的检修周期最好以三个月为宜。

排列前三位设备统计结果如表 6－9 所示。

表6-9 永乐供电工区按设备分析结果

排列前三位设备	故障次数	前十位设备故障总次数	故障次数所占比例	分析结果
吊弦	39	120	32%	开通初期存在安装问题
斜拉线	22		18%	开通初期存在安装问题
电联结器	20		17%	检修周期最好以三个月为宜

3）按故障排序

对永乐供电工区的故障信息进行按故障排序分析，其具体的故障类型和发生次数，如图6-41所示。

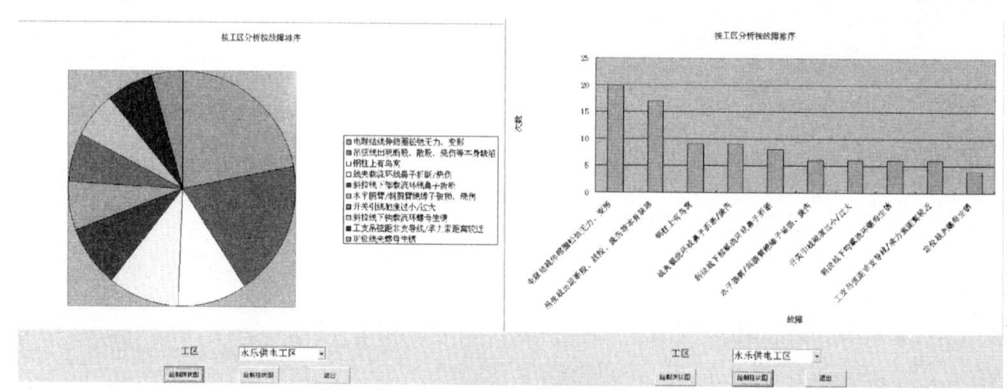

图6-41 永乐供电工区按故障排序

可见，该工区设备缺陷和故障中，排列前三位的故障分别是“电联结器变形”、“吊弦有断股/烧伤”和“钢柱上有鸟窝”。它们对应的发生时间的分布如图6-42所示。

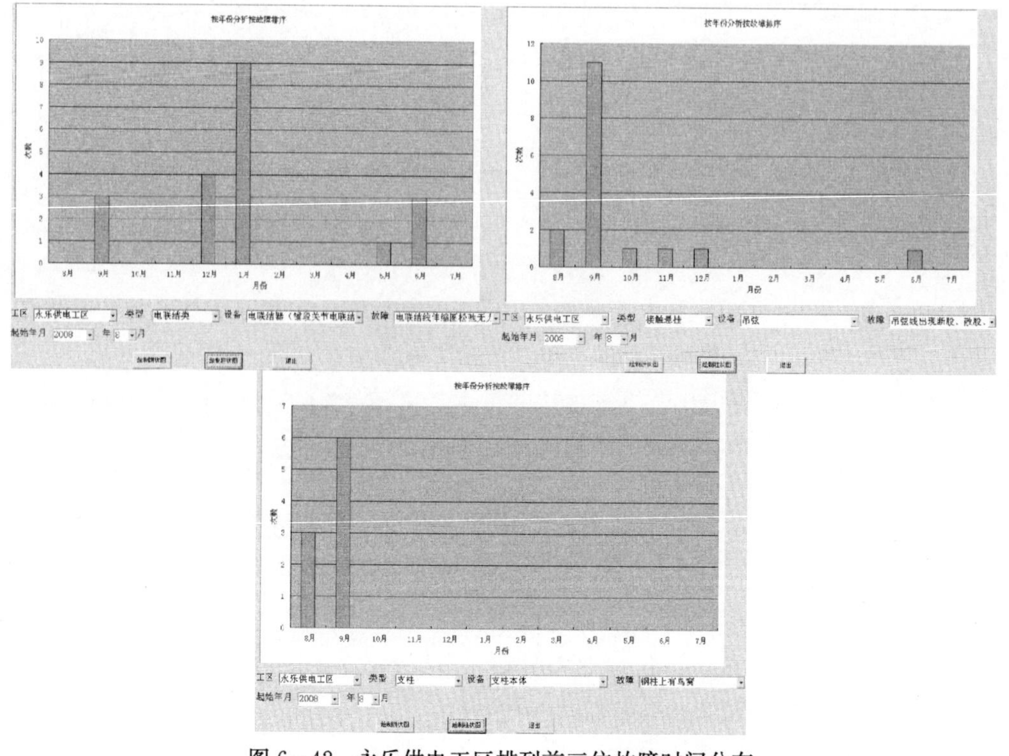

图6-42 永乐供电工区排列前三位故障时间分布

从时间分布上来看，“电联结器”的检修周期最好以三个月为宜；该工区“吊弦”存在系统安装问题，经检修趋于正常；而该工区 8、9 月份易发生鸟害，检修中应重点关注“钢柱上的鸟窝”。

排列前三位故障统计结果如表 6-10 所示。

表 6-10 永乐供电工区按故障分析结果

排列前三位故障	故障次数	前十位故障总次数	故障次数所占比例	分析结果
电联结器变形	20		21%	检修周期最好以三个月为宜
吊弦有断股/烧伤	17	91	18%	开通初期存在安装问题
钢柱上有鸟窝	9		10%	该工区 8、9 月份为鸟害高发期

3. 天津供电工区

1）按类型排序

对天津供电工区的故障信息进行按类型排序分析，其具体的故障类型和发生次数，如图 6-43所示。

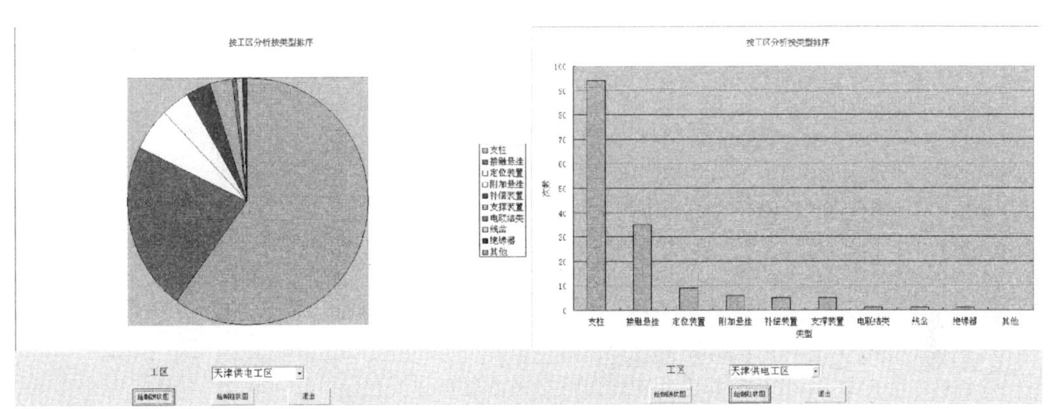

图 6-43 天津供电工区按类型排序

可见，该工区设备缺陷和故障中，排列前三位的类型分别是“支柱”类、“接触悬挂”类和“定位装置”类。统计结果如表 6-11 所示。

表 6-11 天津供电工区按类型分析结果

排列前三位类型	故障次数	前十位类型故障总次数	故障次数所占比例
支柱	94		59%
接触悬挂	35	157	22%
定位装置	9		6%

2）按设备排序

对天津供电工区的故障信息进行按设备排序分析，其具体的故障类型和发生次数，如图 6-44所示。

可见，该工区设备缺陷和故障中，排列前三位的设备分别是“支柱本体”、“吊弦”和“附加导线”。它们对应的发生时间的分布如图 6-45 所示。

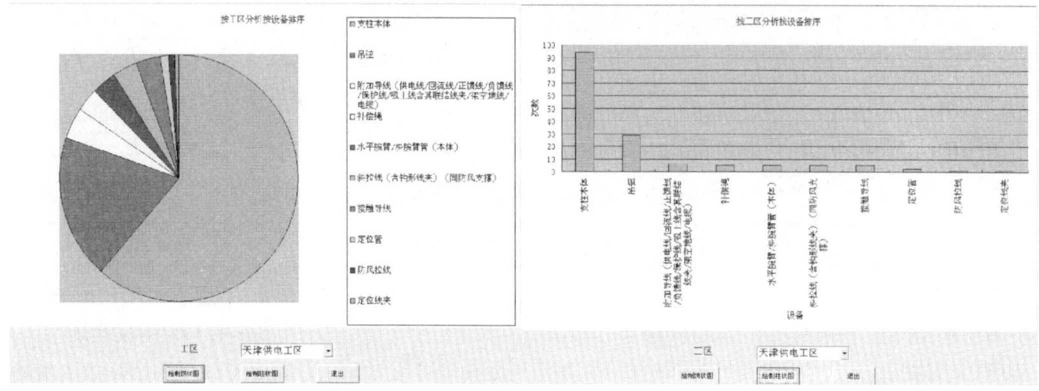

图 6-44　天津供电工区按设备排序

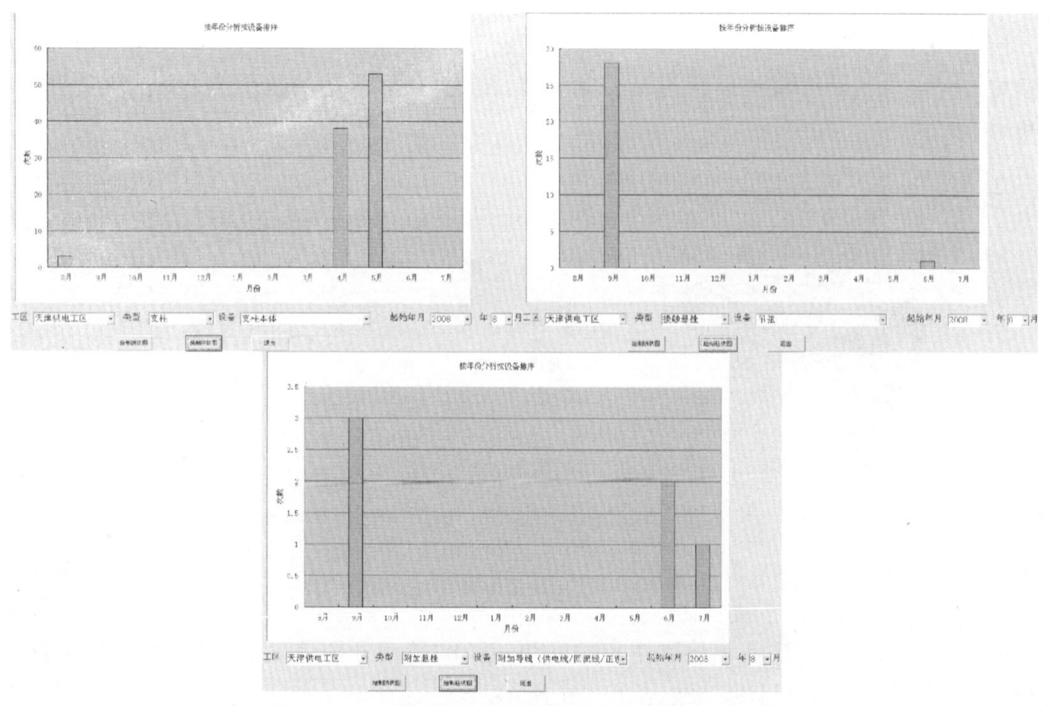

图 6-45　天津供电工区排列前三位设备时间分布

从时间分布上来看，该工区 4、5 月份是鸟害多发期，这期间的检修应特别关注支柱上的鸟窝并及时去除；该工区“吊弦”和“附加导线”也存在安装问题，经调试检修趋于正常，而“附加导线”的检修周期最好以半年为宜。

排列前三位设备统计结果如表 6-12 所示。

表 6-12　天津供电工区按设备分析结果

排列前三位设备	故障次数	前十位设备故障总次数	故障次数所占比例	分析结果
支柱本体	94	153	62%	该工区 4、5 月份为鸟害高发期
吊弦	29		19%	开通初期存在安装问题
附加导线	6		4%	开通初期存在安装问题，检修周期最好以半年为宜

3）按故障排序

对天津供电工区的故障信息进行按故障排序分析，其具体的故障类型和发生次数，如图 6-46所示。

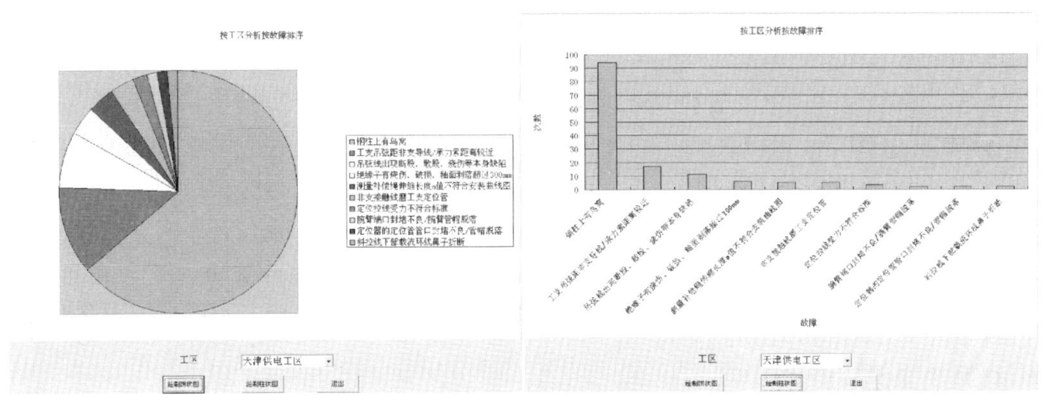

图 6-46　天津供电工区按故障排序

可见，该工区设备缺陷和故障中，排列前三位的故障分别是“钢柱上有鸟窝”、“工支吊弦与非支导线/承力索较近”和“吊弦有断股/烧伤”。它们对应的发生时间的分布如图 6-47所示。

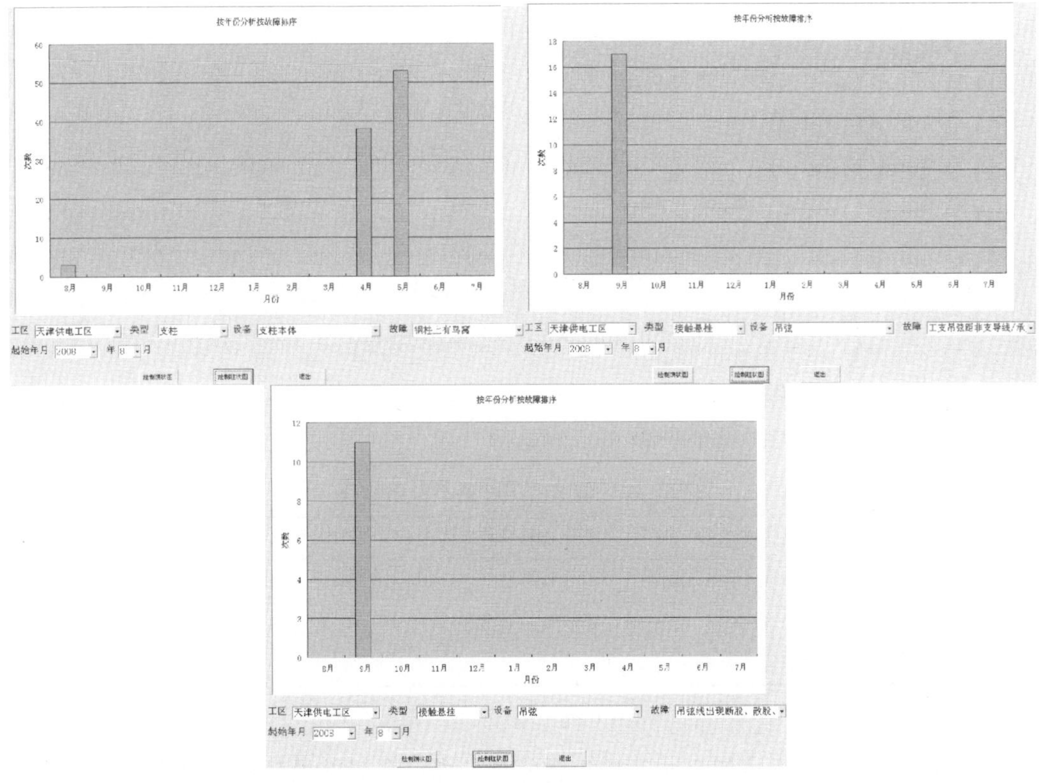

图 6-47　天津供电工区排列前三位故障时间分布

从时间分布上看，再一次证实了该工区 4、5 月份是鸟害多发期，这期间的检修应特别关注支柱上的鸟窝并及时去除；而“工支吊弦与非支导线/承力索较近”和“吊弦有断股/烧伤”均属于吊弦故障，开通初期存在安装问题，经调试检修趋于正常，不属于运营维护的故障范围。

排列前三位故障统计结果如表 6－13 所示。

表 6－13　天津供电工区按故障分析结果

排列前三位故障	故障次数	前十位故障总次数	故障次数所占比例	分析结果
钢柱上有鸟窝	94		65%	该工区 4、5 月份为鸟害高发期
工支吊弦与非支导线/承力索较近	17	147	13%	开通初期存在安装问题
吊弦有断股/烧伤	11		7%	开通初期存在安装问题

4. 所有工区

1）按类型排序

对所有供电工区的故障信息进行按类型排序分析，其具体的故障类型和发生次数，如图 6－48 所示。

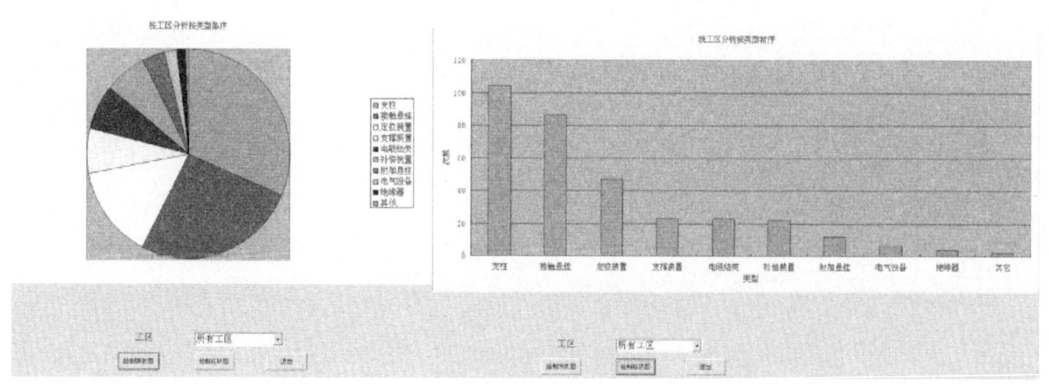

图 6－48　所有工区按类型排序

可见，所有工区设备缺陷和故障中，排列前三位的类型分别是“支柱”类、“接触悬挂”类和“定位装置”类。统计结果如表 6－14 所示。

表 6－14　所有工区按类型分析结果

排列前三位类型	故障次数	前十位类型故障总次数	故障次数所占比例
支柱	104		31%
接触悬挂	86	330	26%
定位装置	47		14%

2）按设备排序

对所有供电工区的故障信息进行按设备排序分析，其具体的故障类型和发生次数，如图 6－49所示。

可见，所有工区设备缺陷和故障中，排列前三位的设备分别是“支柱本体”、“吊弦”和

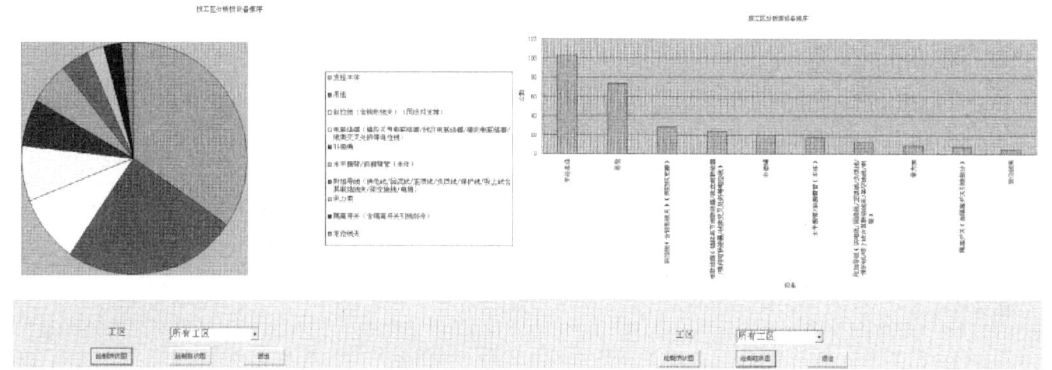

图 6－49　所有工区按设备排序

“斜拉线”。它们对应的发生时间的分布如图 6－50 所示。

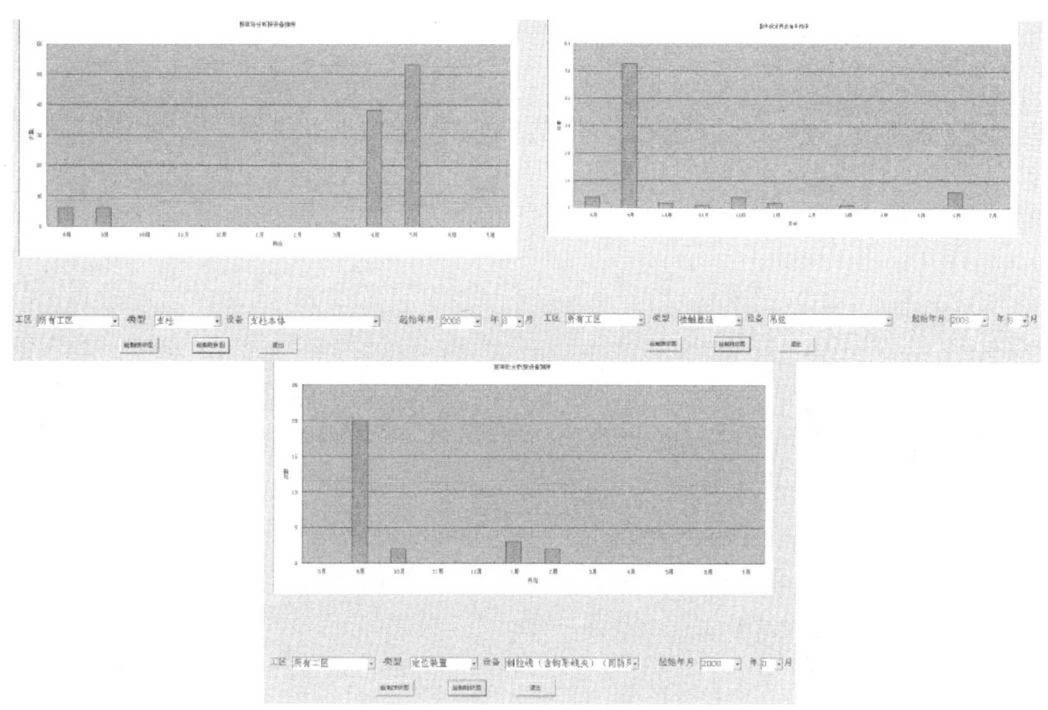

图 6－50　所有工区排列前三位设备时间分布

可见，“支柱本体”在 4、5 月份时故障率最高；而“吊弦”和“斜拉线”在开通初期出现的应是安装问题，经检修后大幅减少，它不属于运营维护期间的问题。排列前三位设备的统计结果如表 6－15 所示。

表 6－15　所有工区按设备分析结果

排列前三位设备	故障次数	前十位设备故障总次数	故障次数所占比例	分析结果
支柱本体	103	296	34%	4、5 月份为鸟害高发期
吊弦	73		25%	开通初期存在安装问题
斜拉线	28		9%	开通初期存在安装问题

3）按故障排序

对所有供电工区的故障信息进行按故障排序分析，其具体的故障类型和发生次数，如图6-51所示。

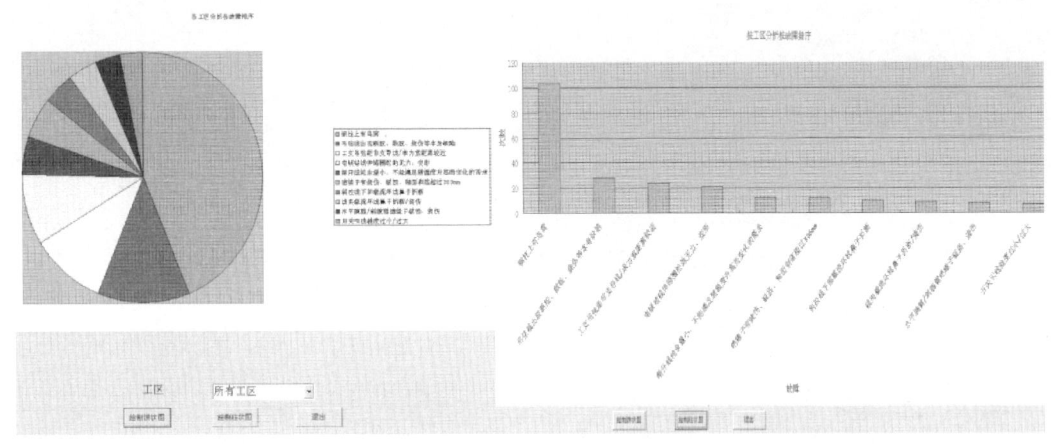

图6-51 所有工区按故障排序

可见，所有工区排列前三位的故障分别是“钢柱上有鸟窝”、“吊弦有断股/烧伤”和“工支吊弦与非支导线/承力索较近”，它们对应的发生时间分布如图6-52所示。

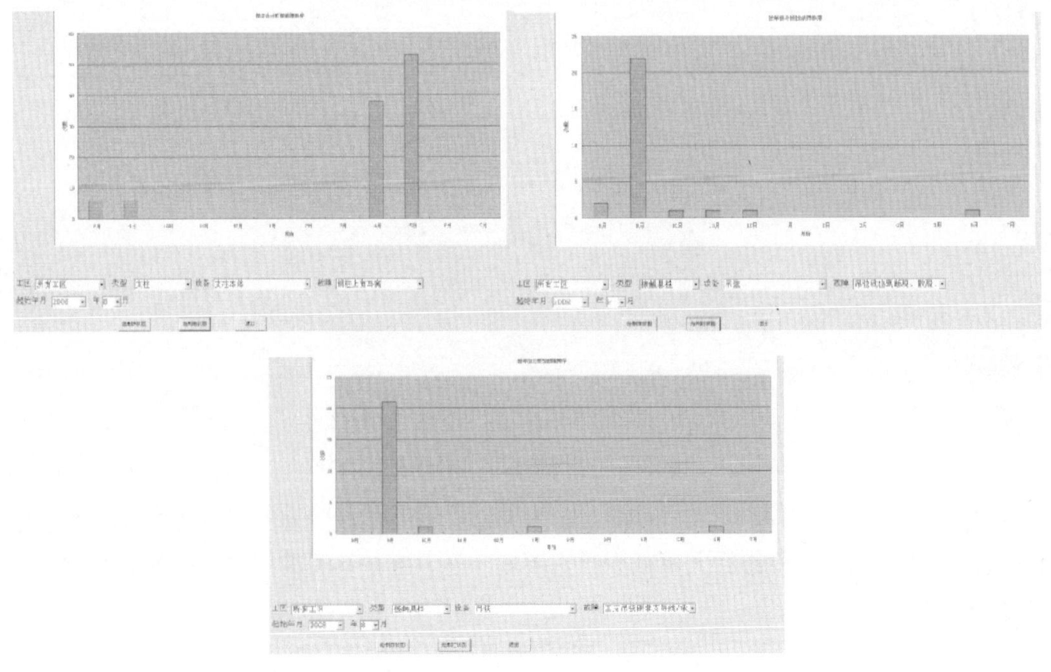

图6-52 所有工区按排列前三位故障时间分布

由图可见，再一次验证4、5月份“钢柱上有鸟窝”的故障很多，鸟害严重，应及时对铁路沿线进行巡查和清理，而“吊弦有断股/烧伤”和“工支吊弦与非支导线/承力索较近”均为吊弦故障，且在开通初期出现大量的故障，属于安装问题，经检修后大幅减少，它不属于运营维护期间的问题。排列前三位的故障统计结果如表 6－16 所示。

表 6－16 所有工区按故障分析结果

排列前三位故障	故障次数	前十位故障总次数	故障次数所占比例	分析结果
钢柱上有鸟窝	103		45%	4、5 月份为鸟害高发期
吊弦有断股/烧伤	28	234	12%	开通初期存在安装问题
工支吊弦与非支导线/承力索较近	24		10%	开通初期存在安装问题

6.3.4 故障规律与维修建议

从以上应用维修管理系统的统计结果，我们可以观察得出如下规律。

(1) 从整体上看，最容易出故障的设备是“支柱本体”（实际上是钢柱上有鸟窝）、“吊弦”和“斜拉线”，最常见的设备缺陷/故障是“钢柱上有鸟窝”、“吊弦断股/烧伤”和“工支吊弦与非支导线/承力索距离较近”，分别占全部故障的 45%、12%和 10%；可见，鸟害多是京津城际接触网维护的一大特点，几乎占到了一半左右，且季节性强。特别是永乐工区每年 8、9 月份（夏季）和天津工区每年 4、5 月份（春季）是鸟害多发期，应提前做好准备，期间的检修巡视应特别关注“钢柱上的鸟窝”，发现后及时清除，以免引发供电系统短路。另外，还应考虑在这两个工区安装驱鸟装置。

(2) 所有工区的“吊弦”、北京南工区的张力平衡器的“补偿绳”和永乐工区定位器上的“斜拉线”都存在不同程度的安装问题，这些问题在线路开通的初期集中暴露出来，经检修均趋于正常。说明线路的试运行和调试起到了应有的作用，它们不属于运营维护期间的问题。

(3) 所有工区除了鸟害、“吊弦”和“斜拉线”的安装问题之外，其他设备故障（含设备缺陷）所占的比重都比较小，均小于 9%，说明经过试运行和初期的调试检修以后，京津城际接触网系统的质量良好，运营维护有效，运行安全可靠。

(4)“吊弦”和“电联结器”等设备的检修周期最好以三个月为宜，“补偿绳”、“附加导线”、“绝缘子”和定位器的“斜拉线”的检修周期最好以半年为宜，而“接触线”、“承力索”和“支柱本体”（除鸟窝巡查外）的检修周期最好以一年为宜。

6.4 京津客运专线接触网系统的可靠性评估

6.4.1 各工区接触网设备运行情况及检修方式概述

京津城际客运专线正线全长 120 km，344.637 线条 km，沿线共设 5 座车站，其中北京南和天津为始发站，其余 3 座为中间站（亦庄站、永乐站、武清站），全线实行封闭式管理模式，京津城际沿线下设 3 个供电（检修）工区。

(1) 北京南工区：管辖北京南站京津城际场、北京南站至亦庄区间、亦庄站，接触网设备 23.638 正线 km，共 72.714 线条 km。管辖亦庄变电所 1 座，北京南开闭所 1 座，ATS1 (Automatic Substation) 自耦兼分区所 1 座。

(2) 永乐工区：管辖亦庄至永乐区间、永乐站、永乐至武清区间，接触网设备62.103正线km，共162.77线条km。管辖武清变电所1座及ATS2、ATS3自耦兼分区所、ATS4、ATS5。

(3) 天津工区：管辖武清至天津区间，天津站城际场接触网设备34.294正线km、109.153线条km。天津站开闭所1座，ATS6、ATS7自耦兼分区所2座。

接触网各设备数量如表6-17所示。

表6-17 京津接触网设备数量明细

序号	名称	单位	数量	序号	名称	单位	数量
1	接触网	条km	344.64	16	螺栓	个	480 878
2	负馈线	条km	234.446	17	螺母	个	913 668
3	保护线	条km	227.785	18	销钉	个	94 648
4	支柱	根	5 284	19	开口销	个	50 174
5	线岔	组	95	20	弹簧销	个	8 644
6	隔离开关	台	97	21	定位器	个	7 195
7	避雷器	台	69	22	腕臂绝缘子	棒	12 270
8	分段绝缘器	架	37	23	负馈线绝缘子	棒	4 725
9	分相绝缘器	处	15	24	下锚绝缘子	棒	2 977
10	绝缘锚段关节	处	32	25	电连结	组	1 620
11	非绝缘锚段关节	处	253	26	负馈线肩架	个	4 725
12	中心锚结	处	238	27	保护线肩架	个	5 284
13	补偿装置	处	618	28	拉线	组	738
14	上网点	处	33	29	斜撑	个	6 941
15	吊弦	根	34 518	30	底座	组	6 632

根据接触网设备情况，整条线路的检修计划如表6-18所示。

表6-18 京津接触网设备检修计划

子系统名称	单位	数量	检修单位量完成时间(min)	检修总时间(min)	天窗平均时间(min)	天窗日(个)	1/4天窗日(个)
定位支撑装置	个	6 941	10	69 410	160	433.82	108.46
接触悬挂	km	344.637	10 min/跨	68 930	160	430.82	107.71
隔离开关	架	94	15	1 410	160	8.82	2.21
避雷器	架	69	10	690	160	4.32	1.08
补偿装置	处	618	5	3 090	160	19.32	4.83
线岔	处	95	10	950	160	5.94	1.49
分段	架	36	15	540	160	3.38	0.85
器件式分相	处	3	20	60	160	0.38	0.10
总计				169 345		906.8	226.7

注：每个跨距按50 m记，检修时按照跨距进行计算。

在精细化检修中，北京维管段对接触网检修记录建立了档案，设置规则为1个支柱1个档案。档案以Excel数据服务器为平台，建立以支柱号为单位的设备检修档案，包括基本供电功能描述、支柱示意图、设备及零配件安装图、数量表、各种技术参数、检修记录。各工区安技员负责建立健全精细化检修档案资料，并指定专人负责。作业结束后，当日 18 点前填写书面检修记录，并录入 Excel 服务器内的精细化检修档案，建立专门的文件盒对书面检修记录进行存档。

6.4.2 设备运行缺陷数据统计

根据京津客运专线北京维管段提供的设备缺陷（问题库）记录，自 2008 年 8 月 1 日至 2010 年 3 月 1 日，共有 17 类设备 1539 条设备缺陷记录在册，分类汇总情况如表 6－19 所示（鸟巢问题除外）。

其中，支柱缺陷中有 8 条记录为危树，支柱附近有危树，距接触网负馈线距离近，大风天气情况下易造成负馈线出现接地跳闸故障，其余 60 条记录为支柱附近网上存在异物。另外，由于接触网设计结构引起支柱上的鸟巢问题，共有 1 176 条记录在册。

表 6－19 接触网缺陷设备分类

设备索引	设备名称Ⅰ	设备名称Ⅱ	设备简称	缺陷记录
1	接触线	Contact Wire	CW	7
2	承力索	Messenger Wire	MW	3
3	吊弦（含吊弦线夹）	Dropper	DR	76
4	斜拉线	Lateral Line	LL	31
5	旋转双耳	Rotating Ears	RE	1
6	绝缘子	Line Post Insulator	PI	51
7	定位器（含防风拉线）	Steady Arm	SA	20
8	补偿装置	Tensioning Equipment	TE	25
9	电联结	Jumper	JU	26
10	上网开关引线	Switch－leg	Sl	10
11	支柱	Poles	PO	68
12	隔离开关	Disconnector	DI	1
13	腕臂（平腕臂、斜支撑、斜腕臂、定位管）	Cantilever（Top&Diagonal&Registration Tube）	CA	19
14	负馈线	Negative Feeder	NF	16
15	线岔	Crossing Bar	CB	2
16	分段绝缘器	Section Insulator	SI	4
17	回流线	Return Feeder	RF	2

注：本章的所有英文名称来自 SIEMENS AG 的设计报告《接触网设计参数——牵引供电/接触网部分——（Design Parameter for OCS－TPS/OCS Portion－)》。

根据表 6－19 所示缺陷记录数量排序及衡量悬挂设备的重要程度，确定接触线、承力索、吊弦（含吊弦线夹）、斜拉线、绝缘子（悬式＋棒式）、定位器（含防风拉线）、补偿装置、电联结、腕臂（平腕臂、斜支撑、斜腕臂、定位管）9 类关键设备为可靠性研究对象。这 9 类设备的总数量见表 6－20。

将北京南、永乐、天津三个工区编号分别为 1、2、3，缺陷数据库中记录总天数为 577 天（2008/8/1—2010/3/1），结合接触网系统跨度长、元件数量大且串并联结构复杂的特点，以及数据库中缺陷数据的分布情况，将约 120 km 正线接触网视为可靠性研究对象，以每公里接触网为统计单位，即视每公里的同类元件为一个元件，根据《京津客运专线接触网平面图纸》(20091231 版)，各站区接触网系统分布情况统计见表 6-21。

表 6-20 接触网系统 9 关键设备数量

设备类型	数量
接触线	344.64 km/6 893 跨
承力索	344.64 km/6 893 跨
吊弦（含吊弦线夹）	34 518 条
斜拉线	738 条
绝缘子	12 270 棒+4 725 棒
定位器（含防风拉线）	7 195 个
补偿装置	618 处
电联结	1 620 组
腕臂（平腕臂、斜支撑、斜腕臂、定位管）	6 941 个

表 6-21 各站区接触网系统分布情况

站（站区）	站（站区）索引	起始公里标	终点公里标	长度（km）
北京南京津城际场	11	JJK0+000	JJK2+823	2.823
北京南——亦庄	12	0001#JJK2+857	742#JJK21+173	18.316
亦庄站	13	JJK21+173	JJK23+638	2.465
亦庄——永乐	21	0001#JJK23+638	878#JJK45+190	21.552
永乐站	22	JJK45+190	JJK48+000	2.81
永乐——武清	23	0001#JJK48+006	1448#JJK83+418	35.412
武清站	31	JJK83+468	JJK85+742	2.274
武清——天津	32	0001#JJK85+741	1276#JJK116+403	30.662
天津站城际场	33	0001#JJK116+403	0281#JJK119+373.177	2.970 177
总长度（km）				119.373 177

注：0001#JJK2+857 含义为京津 2.857 km 001 号支柱处

图 6-53 为亦庄——永乐接触网设计平面图中 0001#JJK23+638.65 至 0012#JJK23+883.95 接触网分布截图。

结合维修行为，记机械性维护（1a）、调整或局部更换（1b）、整体更换（2P）分别为 1、2、3，分类依据为：

1a——维修目的是使系统或部件维持正常的工作状态，只改善系统工作的外部条件，改善程度也是有限的，如润滑、绝缘子清洗灰尘、污物或锈迹等；

1b——包含第一类维修，并且调整或局部更换一些简单部件，如定位器位置调整、少量吊弦更换等；

2P——更换一个全新的部件或子系统。为了避免一些严重故障，对关键部件常采用此类维修行为，如更换接触线或承力索等。另外，对已实施过多次第 1 类和第 2 类维修行为、

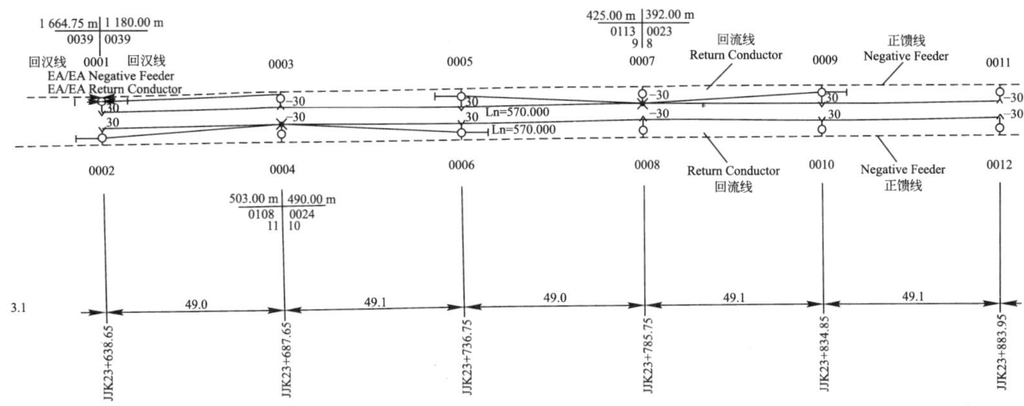

图 6－53　京津接触网平面设计图（部分）

不值得继续维修和使用的部件，也可以进行更换。

综上得到如图 6－54 结构的缺陷数据库统计结果，包含故障索引、工作区、站区、支柱编号、缺陷发生时间、正常运行天数、设备索引、维修行为、维修日期和数量 10 项。

Microsoft Excel - Fault classification and statistic-JJ-UT

文件(F)　编辑(E)　视图(V)　插入(I)　格式(O)　工具(T)　数据(D)　窗口(W)　帮助(H)　Adobe PDF(B)

A2　　fx 1

	A	B	C	D	E	F	G	H	I
1	Input Index	Defect Zon	Rail Station	Pole Index	Defect Date	Days	Defect Index	Actions Index	Actions Date
2	1	1	北京南站京津城际场	城际场2道C120#—D257N#	2008-8-18	17	2	2	2008-8-18
3	2	1	北京南站京津城际场	城际场2道C115#	2008-8-18	17	1	1	2008-8-18
4	3	1	北京南站京津城际场	城际场1道	2008-8-18	17	6	3	2008-8-19
5	4	1	北京南站京津城际场	存车线29道A066#	2008-8-18	17	3	2	2008-8-20
6	5	1	北京南站京津城际场	正线D204#	2008-8-18	17	7	1	2008-9-18
7	6	1	北京南站京津城际场	城际场D209#	2008-8-18	17	7	1	2008-9-18
8	7	1	北京南站京津城际场	城际场B159#	2008-8-18	17	8	1	2008-9-21
9	8	1	北京南站京津城际场	城际场1道C117#	2008-9-24	54	4	3	2008-9-25
10	9	1	北京南站京津城际场	存车线29道B178#	2008-10-5	65	8	1	2008-10-13
11	10	1	北京南站京津城际场	上行2道A116#	2008-10-5	65	9	2	2008-10-14
12	11	1	北京南站京津城际场	存车线29道A066#	2008-8-18	17	3	1	2008-10-14
13	12	1	北京南站京津城际场	存车线A106#	2008-8-18	17	10	1	2008-10-14
14	13	1	北京南站京津城际场	京津场及存车线	2008-8-19	18	11	2	2008-10-16
15	14	1	北京南站京津城际场	城际场III道B157#	2008-10-16	76	5	3	2008-10-20
16	15	1	北京南站京津城际场	存车线27道B175#	2008-10-25	85	8	1	2008-10-29
17	16	1	北京南至亦庄	上行0108#	2008-11-14	105	6	3	2008-11-14
18	17	1	北京南至亦庄	下行0279#	2008-11-15	106	6	3	2008-11-19
19	18	1	北京南至亦庄	124#、128#、138#、145#、655#、702#、726#、	2008-8-18	17	11	1	2008-11-20
20	19	1	北京南站京津城际场	下行5道C095#-C096#间	2008-12-4	125	2	2	2008-12-5
21	20	1	北京南至亦庄	上行0376#	2008-12-22	143	9	2	2008-12-23
22	21	1	亦庄站	下行0009#	2008-12-22	143	12	1	2008-12-23
23	22	1	亦庄站	上行0022#	2008-12-28	149	3	1	2008-12-28
24	23	1	北京南至亦庄	上行0408#	2009-1-24	176	3	1	2009-1-25
25	24	1	北京南至亦庄	上行0082#	2009-2-27	210	13	2	2009-2-27
26	25	1	北京南至亦庄	上行0082#	2009-2-27	210	14	2	2009-2-27
27	26	1	北京南至亦庄	上行0086#	2009-2-27	210	14	2	2009-2-27
28	27	1	北京南至亦庄	上行0092#	2009-2-27	210	14	2	2009-2-27
29	28	1	北京南至亦庄	下行0107#	2009-3-3	214	13	2	2009-3-3
30	29	1	北京南至亦庄	下行0109#	2009-3-3	214	13	2	2009-3-3
31	30	1	北京南至亦庄	下行0111#	2009-3-3	214	13	2	2009-3-3
32	31	1	北京南至亦庄	下行001-07#	2009-3-10	221	13	2	2009-3-10
33	32	1	北京南至亦庄	上行0114#	2009-3-23	234	3	2	2009-3-23

Comments　Defects Classfication　1CW　2MW　3Dr　4LL　6PI　7SA　8TE　9Ju　13Ca

就绪

图 6－54　缺陷数据库统计表

根据设备的公里标可得到每类设备的编号，以吊弦为例，提取缺陷列表生成设备编号数据子库截图见图 6－55。其中设备索引值由公里标四舍五入取整后得到，其他设备同上。

至此 9 类关键设备的可靠性分析数据准备工作完成。

Microsoft Excel - Fault classification and statistic-JJ-UT

文件(F)　编辑(E)　视图(V)　插入(I)　格式(O)　工具(T)　数据(D)　窗口(W)　帮助(H)　Adobe PDF(B)

A1　f_x　Defect Zone

	A	B	C	D	E	F	G
1	Defect Zone	Rail Station	Pole Index	Defect Date	Days	Kilometre Stone	Component Index
2	1	北京南站京津城际场	存车线29道A066#	2008-8-18	17	0.73	1
3	1	北京南站京津城际场	存车线29道A066#	2008-8-18	17	0.73	1
4	1	北京南站京津城际场	下行7道B142#	2009-6-19	322	0.63	1
5	1	北京南至亦庄	上行0408#	2009-1-24	176	13.083	14
6	1	北京南至亦庄	上行0114#	2009-3-23	234	5.73817	6
7	2	武清站	下行19#	2008-10-3	63	83.84766	84
8	3	武清至天津	上行0602#-0604#	2008-9-6	36	100.49041	101
9	3	武清至天津	上行0688#-0686#	2008-9-6	36	102.54711	103
10	3	武清至天津	上行0828#-0826#	2008-9-6	36	105.93221	106
11	3	武清至天津	上行0866#-0868#	2008-9-6	36	106.81511	107
12	3	武清至天津	上行1036#-1034#	2008-9-6	36	110.82021	111
13	3	武清至天津	上行0778#	2008-9-2	32	104.71581	105
14	3	武清至天津	下行0934#	2008-8-21	20	108.4172	109
15	3	武清至天津	上行0082#	2008-9-7	37	87.66466	88
16	3	武清至天津	上行0114#	2008-9-7	37	88.45366	89
17	3	武清至天津	上行0284#	2008-9-7	37	92.64317	93
18	3	武清至天津	下行0043#	2008-9-7	37	86.73306	87
19	3	武清至天津	下行0075#	2008-9-7	37	87.51786	88
20	3	武清至天津	下行0123#	2008-9-7	37	88.70106	89
21	3	武清至天津	下行0203#	2008-9-7	37	90.66856	91
22	3	武清至天津	下行0437#	2008-9-7	37	96.44257	97
23	3	武清至天津	下行0477#	2008-9-7	37	97.43721	98
24	3	武清至天津	下行0595#	2008-9-7	37	100.34291	101
25	3	武清至天津	下行0643#	2008-9-7	37	101.52381	102
26	3	武清至天津	上行0038#	2008-9-2	32	86.58556	87
27	3	武清至天津	上行0162#	2008-9-2	32	89.63946	90
28	3	武清至天津	下行0155#	2008-9-2	32	89.49266	90
29	3	武清至天津	下行0679#	2008-9-8	38	102.36321	103
30	3	武清至天津	下行0783#	2008-9-8	38	104.86211	105
31	3	武清至天津	下行0819#	2008-9-8	38	105.73601	106
32	3	武清至天津	下行0859#	2008-9-8	38	106.66761	107
33	3	武清至天津	下行0899#	2008-9-8	38	107.64721	108

Comments / Defects Classfication / 1CW / 2MW / 3Dr / 4LL / 6PI / 7SA / 8TE / 9Ju / 13Ca /

图 6-55　吊弦缺陷统计表

6.4.3　关键设备的可靠性建模

可靠性研究的最终目的是优化维修策略的制定，根据京津客运专线维修管理的具体情况，即每日 0～4 时为垂直固定天窗，天窗平均时间为 160 min，适合采取预防性维修，即为保证运行系统的功能度而在预先计划的特定时间实施维修作业，为降低装备故障的概率或防止功能退化，按预定的时间间隔或规定的准则实施的维修。制定预防性维修策略的首要前提是正确评价预防性维修的效果，明确预防性维修对设备故障函数的作用，在此基础上合理确定设备的预防性维修周期。

京津客运专线自 2008 年 8 月运行以来，作为示范性线路，运营单位对其实施了精细化检修，包括建立设备详细档案和问题库，为可靠性研究积累了大量数据资料。另外，高速接触网设备在材质和性能指标方面与普速相比有很大区别，势必影响可靠性分布和相应维修计划的制订，表 6-22 为京津城际接触网悬挂的物理参数。

应用可靠性失效分布拟合软件 Weibull＋＋ 7.0，对 9 类设备部件的失效数据进行拟合及优度比较，统计分析结果如下。

表 6 - 22　京津城际接触网悬挂的物理参数

	设备	材料	标准	张力/kN	破坏载荷/kN
干线	接触线	CuMg0.5AC120	EN 50149	27	60.00
	承力索	BzII120	DIN 48201	21	67.57
	吊弦	Bz10	8WL7060 - 2	<2.2	5.65
支线	接触线	CuAg0.1AC120	EN 50149	15	42.00
	承力索	BzII70	DIN 48201	15	38.64
	吊弦	Bz10	8WL7060 - 2	<2.2	5.65

1. 接触网系统 9 关键设备失效数据分布拟合排序

表 6 - 23 中 11 种分布针对每类设备排序自 1 到 11 优度由高到低，采用优度拟合（Goodness of Fit）、曲线拟合（Plot Fit）和似然率（Likelihood Ratio）方法按照权重 50%、30%、20%回归计算排序后所得。

表 6 - 23　接触网系统 9 关键设备失效数据分布拟合排序

分布	接触线	承力索	吊弦	斜拉线	绝缘子	定位器	补偿装置	电联结	腕臂
Exponential - 1	9	7	8	7	8	9	6	7	7
Exponential - 2	7	6	8	7	7	9	5	6	5
Normal	8	10	7	7	9	5	5	8	6
Lognormal	4	2	2	3	5	3	4	3	8
Weibull - 2	3	4	4	4	3	4	3	5	4
Weibull - 3	1	8	3	2	1	3	2	2	1
Gamma	6	5	5	5	6	6	7	8	5
G - Gamma	5	1	1	1	2	1	4	1	2
Logistic	10	9	6	6	9	8	6	10	10
Loglogistic	2	3	2	2	4	2	1	4	3
Gumbel	11	11	9	8	10	7	8	9	9
最优分布	Weibull - 3	G - Gamma	G - Gamma	G - Gamma	Weibull - 3	G - Gamma	Loglogistic	G - Gamma	Weibull - 3
次优分布	Loglogistic	Lognormal	Lognormal	Weibull - 3	G - Gamma	Loglogistic	Weibull - 3	Weibull - 3	G - Gamma

分析结果表明，大多数设备趋向于 G - Gamma、Weibull 和 Lognormal 分布，但 G - Gamma 风险函数复杂，在工程上不易使用，下文就优度检验结果具体进行比较。在进行接触网系统可靠性计算和建立维修费用优化模型时，如果构成系统的各个部件服从统一分布有利于维修计划的分析和制订，从这一角度出发，推荐采用 Weibull 或 Lognormal 分布。

2. 接触网系统 9 关键设备 Weibull 二参数和 Lognormal 分布拟合参数值

如表 6 - 24 所示，所有设备的形状参数 β 介于 [0，1] 之间，根据文献 [114]，当 $\beta<1$ 时，对于电子和机械元件意味着在运行初期会有较高的失效率，在此期间元件失效主要是由于生产、组装或质量控制问题，需要不断进行仔细检查和维修。随着设备运行时间的增加，故障率将显著下降，可靠性将显著提高，设备将不再需要高密度的检修。

表 6-24 Weibull 二参数和 Lognormal 分布拟合参数

设备类别	Weibull-2		Lognormal	
	β	α	μ	σ
接触线	0.372 9	$1.674\ 8\times10^6$	16.046 6	5.909 8
承力索	0.477 6	$1.286\ 5\times10^6$	16.529 7	5.193 7
吊弦	0.466 9	1 151.278 7	6.194 4	2.843 4
斜拉线	0.424 8	$1.294\ 8\times10^4$	9.081 3	3.838 9
绝缘子	0.855 1	1 583.566 9	7.205 0	2.031 2
定位器	0.513 2	$2.541\ 1\times10^4$	10.481 7	3.738 6
补偿装置	0.426 0	$6.535\ 4\times10^4$	11.670 5	4.635 6
电联结	0.756 2	4 320.496 1	8.249 7	2.248 0
腕臂	0.686 7	$1.003\ 0\times10^4$	9.918 4	3.156 5

电联结和绝缘子的形状参数 β 接近 1，说明设备的故障率和时间几乎独立，故障率接近常数，设备易受到维修失误、人为破坏和外部破坏因素导致故障，例如自然灾害、闪电、变压器爆炸、鸟害等。

如果设备的形状参数 $1.0<\beta<4.0$，说明设备属于早期失效，而且机械失效模式较多。维修部分零件或全部替换对设备的影响较高，换句话说，如果替换或维修及时，设备将保持较高可靠性；反之故障率值非常高，对整个系统可靠性影响较大，具体取决于用户对系统可靠性的要求和对成本的投入。随着京津线运行时间的增加，设备的形状参数值会逐渐稳定在[1，4]之间。

3. 接触网系统 9 关键设备 Weibull 三参数和 Lognormal 分布优度拟合检验

如表 6 25 所示，各设备的两种分布优度拟合结果接近，均在可接受范围之内。

表 6-25 Weibull 三参数和 Lognormal 分布优度拟合检验

设备类别	Weibull-3		Lognormal	
	K-S 检验 $P(D_{CRIT}<D)$%	χ^2检验 P $(\chi^2_{CRIT}<\chi^2)$%	K-S 检验 $P(D_{CRIT}<D)$%	χ^2检验 P $(\chi^2_{CRIT}<\chi^2)$%
接触线	0.000 000 000 1	N/A	0.000 000 217 7	N/A
承力索	0.000 000 000 1	N/A	0.000 000 000 1	N/A
吊弦	88.399 472 952	8.911 750 063 3	86.603 127 908 6	4.132 415 936 4
斜拉线	1.076 130 765 5	7.231 898 127 4	1.463 559 096 3	13.260 577 425 1
绝缘子	0.000 354 026 8	0.006 024 358 2	0.003 465 321 7	0.015 312 332 1
定位器	0.000 000 000 1	6.512 930 067 2	0.000 000 156	4.762 111 599
补偿装置	0.000 000 107 4	5.152 524 434 6	0.000 000 168 9	3.388 993 603 9
电联结	0.000 391 598	4.829 922 095 9	0.008 772 468 8	13.090 329 567 6
腕臂	0.000 000 000 1	14.705 669 750 4	0.000 000 107 3	15.634 867 089 2

4. 接触网系统 9 关键设备 Lognormal 和 Weibull 二参数分布与最优分布的 K-S 检验比较

如表 6-26 所示，不论是对于最优分布或者其他分布，吊弦的结果值都偏高，说明吊弦的失效数据存在异常，除吊弦外，Weibull－2 分布明显优于 Lognormal 分布，更适合在系统可靠性分析时作为设备的统一分布。

表 6－26　Lognormal 和 Weibull 二参数分布与最优分布的 K－S 检验比较

设备类别	最优分布		Lognormal	Weibull－2
	分布	$P(D_{CRIT}<D)\%$	$P(D_{CRIT}<D)\%$	$P(D_{CRIT}<D)\%$
接触线	Weibull－3	0.000 000 000 1	0.000 000 217 7	0.000 000 000 1
承力索	G－Gamma	0.000 000 000 1	0.000 000 000 1	0.000 000 000 1
吊弦	G－Gamma	62.125 053 204	86.603 127 908 6	90.254 032 188 3
斜拉线	G－Gamma	0.073 900 579 9	1.463 559 096 3	1.431 164 478 6
绝缘子	Weibull－3	0.000 354 026 8	0.003 465 321 7	0.001 347 295 1
定位器	Loglogistic	0.000 000 000 1	0.000 000 156	0.000 000 000 1
补偿装置	G－Gamma	0.000 000 240 4	0.000 000 168 9	0.000 000 000 1
电联结	G－Gamma	0.000 000 066 1	0.008 772 468 8	0.012 240 895 2
腕臂	Weibull－3	0.000 000 000 1	0.000 000 107 3	0.000 000 093 8

在以往对普速（速度为 200 km/h 及以下）电气化铁路接触网系统的可靠性研究中，研究者大都以 Weibull 分布作为元件的失效分布[66,76,117]，但是针对京津接触网运行速度高，设备大多从西门子股份公司进口，可靠性高，投运时间短的实际情况，应从现场失效数据出发分析设备的可靠性分布，以制定未来一定时间内的维修策略，随着运行时间的增加、设备趋于稳定和失效数据的积累，应重新拟合失效分布和计算分布参数。

6.4.4　系统的可靠性评估

接触网系统中任一关键设备发生故障都会导致整个系统陷入瘫痪。在可靠性研究中，串联系统可以准确反映这种可靠性要求，即当且仅当所有子模块正常运行时系统正常运行。反之，若其中一个模块失效，整个系统失效。串联系统每个单元的可靠度之积就是整个系统的可靠度。假设系统由 N 个独立部件构成，各单元的可靠度为 $R_i(t)$（$i=1$，2，3，……，N），则系统的可靠度为

$$R_s(t)=\prod_{i=1}^{N}R_i(t) \tag{6-10}$$

图 6－56 所示为由 9 关键部件构成的串联接触网系统的可靠性框图。

接触线 → 承力索 → 吊弦 → 斜拉线 → 绝缘子 → 定位器 → 补偿装置 → 电联结 → 腕臂

图 6－56　接触网系统可靠性框图

根据上述研究结果，应用 Reliasoft 软件 BlockSim7 可根据不同子系统可靠度分布值的离散点拟合整个系统的可靠性分布，根据串联系统可靠性公式，可计算出系统各设备的可靠性参数，预测系统的使用寿命等有效信息。

1. 用 9 关键设备失效数据最优分布估计接触网系统运行可靠性（参见表 6－27）

模拟数：1 000，结束时间：5 700 天，种子值：2，表 6－28、表 6－29 同上。

表 6-27 9 关键设备最优分布下接触网系统运行可靠性

设备类别	最优分布	参数 1	参数 2	参数 3	平均可用性 $A_s(t)$	总停机时间/(天)	总运行时间/(天)
接触线	Weibull-3	β=0.220 4	α=4.08×10^8	δ=16.930	0.971 4	163	5 537
承力索	G-Gamma	μ=16.502	σ=5.176 4	λ=0.003	0.985 0	86	5 614
吊弦	G-Gamma	μ=4.368 0	σ=2.924 5	λ=−1.651	0.664 2	1 914	3 786
斜拉线	G-Gamma	μ=4.838 3	σ=4.176 5	λ=−3.562	0.860 7	794	4 906
绝缘子	Weibull-3	β=0.821 2	α=1 648.07	δ=3.048	0.840 2	911	4 789
定位器	Loglogistic	μ=9.826 8	σ=1.865 7	——	0.929 5	402	5 298
补偿装置	G-Gamma	μ=1.176 3	σ=0.799 3	λ=−50.00	0.921 1	450	5 250
电联结	G-Gamma	μ=3.687 9	σ=0.252 3	λ=−50.00	0.933 8	377	5 323
腕臂	Weibull-3	β=0.657 0	α=1.141 2×10^4	δ=1.315 0	0.946 9	303	5 397
系统	G-Gamma	μ=4.378 4	σ=2.037 4	λ=0.276 1	0.052 8	—	—

表 6-28 中总停机时间是指在模拟的 5 700 天中，各设备的总停机时间。总模拟时间－总停机时间＝总运行时间，表 6-28、表 6-29 同。

经计算，系统的平均寿命（平均无故障时间）为 373.056 2 天，即理想状况下如无人工误动作影响，接触网系统自运行之日起可 1 年内免维修，根据可靠度拟合离散点情况，结合目前精细化维修的情况，系统寿命根据可靠性要求而定，最长寿命可达 5 660 天，约 15 年。

2. 用 Weibull 二参数分布估计接触网系统运行可靠性（参见表 6-28）

经计算，系统的平均寿命（平均无故障时间）为 261.5 天，即理想状况下如无人工误动作影响，接触网系统自运行之日起可 261.5 天内免维修，根据可靠度拟合离散点情况，结合目前精细化维修的情况，系统寿命根据可靠性要求而定，最长寿命可达 4086.9 天，约 12 年。

表 6-28 Weibull-2 分布下接触网系统运行可靠性

设备类别	β	α	平均可用性 $A_s(t)$	总停机时/(天)	总运行时间/(天)
接触线	0.372 9	1.674 8×10^6	0.968 541 14	179.315 485 2	5 520.684 515
承力索	0.477 6	1.286 5×10^6	0.984 802 55	86.625 485 68	5 613.374 514
吊弦	0.466 9	1 151.278 7	0.652 639 89	1 979.952 654	3 720.047 346
斜拉线	0.424 8	1.294 8×10^4	0.859 639 44	800.055 186 1	4 899.944 814
绝缘子	0.855 1	1 583.566 9	0.849 790 34	856.195 056 1	4 843.804 944
定位器	0.513 2	2.541 1×10^4	0.930 285 54	397.372 422 6	5 302.627 577
补偿装置	0.426 0	6.535 4×10^4	0.929 840 38	399.909 861 2	5 300.090 139
电联结	0.756 2	4 320.496 1	0.921 478 06	447.575 039 3	5 252.424 961
腕臂	0.686 7	1.003 0×10^4	0.948 077 17	295.960 112 7	5 404.039 887
系统	0.577 0	164.839 2	0.045 094 51	—	—

3. 用 Lognormal 分布估计接触网系统运行可靠性

经计算，系统的平均寿命（平均无故障时间）为 315 天，即理想状况下如无人工误动作影响，接触网系统自运行之日起可 315 天内免维修，根据可靠度拟合离散点情况，结合目前精细化维修的情况，系统寿命根据可靠性要求而定，最长寿命可达 7035 天，约 19 年。

表 6 - 29　Lognormal 分布下接触网系统运行可靠性

设备类别	μ	σ	平均可用性 $A_s(t)$	总停机时间/(天)	总运行时间/(天)
接触线	16.046 6	5.909 8	0.968 817 99	233.865 106 5	7 266.134 893
承力索	16.529 7	5.193 7	0.985 599 8	108.001 499	7 391.998 501
吊弦	6.194 4	2.843 4	0.643 086 68	2 676.849 892	4 823.150 108
斜拉线	9.081 3	3.838 9	0.858 962 96	1 057.777 836	6 442.222 164
绝缘子	7.205 0	2.031 2	0.851 833 02	1 111.252 344	6 388.747 656
定位器	10.481 7	3.738 6	0.930 014 64	524.890 209 3	6 975.109 791
补偿装置	11.670 5	4.635 6	0.929 256 9	530.573 279 8	6 969.426 72
电联结	8.249 7	2.248 0	0.921 913 86	585.646 055 6	6 914.353 944
腕臂	9.918 4	3.156 5	0.948 823 45	383.824 117 8	7 116.175 882
系统	4.463 9	1.605 4	0.038 309 29	—	—

经过以上接触网系统可靠性参数的分析，可以看到根据目前接触网精细化维修的现状，系统的使用寿命为 12～19 年，其余可靠性分布参数值为制定预防性维修或状态维修提供理论依据，最终采用何种分布，需要和系统的设计寿命进行比较后，根据对可靠性的要求和运营管理单位的备件及人员配备情况进行下一步的研究。

6.5　本 章 小 结

本章主要讨论接触网系统及其设备的可靠性分布及参数拟合。首先，介绍了常用的元件可靠性分布的概率密度函数和各参数的含义，着重介绍用于 Weibull 分布参数拟合的平均秩次法，讨论不同样本数量和失效数量下对应的参数拟合和优度检验方法以及在 Weibull＋＋7.0 软件中的具体应用。

其次，概述高速铁路接触网系统的设备构造及作用，根据高速铁路接触网检修规程，将接触网系统分为 12 类、35 种设备，共 256 种缺陷（故障）和对应的维修措施。

最后，对京津高速铁路开通运营两年来接触网精细化维修记录进行统计、分析和整理，采用 VB 和 MySQL 数据库技术开发了《京津城际高速铁路接触网精细化维修辅助决策系统》，并就京津接触网关键设备及串联系统的可靠性分布进行参数拟合和优度检验，结果表明，Weibull - 2 分布明显优于 Lognormal 分布，更适合在系统可靠性分析时作为设备的统一分布。通过比较 Weibull 分布、G - Gamma 分布和 Lognormal 分布的系统可靠度计算结果估计京津接触网系统的使用寿命为 12～19 年。

第7章 接触网系统预防性维修计划的多目标优化

7.1 周期预防性维修活动下的接触网系统可靠性模型

7.1.1 设备动态可靠性及故障率模型

在6.3节对京津高速铁路接触网关键部件可靠性分布的研究中，可以看到，接触网关键设备的故障数据符合Weibull二参数模型，这里重点介绍Weibull分布的适用范围及概率密度等可靠性特征函数。

Weibull分布是一种在可靠性理论中适用较广的分布，能全面地描述浴盆失效率曲线的各个阶段，当Weibull分布中的参数不同时，可以变化为指数分布、锐利分布和正态分布。大量实践说明，凡是因为某一局部失效或故障所引起的全局机能停止运行的元件、器件、设备、系统等的寿命都服从Weibull分布[115]。目前，Weibull分布已经在寿命估计[116]、供电系统可靠性评估[117]、软件可靠性分析[118]等领域得到极广泛的应用。Weibull分布的失效概率密度函数 $f(t)$ 为：

$$f(t)=\frac{\beta}{\alpha}\left(\frac{t-\delta}{\alpha}\right)^{\beta-1}\mathrm{e}^{-\left(\frac{t-\delta}{\alpha}\right)^{\beta}},\quad \delta\leqslant t;\ \alpha,\ \beta>0 \tag{7-1}$$

式中，β 是形状参数，α 是尺度参数，δ 是位置参数。进而，得到累积失效概率密度函数 $F(t)$ 为

$$F(t)=1-\exp\left[-\left(\frac{t-\delta}{\alpha}\right)^{\beta}\right]\quad(\delta\leqslant t;\ \alpha,\ \beta>0) \tag{7-2}$$

可靠度函数 $R(t)$ 为

$$R(t)=\exp\left[-\left(\frac{t-\delta}{\alpha}\right)^{\beta}\right],\quad \delta\leqslant t;\ \alpha,\ \beta>0 \tag{7-3}$$

失效率函数为

$$\lambda(t)=\frac{\beta}{\alpha}\left(\frac{t-\delta}{\alpha}\right)^{\beta-1},\quad \delta\leqslant t;\ \alpha,\ \beta>0 \tag{7-4}$$

Weibull分布通常采用双参数形式（$\delta=0$ 时），可以通过调整尺度参数 α 和形状参数 β 产生多种曲线形状适应收集到的失效数据。

当形状参数 $\beta=1$ 时，Weibull分布成为指数分布；$\beta=2$ 时，称为锐利分布；当 $\beta<1$

时，故障率呈下降趋势；$\beta>1$ 时，故障率呈上升趋势；$\beta=3$ 时故障率分布接近于正态分布。当 β 和 δ 不变，调整尺度参数 α，可以改变可靠度函数的形状，比如，α 值增大时，$R(t)$ 的高度变小而宽度变大。

总结起来，Weibull 分布的物理背景较为明确且使用广泛，可以灵活设置参数使之适用于不同时间阶段的失效模型，解析表达式清晰简单，便于进行数学处理，在描述经典的故障率曲线方面有一定优势，是一种因参数设置灵活而适用领域较广的可靠性模型。因此，本章采用 Weibull 二参数分布建立接触网设备和系统可靠性模型。

接触网系统是一个复杂的多部件机械系统，很难对每一个元件设备都建立准确的可靠性模型，在 6.3 节的研究中，曾就接触网系统 9 关键部件的可靠性模型进行分析，本章从中选出 7 个对接触网系统可靠性影响最大的部件，用 Weibull 分布进行可靠性建模，其余部件由于发生故障可能性较小或对系统可靠性影响较小，全部用指数分布建模。这 7 个重要部件是：接触线、承力索、绝缘子、电联结、补偿器、定位器、吊弦。此外，支柱、基础等部件可靠性较高，一般不需维修，与其他对系统可靠性影响较小的部件一起，用指数分布建立一个统一的模型，要求其参数使此可靠度函数曲线极缓慢地下降，对系统可靠性影响较小，甚至可以忽略。

根据我国高速铁路检修的实际情况，各维管段工区均采取定期周期性预防维修（Preventive Maintenance，PM）策略，它是一种有计划的主动性维修活动，即在线路运行图的固定天窗点进行巡线作业的精细化维修，周期预防性维修是铁路供电系统中最普遍采用的维修活动策略，定期有规律地维修可以避免维修与列车运行的冲突。以京津客专为例，每日 0～4点为固定维修天窗点。

PM 贯穿了 RCM（以可靠性为中心的维修，详见 1.2.2 节）的思想，目的是降低系统或设备的失效概率、延长其有效寿命。对于 PM 来说，维修间隔 t_p 是最重要的决策变量，它决定了维修活动的不同策略。

针对各部件的周期预防性维修活动，在 6.3.2 节将接触网系统的定期维修方式分为（1a)、(1b）和（2P）三种类型；在维修工程实际中，另一类维修活动是修复性维修（Corrective Maintenance，CM)，修复性维修是一种无计划的被迫性维修，即抢修，在失效发生后进行，目的是将系统或设备从失效状态恢复至正常工作状态，这类维修有不可预见性，通常会耗费更大的财力和人力。

综上，由于接触网 7 重要部件的可靠度函数为

$$R(t)=R_0 \cdot \mathrm{e}^{-(t/\alpha)^\beta} \tag{7-5}$$

式中，$R(t)$ 为部件可靠度；R_0 为初始可靠度，不失一般性，令 $R_0=1$；α 为 Weibull 分布的尺度参数；β 为 Weibull 分布的形状参数。

在周期预防性维修下，各个部件在第 j 次维修阶段的可靠性通式为

$$R_j(t)=R_{0,j} \cdot R(t_p)=R_{0,j} \cdot \mathrm{e}^{-[(1/m_1(t-(j-1)t_p))/\alpha]^\beta} \tag{7-6}$$

式中，$R_j(\mathrm{t})$ 为第 j 个维修间隔内的部件可靠度；$R_{0,j}$ 为该部件在第 j 阶段的初始可靠度；m_1 为（1a）维修中外部原因导致失效的改善因子，如污物、连接等，$0<m_1\leqslant 1$；t_p 为周期预防性维修时间间隔。

如果在第 j 阶段的开始采用（1a）维修方式，则式（7-6）中 $R_{0,j}$ 表示为

$$R_{0,j}=R_{f,f-1}=R_{0,j-1}\cdot R(t_p) \tag{7-7}$$

式中，$R_{0,j-1}$为 $j-1$ 次维修阶段的初始可靠度；$R_{f,j-1}$为 $j-1$ 次维修阶段的最终可靠度。

如果在第 j 阶段的开始采用（1b）维修方式，则式（7-6）中的 $R_{0,j}$表示为

$$R_{0,j}=R_{f,j-1}+m_2(R_0-R_{f,j-1}) \tag{7-8}$$

式中，m_2——（1b）维修中内部原因导致失效的改善因子，如过载、短路等，$0\leqslant m_2\leqslant 1$。

如果在第 j 阶段的开始采用（2P）维修方式，则式（7-6）中 $R_{0,j}$表示为

$$R_{0,j}=R_0 \tag{7-9}$$

图 7-1 为在不修以及上述三种维修活动下系统的动态可靠性变化曲线图。

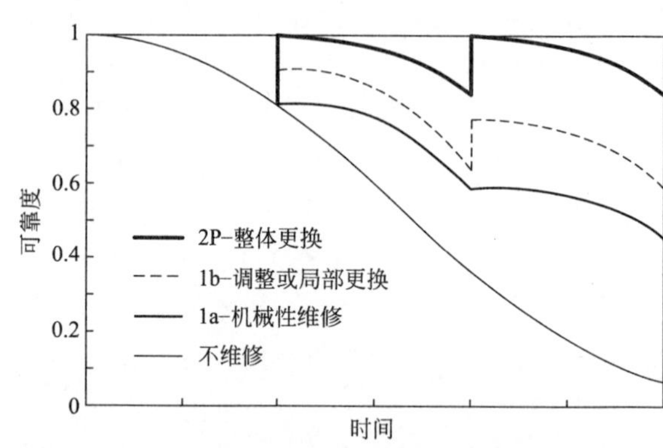

图 7-1 四种维修活动下系统的动态可靠性曲线图

可以看出，只要进行任何一种维修，系统可靠性都会在一定程度上得到提高，相应地，维修费用也会提高。

需要注意的是[66]，m_1 和 m_2 分别反映了外部、内部失效的改善程度，其数值的确定较为复杂。为便于研究，接触网系统中广泛采用两类维修类型的维修活动：一类是周期的检查维修，此时改善因子的取值为 $m_1=1.0$，$m_2=0$；另一类是设备失效后替换，改善因子的取值为 $m_1=1.0$，$m_2=1.0$。由于与维修间隔时间相比，维修所需时间可以忽略不计，固本模型中没有考虑维修所需时间。

各部件故障率函数表示为

$$h_{i,j}(t)=-\frac{1}{R_{i,j}(t)}\frac{dR_{i,j}(t)}{dt} \quad (j-1),\ t_p\leqslant t\leqslant jt_p \tag{7-10}$$

式中，$h_{i,j}(t)$为第 i 部件在第 j 阶段的故障率；$R_{i,j}(t)$为第 i 个部件在第 j 阶段的动态可靠性，由式（7-6）计算得到。

图 7-2 所示为在不修以及上述三种维修活动下系统的故障率变化曲线图。

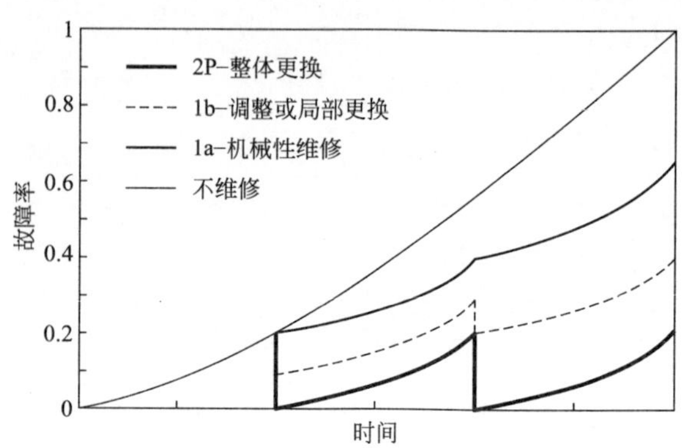

图 7-2 四种维修活动下系统的故障率变化曲线图

可以看到，系统进行了维修后，发生故障的概率会大大降低。系统在有效生命周期 T

内需要进行的抢修次数，对式（7－10）求积分可得。

7.1.2 系统动态可靠性与维修费用模型

对于接触网这样一个复杂的大系统，根据铁路接触网系统的特点提出两个前提条件。

（1）认为接触网系统内各个设备的可靠性在统计学上彼此独立。与很多系统不同，铁路接触网系统不能容忍在某些设备失效的情况继续运行，这样会较大程度地增加其他设备失效甚至整个系统加速失效的可能性。通常的做法是在发现某个设备进入损耗期或者刚刚失效就投入新设备的使用，因此，从整体上看，单个设备的失效对其他设备无显著影响，这一点符合统计学上彼此独立的条件。

（2）将接触网系统看作不可修复系统。接触网系统的特殊之处在于：铁路运输的不间断性要求供电系统仅存在两种状态，正常运行或完全失效（仅在意外事故发生时出现），而不存在像修复状态这样的中间状态。对牵引供电系统的可靠性分析的一个重要目的就是为预防性维修计划的优化提供依据，尽量确保整个系统始终处于正常运行状态，从这个角度分析，接触网系统不可修复。

根据串联不可修复系统的可靠度公式（2－39），接触网系统的动态可靠性表示为：

$$R_{sys}(t)=R_C(t)\prod_{i=1}^{7}\{1-\sigma_i[1-R_i(t)]\} \tag{7-11}$$

式中，$R_{sys}(t)$为系统动态可靠性，在使用寿命 T 内根据维修情况动态变化；$R_C(t)$为接触网系统剩余部分的可靠性，用指数分布来表示；σ_i为接触网系统由于第 i 个部件故障而导致系统故障的概率，$0<\sigma_i<1$。σ_i越大，表明该部件故障导致整个系统故障的概率越大。

由于每个部件在各个阶段可能采用不同的维修策略，故系统的可靠性是动态变化的，整个计算时间 T 内系统的平均可靠性可以对系统动态可靠性求积分后求均值得到，表示如下：

$$R_{avg}(t)=\frac{1}{T}\int_0^T R_{sys}(t)\mathrm{d}t \tag{7-12}$$

式（7－12）即本章的接触网系统可靠性模型。在求得各部件在某维修计划下的动态可靠性后，将接触网系统视为串联系统，根据式（7－11）求得系统在有效生命周期 T 内的动态可靠性。为将可靠度值量化以便数值处理，根据式（7－12）求取系统在 T 内的平均可靠度，将其作为优化目标之一“接触网系统可靠性”的度量。

维修费用是制订维修计划要考虑的一项重要指标，在很大程度上衡量着维修计划的好坏。本章将维修所需人工费用、材料费用及其他费用统一起来，根据维修方式的采用情况，建立维修费用模型。每个部件在每个阶段都有不维修、（1a）、（1b）和（2P）四种不同的维修策略供选择。不同部件采用不同的维修策略时，维修费用不同，这些费用称为主动维修费用；此外，若在第 j 次维修阶段中有部件发生故障，致使铁路不能正常运行，需要进行抢修（修复性维修），产生抢修费用，称为被动维修费用。所以系统的总维修费用 C_{sys} 表示如下：

$$C_{sys}=\sum_{i=1}^{7}\Big[\sum_{k=0}^{3}C_{i,k}\Big(\sum_{j=1}^{N_p}n_{i,j,k}\Big)\Big]+\sum_{i=1}^{7}\Big(C_{i,h}\sum_{j=1}^{N_p}\int_{(j-1)t_p}^{jt_p}h_{i,j}(t)\mathrm{d}t\Big) \tag{7-13}$$

式中，$C_{i,k}$为第 i 个部件采用第 k 种维修行为的费用，$k=0$，1，2，3；$n_{i,j,k}$为第 i 个部件是

否在第 j 阶段采用第 k 种维修策略，值为 1 或 0；N_P为 T 内的维修次数；$C_{i,h}$为第 i 个部件的抢修费用。

式（7－13）所示即本章的维修费用模型。此模型考虑了四种周期预防性维修方式和抢修在各个维修阶段的采用情况并综合各种维修方式的费用（包括人工费、材料费及其他所需费用），即将“总维修费用”作为优化目标之一。

至此，我们将高速铁路接触网维修计划的制订问题，转化成了一个多目标优化问题，即系统平均可靠性最高的同时，系统的总维修费用最低。

7.2 多目标优化方法和关键问题

7.2.1 多目标优化问题描述

在实际应用中，经常会遇到需要使多个目标在给定可行区域上尽可能最优的决策问题。如本章研究的问题，既要考虑接触网系统的可靠性，又要考虑维修成本。这些设计目标的改善可能相互抵触，如采用全部更换的设备维修方式会使接触网系统的可靠性极大提高，但需要巨大的维修费用，因而必须在这些设计目标之间进行平衡和折中。类似这种多个数值目标在给定区域上的最优化问题就是多目标优化问题（Multiobjective Optimization Problem，MOP）[119]。一般的 MOP 问题由 n 个决策变量、k 个目标函数和 m 个约束条件组成，目标函数、约束条件与决策变量之间是函数关系。多目标最优化问题一般表述如下。

一般的 MOP 问题由 n 个决策变量、k 个目标函数和 m 个约束条件组成，目标函数、约束条件与决策变量之间是函数关系。多目标最优化问题一般表述如式（7－14）所示。

$$\begin{aligned}&\text{Maximize} \quad y=f(x)=(f_1(x),\ f_2(x),\ \cdots,\ f_k(x))\\&\text{Subject to} \quad e(x)=(e_1(x),\ e_2(x),\ \cdots,\ e_m(x))\leqslant 0\end{aligned} \tag{7-14}$$

式中，$x=(x_1,\ x_2,\ \cdots,\ x_n)\in X$，$y=(y_1,\ y_2,\ \cdots,\ y_n)\in Y$。

式中，x 表示决策向量，y 表示目标向量，X 表示决策向量形成的决策空间，Y 表示目标向量形成的目标空间，约束条件 $e(x)\leqslant 0$ 确定决策向量的可行取值范围。

多目标优化问题的目标函数一般具有线性或非线性性质，本章所研究的问题就是一个典型的具有非线性性质的多目标优化问题。与单目标优化（Single－Objective Optimization Problem，SOP）[120,121]所得到的全局最优解不同，多目标优化问题的最优解实际上是一组均衡解，是多个非劣解组成的集合。在多目标中普遍采用的“最优解”的概念是 1881 年 Francis Ysidro Edgeworth 提出，1886 年著名的意大利经济学家和社会学家帕雷托推广的，目前广泛采用并被普遍接受的术语是 Pareto 最优。国内外已经提出了一些较为成熟的多目标优化算法[119,122]，并在很多行业得到广泛应用[123,124,125]。

为了正确求解 MOP 问题，必须对其解的概念进行定义。

可行解集 X_f，满足式（7－14）中的约束条件 $e(x)$ 的决策向量 x 的集合，即

$$X_f=\{x\in X\,|\,e(x)\leqslant 0\} \tag{7-15}$$

可行解集 X_f所对应的目标空间的表达式为

$$Y_f=f(X_f)=\{f(x)\mid x\in X_f\} \tag{7-16}$$

式（7-16）的物理意义是，对于可行解集 X_f 中所有的 x，经优化函数映射形成目标空间中的一个子空间，该子空间的决策向量均属于可行解集。

MOP问题的Pareto优胜关系定义：对于决策向量 a、b，

$a\succ b$（a 优于 b）：当且仅当 $f(a)>f(b)$；

$a\succeq b$（a 弱优于 b）：当且仅当 $f(a)\geqslant f(b)$；

$a\sim b$（a 无差别于 b）：当且仅当 $f(a)\ngeqslant f(b)\wedge f(a)\nleqslant f(b)$。

MOP问题的Pareto最优解的定义：对于集合 $A\subseteq X_f$，决策向量 $x\in X_f$ 为非劣的，当且仅当

$$\nexists a\in A\text{：}a\succ x \tag{7-17}$$

即当且仅当 x 在 X_f 中是非劣的，决策向量 x 才是Pareto最优解。

MOP问题中非劣集和前端的定义：假设 $A\subseteq X_f$，$p(A)$ 为 A 中非劣决策向量的集合

$$p(A)=\{a\in A\mid a\text{ 是 }A\text{ 中非劣向量}\} \tag{7-18}$$

则集合 $p(A)$ 称为 A 的非劣集，相应的目标向量函数 $f(p(A))$ 称为 A 的非劣前端。对于 X_f 来说，$X_p=p(X_f)$ 称为Pareto最优集，$Y_p=f(X_p)$ 称为Pareto最优前端[126]。

图7-3为两个目标的Pareto前端分布示例。

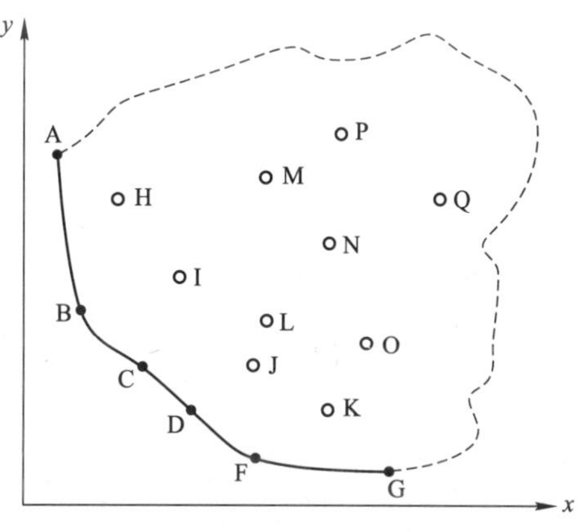

图7-3　两目标Pareto前端分布示例

综上，多目标优化（MOP）有如下特点。

（1）在大多数情况下，类似于单目标优化的最优解在多目标优化问题中是不存在的，只存在Pareto最优解。MOP问题的一个Pareto最优解只是可以接受的“不坏”的解，并且大多数MOP问题都具有很多个Pareto最优解。

（2）若一个MOP问题存在所谓的最优解，则该最优解必定是Pareto最优解。并且Pareto最优解也只能由这些最优解组成，不包含其他解。因此Pareto最优解是MOP问题合理的解集合。

（3）通常MOP问题的Pareto最优解是一个集合。对于实际问题的最后决策，还必须根据对实际问题的了解程度和决策人员的偏好，从Pareto最优解集合中挑选一个或部分解作为所求MOP问题的最优解。因此，求解MOP问题的首要步骤和关键是求出尽可能多的Pareto最优解。

7.2.2　多目标进化算法（MOEAs）及其关键理论

现实世界的很多问题通常是由多个目标组成的，这些目标可能是相互矛盾和冲突的。Van Veldhuizen等人从决策者的角度将MOEAs分为三类：①先验法，即决策者首先将多目标合成数量成本函数，然后由算法搜索最优解；②渐进法，决策者和算法是互动的，前者为后者提供目标的优先关系，而后者为前者提供新解以产生更好的目标间优先关系；③后验法，即算法为决策者提供一组候选解供决策者选择。而目前大多数MOEAs属于后

验法。典型的算法有VEGA、MOGA、PAES[127]、SPEA[128]、NSGA[129]、NSGA-Ⅱ[130]等。

进化算法（EAs）将实际问题模型转化为目标函数，使之与适应度相对应，采用随机化的定向搜索机制来求解实际问题，总结起来，一般的进化算法具有如下特征：

（1）个体是选择操作的主要目标；

（2）种群个体的改变主要由交叉和变异得到；

（3）变异的概率很小；

（4）种群的延续不是完全连续的，新种群是由旧种群历经选择、交叉和变异等过程得到；

（5）种群进化包含随机过程；

（6）种群进化是适应环境的结果，呈现多样性；

（7）进化过程中具体选择哪一个个体或种类是不确定的。

在多目标进化算法中，首先需要根据具体问题随机设定初始群体，一般需要对个体进行编码代替，如二进制数、实数等方式；其次根据预先设定的目标函数进行个体适应度的评价操作，进而进行群体中个体比较等操作；然后通过算法中的进化算子（如选择、交叉、变异等）从当前群体中产生新群体个体；最后当群体中的解满足要求或计算时间已到时终止进化。

研究多目标进化算法主要是为了使种群在计算过程中快速收敛，并且使可行解均匀分布在Pareto最优前端。本节主要阐述多目标进化算法的一些关键理论，包括初始种群生成、适应度分配、多样性保持、收敛性、约束处理等，在本章的研究中这些关键理论得到了具体的应用。

1. 初始群体生成

对初始群体规模的要求，单纯从群体多样性出发，群体规模应越大越好。但群体规模太大会导致计算时适应度评估次数增加，进化算子的操作次数也会增加，从而造成的计算量增大影响算法效能；同时群体中个体生存下来的选择概率大多采用和适应度成比例的方法，当群体中的个体非常多时，少量适应度很高的个体会被选择生存下来，但大多数个体会被淘汰，从而影响进化池内个体的比例，影响交叉操作，因此群体规模只能维持在一定数量。在本章的研究中发现，除了种群规模，种群密度对进化的影响也很大，如果大多数个体距离都很近，则说明种群密度较大，对种群多样性保持甚至算法收敛都不利。在很多多目标进化算法中，都采用随机生成初始种群的方法，容易使初始种群密度过大，多样性较差。为了避免这个问题，本章在计算时提出了混沌初始种群的方法，有效地避免了初始种群中种群密度过大的问题，效果也较为理想。

2. 适应度函数选择

为了保证多目标优化时朝着Pareto最优解集的方向搜索，同时避免未成熟收敛和获得均匀分布且范围最广的非劣解，需要对各代种群进行适应度赋值。MOEAs的适应度赋值策略分成三种：基于聚合的策略、基于准则的策略和基于Pareto优胜关系的策略。其示意图如图7-4所示。

基于聚合的策略建立在传统方法的基础上，组合多个目标成为一个单目标函数，以此来产生均衡曲面。另外，在优化过程中系统地调整该函数中的参数，以便找出一组非劣解而非单个的均衡解。图 7－4（a）中找到的最优解位于顶端的一定区域内。

基于准则的策略在选择阶段变换所选的优化目标。当每个个体选中后进行复制时，则根据不同的目标来决定是否被复制到进化池。图 7－4（b）中可以看到不同的目标对应不同的圆，圆内包含了相应的最优解。

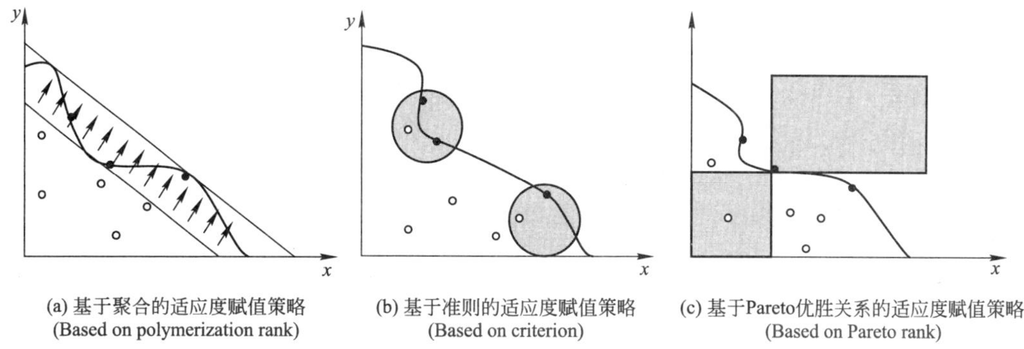

图 7－4 MOEAs 的三种适应度赋值策略

基于 Pareto 优胜关系的策略计算当代种群内每个个体的适应度，按照 Pareto 优胜关系对个体进行适应度赋值。很多 MOEAs 根据个体间的 Pareto 优胜关系，将个体的适应度函数值分成两个层次，即非劣解和劣解，并且前者的适应度值总是优于后者。图 7－4（c）中形成的最优解就是根据 Pareto 优胜关系得到的结果。当个体间没有 Pareto 优胜关系时，其他个体信息被用于确定适应度函数值，其中个体密度值是利用最多的信息，并采用不同的方法估计个体密度值。

在本章的研究中也是采用基于 Pareto 优胜关系的策略为个体适应度赋值，同时当遇到个体间没有 Pareto 优胜关系时，采用了个体的密度值方法区分个体优劣。具体来说，是将个体数目为 N 的种群按 Pareto 优胜关系分成不同的级别（Rank），并将此级别作为个体的适应度。同时为了保持种群多样性，把具有相同 Rank 的个体按照个体密度值从小到大判断其优劣情况。

3. 保持种群多样性

多目标优化的目的在于发现一组全局最优解或近似最优解，而非单个或少量几个解，即搜索出整个 Pareto 前端曲面上尽可能均匀分布的一组解，而不仅是某一个非劣解。然而在传统进化算法中，在 Pareto 最优集上执行多目标搜寻，希望找出尽可能均匀分布的解集，因而个体的多样性减少得很快，经常收敛至单个解而丢失多个其他非劣解，在进化过程中某些具有较高适应度的个体容易大量繁殖造成高选择压力，使得个别具有更高适应度的个体得不到发展的机会，甚至造成整个群体出现同样的情况。因而多目标进化算法的一个关键问题是必须在进化过程中采取一定措施避免进化结果收敛至单个解的情况。

大多数 MOEAs 在当代群体中维持多样性是在选择过程中结合了密度信息，即个体在其邻域范围内所占的密度越高，被选择至进化池的机会越小。在 MOEAs 中，为了提高种群的多样性，在算法过程中采用了小生境技术，使得在一个群体内可以形成在多目标问题上分布均匀的非劣最优解集。具有相同 Pareto 级别序号的解个体在实施共享适应度值后，还必须按解的目标向量之间的空间距离进行小生境规模调整。当两个解之间的空间距离小于某一个预定值σ_{share}时，相应解的小生境规模就必须进行调整，使进入进化池的个体能保持足够的距离，这样在配对过程中能产生更多不同的群体，从而提高种群的多样性。以适应度共享的方式惩罚某些距离很近的个体，即希望被选择。本章采用了小生境技术惩罚某些距离很近的个体，来提高种群的多样性，根据小生境技术提出了拥挤距离的概念，对每代种群的个体，都计算出了代表其密度信息的拥挤距离，以此衡量个体是否有更大机会被选择，在相同的适应度值相同的个体中，拥挤距离较大的个体有更高概率进入进化池。

4. 进化过程的收敛性

多目标与单目标优化问题解的本质区别是，前者通常是一组或多组连续解的集合，而后者是单个解或一组不连续的解。然而，要得到一个解的集合的近似比得到单个解的近似要难得多。关于SOP算法的收敛性虽已有很多研究，但目前求解多目标问题的进化算法缺乏与单目标进化算法相类似的收敛性理论，还未出现描述多目标进化算法代与代之间以动态行为为特征的理论分析结果，也就是说真正的多目标收敛性理论还有待于进一步研究[119]。在实际算法运行中，一般只能对多目标进化算法执行有限次数，算法的终止与收敛情况是以种群是否已取得足够完整且均匀排列的非劣最优解集为依据。

在本章的研究中，认为收敛的条件是在一定代数之间的Pareto前端分布基本一致，并取得的Pareto最优解集尽量完整均匀，有较大合理覆盖面。

7.3 可靠性—维修费用多目标维修计划的优化

7.3.1 优化问题描述

本节中，一个维修计划就是一个个体（决策变量），个体编码采用整形编码，在进行计算时将维修计划变为由“0，1”组成的二进制代码，这样便于操作。7个部件接触线、承力索、绝缘子、电联结、补偿器、定位器、吊弦在每个维修阶段都有四种维修方式可选：不修、机械性维护（1a）、调整或局部更换（1b）和整体更换（2P），分别用0、1、2、3代表，将7个部件在此阶段的代码组合起来（共7位），表示此阶段系统的维修方式；若在整个有效寿命期间内共维修各部件N_p次，则系统的一条维修计划编码长度为$7\times N_p$位，维修次数越多，维修计划的编码长度越长。对系统各部件故障率的积分，可得出各部件在T内的抢修次数。

从这条维修计划的编码所代表信息，根据7.1节建立的可靠性模型和维修费用模型，计算出各部件及系统的动态可靠性、系统平均可靠性以及维修费用。优化的目标是接触网系统平均可靠性和维修费用，很明显，这两个目标是相互制约的，进行多目标优化的目的就是求出Pareto最优前端，得到一系列使接触网系统可靠性足够高且维修费用足够低的维修计划供决策人员选择。

在使用NSGA－Ⅱ算法求解所研究的问题后发现，所得结果并不理想，具体表现为最终所得Pareto最优前端分布不完整（多样性不好），均匀性也较差。在多次试探和算法改进后，作者提出了一种新的多目标优化算法，称为混沌自适应进化算法（Chaos Self－adaptive

Evolution Algorithm，CSEA)，使用这种算法进行优化的结果非常理想。需要指出的是，这里提出的 CSEA 混沌自适应进化算法同样也适用于其他多目标优化问题的求解。

CSEA 主要在初代种群形成、选择个体进入进化池、遗传算子几个关键部分进行了具体的改进，对解决本章的问题非常有效，下节重点介绍。

7.3.2　混沌自适应进化算法

1. 混沌初始种群算子

NSGA-Ⅱ算法中的初代种群根据具体问题随机产生，研究表明，初始种群对优化效果影响较大，初始种群的多样性越好，优化效果就越好。在本章的优化问题中表现为初代 N 条维修计划（N 个个体)，在系统平均可靠性—维修费用平面上分布尽量广，个体之间距离尽量大。提出混沌初始种群方法（Chaotic Initial Population，CIP)，使用混沌 Logistic 模型[131]来生成初代种群，模型表示为

$$x_{k+1}=\lambda x_k(1-x_k) \tag{7-19}$$

式中，λ 是控制参数，当 $\lambda=4$ 时，x_k 在 [0，1] 之间处于完全混沌状态。在接触网系统的有效寿命 T 内，维修次数为 N_p，维修时间间隔为 t_p，因此一条维修计划的编码由 $7\times N_p$ 个整型字符串组成。给定种群规模为 N，首先随机生成 $7\times N_p$ 个 [0，1] 之间的小数 x_k，再用每个 x_k 作为种子，根据式（7-19）进行迭代计算产生 $N\times M$ 个小数；每 M 个中随机取出一个小数，按式（7-20）形成部件在各个维修阶段的维修方式代码，最后得到 N 条维修计划。

$$\text{Choice}=\begin{cases}0 & 0\leqslant x_k<0.25\\ 1 & 0.25\leqslant x_k<0.5\\ 2 & 0.5\leqslant x_k<0.75\\ 3 & 0.75\leqslant x_k<1.0\end{cases} \tag{7-20}$$

2. 非劣排序

在 NSGA-Ⅱ的选择过程中，对一个由 N 个个体组成的种群，计算每个个体对应的所有目标函数值，按照 Pareto 优胜的定义，比较每两个个体的优胜关系，得到 $x\succ y$（x 优于 y），$y\succ x$（y 优于 x），或 $x\sim y$（x 无差别于 y）。每个个体根据与其他所有个体的优胜关系来确定其在整个群体中的优胜级别。

例如，在本章研究的可靠性—维修费用双目标优化问题中，可靠性和维修费用两个目标在优化过程中是可靠性越高费用越低则解越优，因此如果没有其他个体比某一个费用更低，可靠性更高，那么这个个体就是所说的 Pareto 最优解，属于 Pareto 最前端（第一级）的个体。忽略所有第一级别的个体，继续上述操作，得到第二级别的个体。所有的无差别的个体之间属于相同的 Pareto 前端，且每个 Pareto 前端都有一个相同的 Rank 值，Rank 值表示的是每个个体在本代中的级别。具体表示如图 7-5 所示。

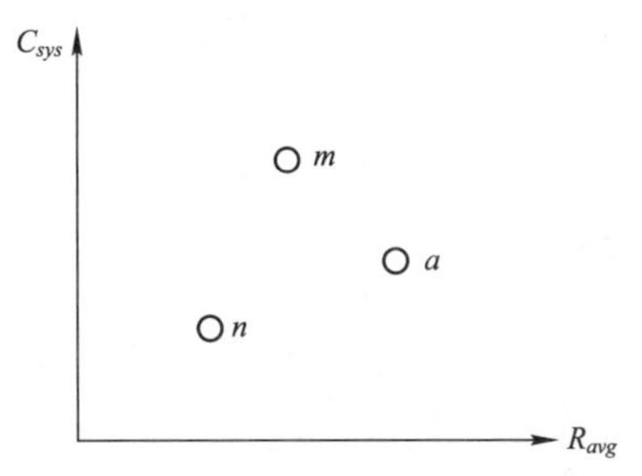

图 7-5　个体 Pareto 优胜关系比较示意图

由图可见，$a \succ m$，$a \succ n$，$m \sim n$。因此，个体 a 的级别为 1，m 和 n 的级别为 2。

对一个有 N 个个体的种群，将每两个个体的 Pareto 优胜关系保存在一个 $N \times N$ 的表格中，如表 7－1 所示。由于 Pareto 优胜比较关系具有可逆性，即若 a 优于 m，则 m 一定劣于 a，m 无差别于 n，则 n 也无差别于 m。若 $a \succ m$ 用“1”表示，$m \prec a$ 用“－1”表示，$m \sim n$ 用“0”表示，结果表格只需要计算上三角矩阵，下三角矩阵的元素可由上三角矩阵推得（“1”对应“－1”，“0”对应“0”，“－1”对应“1”）。

表 7－1　个体 Pareto 排序表

×	a	m	n
a	×	−1	−1
m	1	×	0
n	1	0	×

在锦标赛选择中，Rank 值越低的个体，适应度越高，有更高的可能性选择进入进化池。

3. 拥挤比较算子

在 NSGA－Ⅱ的选择过程中，应用了锦标赛算子选择优势个体进入进化池，Rank 越低的个体适应度越高，有更高的概率进入进化池参与进化。若有两个或两个以上个体级别相同，为了保持下一代种群的多样性，使用拥挤距离算子选择拥挤距离较大的个体进入进化池。多目标优化中个体 a 的拥挤距离定义为：与个体 a 相邻的两个个体之间的归一欧式距离。n 目标优化拥挤距离计算式如式（7－21）所示。

$$O_{ij} = \sqrt{\sum_{M=1}^{n}\left(\frac{O_{M(i)} - O_{M(j)}}{O_{M\max} - O_{M\min}}\right)^2} \tag{7-21}$$

其中，$O_{M(i)}$ 和 $O_{M(j)}$ 分别表示个体 i 和 j 的第 M 个目标值；$O_{M\max}$ 和 $O_{M\min}$ 分别表示当代种群中所有个体第 M 个目标的最大值和最小值。以两个目标优化为例，图 7－6 是二维空间的拥挤距离计算示意图。

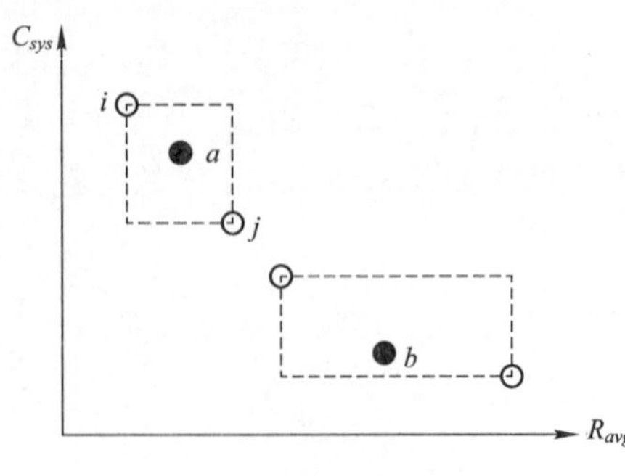

图 7－6　拥挤距离的定义

图中离个体 a 最近的两个个体分别为 i 和 j，个体 a 的拥挤距离 O_{ij} 为以个体 i 和 j 为对角组成的矩形对角线的归一化值，计算方法为

$$O_{ij} = \sqrt{\left(\frac{O_{C(i)} - O_{C(j)}}{O_{C\max} - O_{C\min}}\right)^2 + \left(\frac{O_{R(i)} - O_{R(j)}}{O_{R\max} - O_{R\min}}\right)^2} \tag{7-22}$$

式中，O_C 和 O_R 分别表示个体中目标为 C_{sys} 和 R_{avg} 的数值；$O_{\max}$ 和 $O_{\min}$ 分别表示当代种群中对应目标的最大和最小数值。归一化的目的是因为在多目标优化问题中，多个目标可能有不同的单位，无法对多个单位不同的目标进行直接比较，需要将多个目标值分别合理处理为无单位的归一值，便于个体间进行适应度赋值、比较等数值处理。

在锦标赛选择中，若个体 a 和 b 的 Rank 值相同，则比较二者的拥挤距离，选择拥挤距离较大、拥挤度低的个体，进入进化池。

种群中的个体非劣排序后，相同的Rank级个体之间进行拥挤比较算子的计算，得到相应的拥挤度，最终得到种群中所有个体的优胜关系排序。

4. 分组选择算法

目前较流行的多目标优化算法如PAES，NSGA和NSGA－Ⅱ中，都是采用锦标赛选择算法选择个体进入进化池。研究中发现，锦标赛选择算法给个体竞争带来了很大的压力，当代中处于劣势的个体很少有机会参与后面的进化，从而导致群体早熟并易使种群收敛于局部最优而非全局最优。本章提出使用分组选择算法代替锦标赛选择算法。父代个体首先进行非劣排序并计算出平均适应度[132]（即平均级别），级别低于平均级别的N_1个个体分到较好群组（优势组），其余N_2个个体分到较差群组（劣势组），其中$N_1+N_2=N$，N是种群规模。分组选择算法描述如下。

(1) 从规模为N_1优势组中选择$\mathrm{round}\{[k+(1-k)\times t/T]\times N\}$个个体进入进化池。其中，$k$为固定值$k\in(0.5, 1)$，表示的是从优势组中选择的最小比例，round表示四舍五入，T为总的进化代数，t为当前代数。如果$N_1<\mathrm{round}\{[k+(1-k)\times t/T]\times N\}$，先将$N_1$中所有的个体放入进化池，然后再从$N_1$中选择较好的$\mathrm{round}\{[k+(1-k)\times t/T]\times N\}-N_1$个个体进入进化池；如果$N_1\geqslant\mathrm{round}\{[k+(1-k)\times t/T]\times N\}$，则只从$N_1$中选择较好的$\mathrm{round}\{[k+(1-k)\times t/T]\times N\}$个个体进入进化池。

(2) 从规模为N_2劣势组中选择$N-\mathrm{round}\{[k+(1-k)\times t/T]\times N\}$个个体进入进化池。如果$N_2<N-\mathrm{round}\{[k+(1-k)\times t/T]\times N\}$，先从$N_2$中选择所有的个体进入进化池，然后再从$N_2$中选择较好的$N-\mathrm{round}\{[k+(1-k)\times t/T]\times N\}-N_2$个个体进入进化池。如果$N_2\geqslant N-\mathrm{round}\{[k+(1-k)\times t/T]\times N\}$，则只从$N_2$中选择较好的$N-\mathrm{round}\{[k+(1-k)\times t/T]\times N\}$个个体进入进化池。

这种分组选择算法的优点在于，在初代中，被选择进入进化池的劣势组中个体占了全部N个个体的$(1-k)\times 100\%$，之后各代中随着进化代数t的增加逐渐减少劣势个体参与进化的数量。这样，既保证了每一代中能有相当一部分劣势个体能参与进化，有利于提高种群的多样性，避免种群单一化，增强了算法的全局搜索能力；又使得随着进化代数的增加劣势个体参与进化数目逐渐减少，保证进化向最优方向搜索。

5. 自适应遗传算子

交叉概率P_c和变异概率P_m的设计是直接影响遗传算法行为和性能的关键所在，直接影响算法的收敛性。P_c越大，新个体产生的速度越快，然而，P_c越大时遗传模式被破坏的可能性也越大，使得具有高适应度的个体结构很快就会被破坏；但若P_c过小，会使算法的收敛过程缓慢，以至停滞不前。对于变异概率P_m，如果P_m过小，就不易产生新的个体结构；若P_m过大，那么遗传算法就变成了纯粹的随机搜索过程。

在传统的多目标进化算法中，遗传算子的交叉概率和变异概率是固定的，不利于进化。文献［133］提出了一种自适应遗传算法，受此启发，本章提出一种基于非劣排序Rank的自适应遗传算子，各代种群的交叉率和变异率根据当代种群及个体的Rank自适应变化，具体算子如下：

$$P_c=\begin{cases} P_{c1}-(P_{c1}-P_{c2})\dfrac{(R_{\mathrm{better}}-R_{\mathrm{avg}})}{(R_{\mathrm{best}}-R_{\mathrm{avg}})} & R_{\mathrm{better}}\leqslant R_{\mathrm{avg}} \\ P_{c1} & R_{\mathrm{better}}>R_{\mathrm{avg}} \end{cases} \tag{7-23}$$

$$P_m=\begin{cases}P_{m1}-(P_{m1}-P_{m2})\dfrac{(R_{best}-R_{ind})}{(R_{best}-R_{avg})} & R_{ind}\leqslant R_{avg}\\ P_{m1} & R_{ind}>R_{avg}\end{cases} \tag{7-24}$$

其中，R_{avg}是该代种群的平均 Rank 级别，R_{best}该代种群个体的最低 Rank 值（适应度最高个体 Rank），R_{better}为参与交叉的两个个体中的较小 Rank 值，R_{ind}为参与变异的个体 Rank。

自适应遗传算子使较低适应度个体以较大的概率进行交叉和变异，有利于深层次搜索全局最优；而较高适应度个体以较小的概率进行交叉和变异，有利于局部搜索和收敛，寻求更优解。

6. CSEA 算法流程

将混沌自适应进化算法（CSEA）描述如下：

(1) 混沌生成种群规模为 N 的初始群体 P_0，此时进化代数 $t=0$；

(2) 对第 t 代种群 P_t进行非劣排序和拥挤距离计算，确定个体之间的优胜关系；

(3) 采用分组选择算法，从 t 代种群中选择个体进入进化池，得到规模为 N 的待进化群体 Q_t；

(4) 采用自适应遗传进化法，对进化池中的群体 Q_t进行自适应交叉和变异操作；

(5) 将 P_t和 Q_t混合为一个整体 R_t，对这 $2N$ 个个体重新进行非劣排序和拥挤距离计算，确定前 N 个个体的优胜关系，选择进入一代种群 P_{t+1}中；

(6) 如果此时的进化代数 t 小于给定的最大进化代数 T，$t=t+1$，回到第（2）步。否则，进化结束。

混沌自适应算法（CSEA）进化过程如图 7-7 所示。

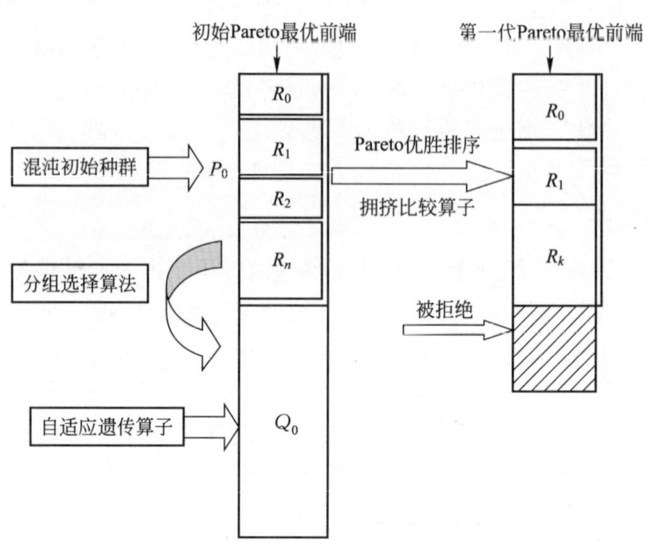

图 7-7　混沌自适应算法示意图

在 VC++ 6.0 平台上实现了混沌自适应算法（CSEA），流程图如图 7-8 所示。

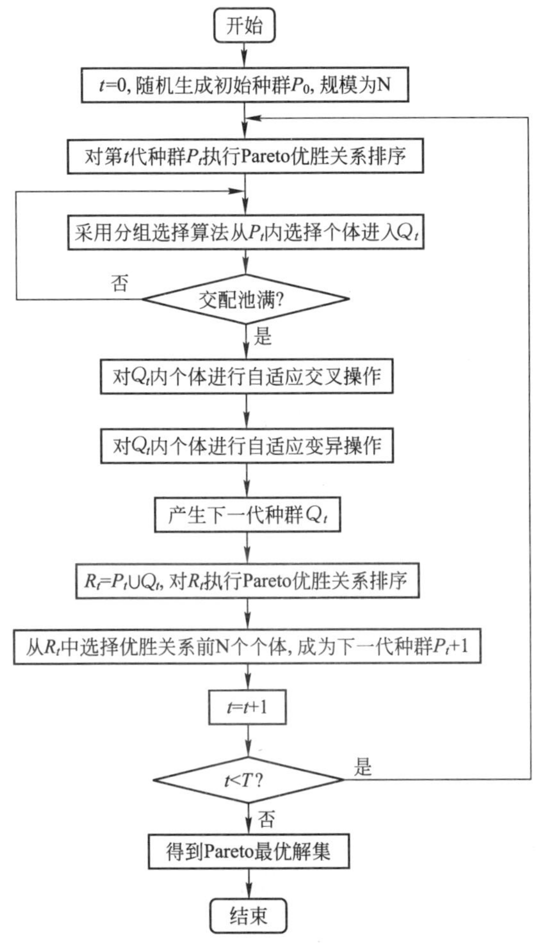

图 7-8　混沌自适应算法（CSEA）流程图

7.4　京津客运专线接触网周期性预防维修计划的多目标优化

以下在 6.3 节京津客运专线接触网关键部件的可靠性分布研究的基础上，讨论接触网系统周期性预防性维修计划的多目标优化问题，给定计算时间 T 代表接触网系统的生命周期，根据 6.3.4 节的研究结果，取接触网系统寿命 T 为 14 年（168 个月）；维修次数用 N_P表示，算例中取 $N_P=13$，16，18 次；维修间隔 t_p相应为 12，10，9 个月；种群规模 $N=120$，最大进化代数为 400。京津客专 7 关键部件可靠性及维修费用参数如表 7-2 所示。

表 7-2　各部件可靠性及维修费用参数表

部件	α	β	σ_i	C_1	C_2	C_3	C_h
接触线	$1.674\,8\times10^6$	0.372 9	1.0	10	100	1 000	300
承力索	$1.286\,5\times10^6$	0.477 6	1.0	10	100	1 000	300
绝缘子	1 583.566 9	0.855 1	1.0	20	60	500	120

续表

部件	α	β	σ_i	C_1	C_2	C_3	C_h
电联结	4 320.496 1	0.756 2	1.0	2	8	80	16
补偿装置	$6.535\ 4\times10^4$	0.426 0	1.0	5	30	120	50
定位器	$2.541\ 1\times10^4$	0.513 2	0.8	8	20	40	60
吊弦	1 151.278 7	0.466 9	0.5	50	100	300	450

α、β 为各部件可靠性模型 Weibull 分布中的尺度参数和形状参数，这部分数据来源于京津客运专线 2008 年 8 月至 2010 年 3 月运行缺陷数据 Weibull 二参数拟合结果；σ_i 为接触网系统由于第 i 个部件故障而导致故障的概率；C_1，C_2，C_3 和 C_h 分别是维修方式（1a)、(1b)、(2P）和抢修的费用，单位是千元，来源于中铁电气化局京津城际运营维管公司提供的维修费用经验数据。可靠性模型的修正参数 $m_1=m_2=0.8$；指数分布的可靠性为 $R_c(t)$，$\lambda_c=10^{-6}$。

7.4.1 与 NSGA－Ⅱ算法结果比较

CSEA 是在 NSGA－Ⅱ算法的基础上提出，为证明其有效性，分别用这两种算法对以上算例进行计算，优化目标为接触网系统在周期为 T 的预防性维修活动下的平均可靠性和维修费用。

1. 混沌初始种群增强多样性

本章使用混沌初始种群算子得到规模为 N 的初代种群（维修计划），目的在于增大群体的多样性，有利于进化朝着多个方向前进从而避免早熟。计算中证明，相比起随机生成初代，混沌初始种群的选取有助于 CSEA 从计算开始就具备典型的多样性。

如图 7－9 所示，横轴是在各条维修计划的接触网系统 14 年内的平均可靠性；纵轴是系统的维修费用，单位是百万元。比较两图，混沌初始种群算子所得的种群在可靠性—维修费用坐标面上分布更为广泛，局部分布密度较小，即个体间的差异更大，更好地保证了种群的多样性，这对于种群进化有很大作用，其优点在下面的计算结果得到了验证。

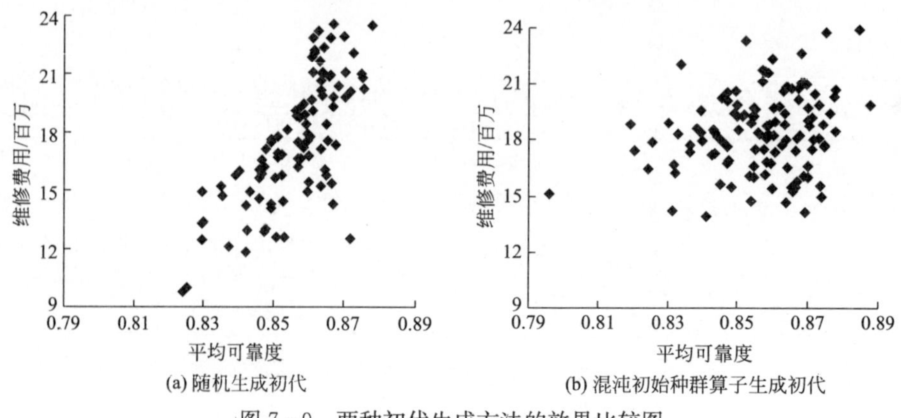

图 7－9 两种初代生成方法的效果比较图

2. 分组选择、自适应遗传算子的全局搜索

传统的 NSGA－Ⅱ在生成初代时一般是根据具体问题随机生成初代群体，在解决问题时尝试在其中使用混沌初始种群算子生成初代。图 7－10 为对 NSGA－Ⅱ算法使用混沌初始种群算子后计算到 300 代的优化结果效果比较图。

其中，图（a）是 NSGA-Ⅱ的优化结果；图（b）是在 NSGA-Ⅱ中使用了混沌初始种群算法的结果。可以看出，NSGA-Ⅱ算法使用了混沌初始种群算法后得到的优化结果在分布性上要更好，即可供决策人员选择的方案范围要更广。

图 7-11 给出了在 NSGA-Ⅱ中加入混沌初始种群和分组选择算法的 300 代优化结果；以及完整的 CSEA（对 NSGA-Ⅱ使用了混沌初始种群、分组选择、自适应遗传算子三方面改进）的 300 代优化结果。

比较图 7-10（b）和图 7-10（a），可以看出，使用分组选择算法代替锦标赛选择算法来选择进化个体后，优化结果的分布变得更广，在全局收敛性方面的优势得到了很大程度的体现，证明了分组选择算法在保持进化种群多样性方面起到了巨大的作用；比较图 7-11（b）和 7-11（a），可以看出，自适应遗传算子的采用更进一步地使 CSEA 算法在全局搜索、局部搜索以及增大种群多样性方面体现出优势。总结起来，通过 CSEA 算法，利用混沌初始种群，分组选择算法和自适应遗传算子后，能够在 Pareto 最优前端上找到更多的最优解，能够更有效地保持最优前端的多样性，图 7-12 给出了 CSEA 算法的进化过程，其中取维修次数 $N_P=18$ 次。

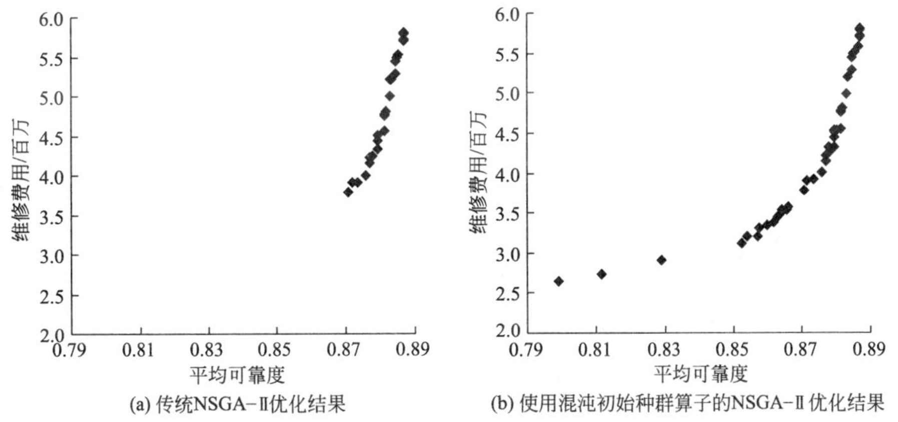

(a) 传统NSGA-Ⅱ优化结果 (b) 使用混沌初始种群算子的NSGA-Ⅱ优化结果

图 7-10 NSGA-Ⅱ算法使用不同初代生成方法的优化结果比较图

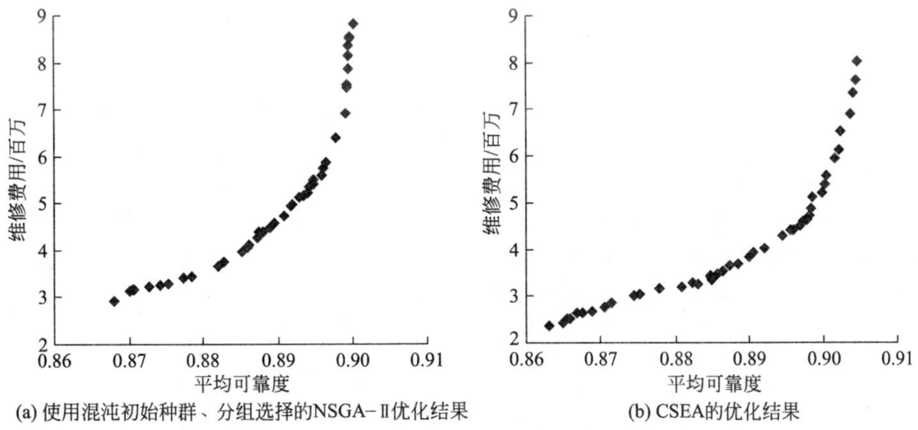

(a) 使用混沌初始种群、分组选择的NSGA-Ⅱ优化结果 (b) CSEA的优化结果

图 7-11 NSGA-Ⅱ加入混沌初始种群、分组选择后及 CSEA 的优化结果比较

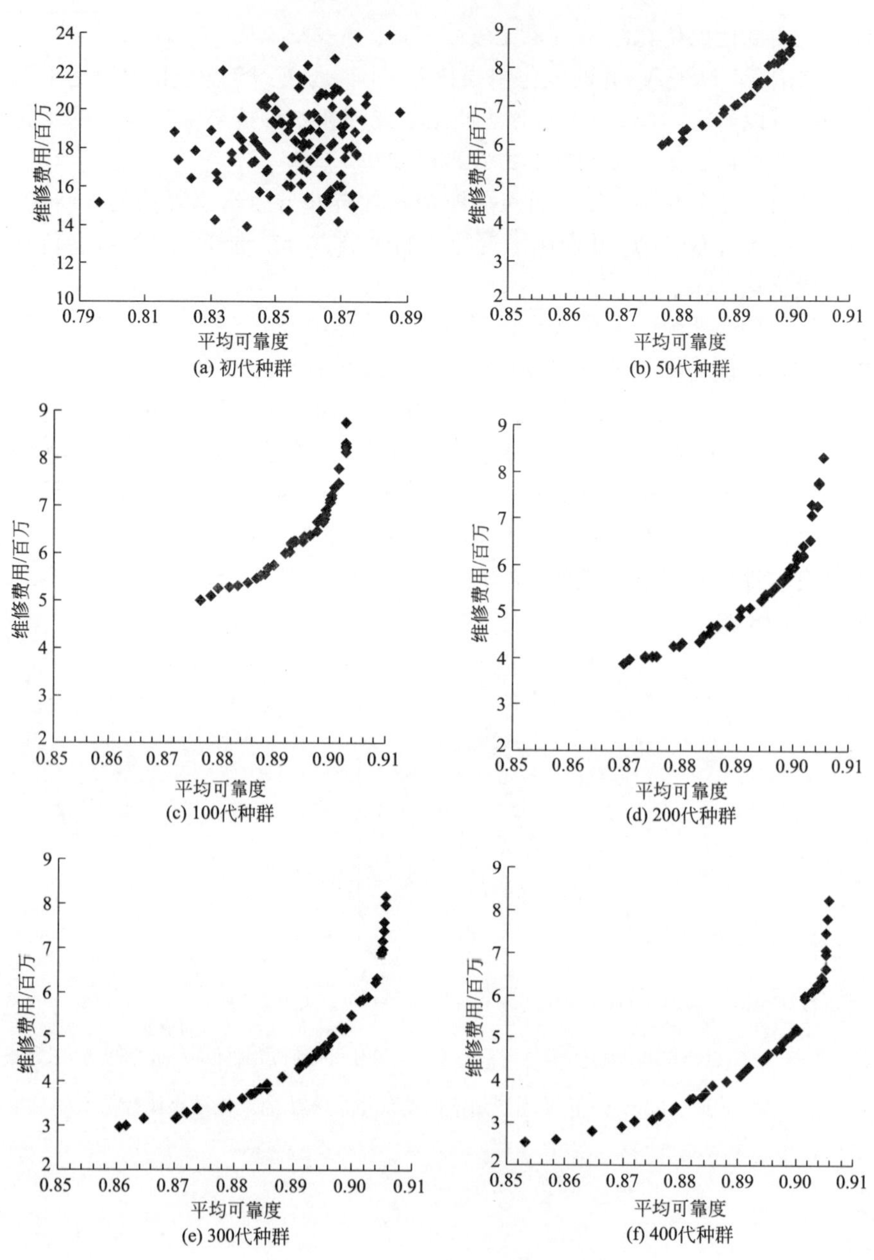

图 7-12　CSEA 算法的进化过程

比较图 7-12（a）和（b），在计算到第 50 代时，维修计划的可靠性已经得到迅速提高，而维修费用也大大降低（至少一半以上），从（c）、（d）、（e）、（f）几个图看出，最优 Pareto 前端的分布更加完整，种群多样性保持良好，系统可靠性不断提高，维修费用也在下降。经过多次计算，证明了混沌初始种群可以更好地保证初代种群的多样性；CSEA 能够使算法收敛于全局最优。同时可以看出，当维修次数 N_P 给定，系统的可靠性随着维修次数增加而增加，但存在局部极限值，如图（f）中为 0.900 237。当可靠性小于这个值，维修费用的增长比较缓慢，如果大于这个值，即使可靠性增加很小，维修费用都将急剧增加。计算结果较为合理。

7.4.2　优化结果及维修计划的选择

使用混沌自适应进化算法（CSEA）对 T 时间内接触网系统采用不同维修次数 N_P 的情况进行优化计算，分别取 $N_P=13$，16，18，即维修间隔分别为 12，10，9 个月，得到如图 7－13所示优化结果。

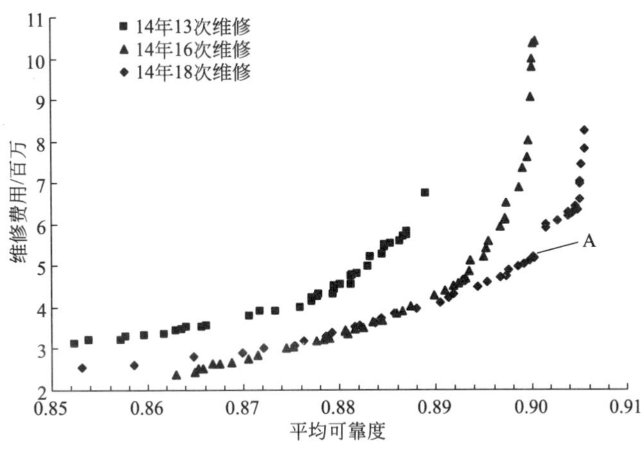

图 7－13　不同维修次数下的优化结果

由图可知，当维修次数增加，即维修间隔缩短，系统的可靠性和维修费用都有增加的趋势。当维修次数（或维修间隔）一定时，系统的可靠性随着维修成本的增加而增长，但系统可靠性的增长存在一个极限。由于最优前端上的所有维修计划在理论上都是最优的，实际中应采用哪一个维修计划取决于决策者的偏好。

例如，图 7－13 中的 A 点（代表一条维修计划）就是一个可能被选中的维修计划，因为在这个维修计划下接触网系统已具有足够高的可靠性和较低的维修费用。表 7－3 中列出了维修计划 A 代表的各个部件在每个阶段的维修方案，系统的平均可靠性是 0.900237，维修费用是 517.02 万元，维修次数为 18 次。表中的维修方案“0”代表在此维修阶段不进行设备维修；“1”代表对设备进行机械性维护——（1a）维修，只改变设备的外部工作环境，如绝缘子清洗、定位器紧固螺丝调紧、吊弦线夹紧固、补偿绳及轮滑注油等；“2”代表对设备进行调整或局部更换——（1b）维修，此类维修包含第一类维修，并且调整或局部更换一些简单部件，如定位器位置、承力索高度调整、少量吊弦更换、调整接触线面至标准状态、调整中心锚结绳高度、调整补偿装置大小轮补偿绳缠绕圈数等；“3”代表对设备进行整体更换——（2P）维修，即将此设备全部替换为新，此时，设备可靠度恢复到最高。

表 7－3　维修计划 A 下的各个部件在每个维修阶段的维修方案

部件	14 年 18 次维修方案
接触网	0 0 0 2 0 0 2 0 0 0 0 2 0 0 2 2 0 0
承力索	0 0 0 0 0 1 2 0 0 0 0 2 0 2 0 2 0 1
绝缘子	2 1 2 0 2 0 2 2 1 2 0 2 0 0 2 2 0 2
电联结	0 2 2 2 2 0 2 0 2 1 3 2 3 2 2 2 3 2
补偿器	2 2 3 3 2 2 0 2 0 2 2 2 2 2 2 2 0 2
定位器	0 0 2 3 2 2 3 0 3 2 3 0 3 3 0 0 3 0
吊弦	2 2 2 2 2 0 2 2 2 2 2 2 2 0 2 2 2 3

在维修计划 A 下，各个部件的动态可靠性和系统整体的动态可靠性如图 7 - 14 所示。

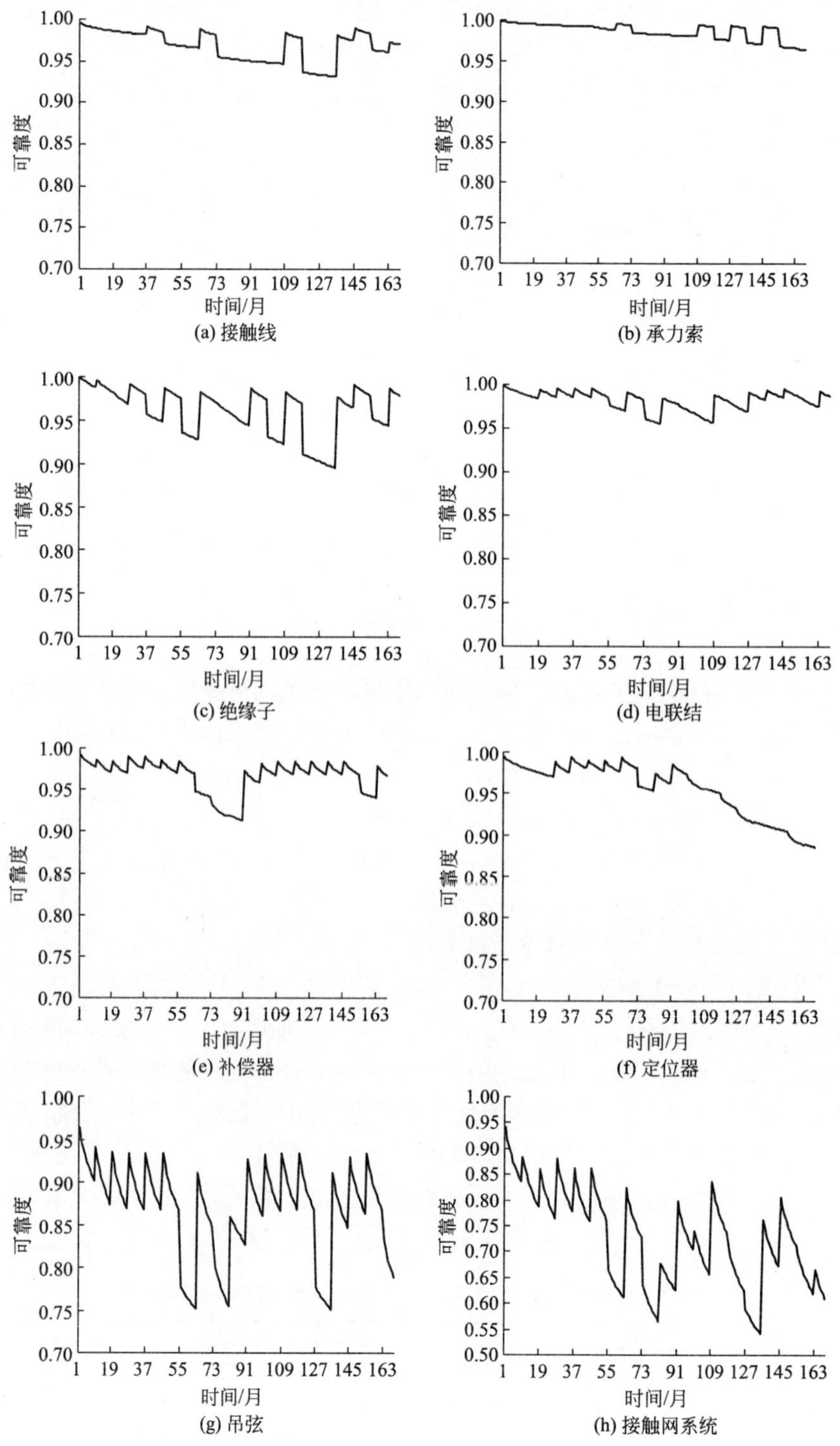

图 7 - 14 维修计划 A 下部件及系统的动态可靠性

由图可见，承力索只需很少的维修，接触线由于和受电弓高速摩擦，需要在重点部位

(高速运行、锚段关节、硬点较多区段）进行重点排查和调整；由于高速受电弓和接触网相互作用的剧烈震动，需及时调整补偿装置使得其可靠度保持高位，运行中保证弓网良好受流。定位器、吊弦是维修的重点，需要经常进行调整或者更换。事实上，与北京铁路局供电段联合开发的《京津城际接触网精细化维修辅助决策管理系统》的分析结果也表明，“吊弦断股或烧伤”和“工支吊弦与非支导线/承力索距离较近”故障分别占全部故障的 12%和 10%，从图 7-14 (h) 系统可靠度的变化趋势可以看到，整个接触网系统的可靠性主要取决于这两个部件的可靠性和维修方案。

需要说明的是，使用 CSEA 求得的所有的最优计划理论上都是最优的维修计划，每一条计划都在系统平均可靠性和维修费用之间取了最合理的折中，决策者选择不同的维修计划，系统及部件的可靠性和维修费用都会有所不同。

7.5 本章小结

基于第 6 章接触网系统的可靠性评估研究结论，将接触网系统看作由接触线、承力索、绝缘子、电联结、补偿器、定位器、吊弦 7 个部件组成的串联系统，在周期预防性维修方式：不修、机械性维护 (1a)、调整或局部更换 (1b)、整体更换 (2P) 及抢修下，结合以可靠性为中心的维修 RCM 和周期预防性维修的思想，采用 Weibull 二参数分布建立了接触网各设备的动态可靠性模型和寿命周期内系统的平均可靠性模型，根据维修方式选择情况建立费用模型。

以接触网系统周期性预防性维修计划优化问题为例介绍了多目标进化算法，指出求解 MOP 问题的首要步骤和关键是使算法更快地朝着 MOP 问题的全局 Pareto 最优前端收敛并尽可能多地求取 Pareto 最优解，并使它们均匀地分布于 Pareto 前端；说明在 MOP 问题的初始种群、适应度分配、多样性保持、收敛性几个关键问题上的处理方法。

对 NSGA-Ⅱ在初代种群形成、选择个体进入进化池、遗传算子 3 个关键部分进行改进，形成混沌自适应进化算法 (CSEA) 解决本章的可靠性—维修费用双目标优化问题。其中，混沌初始种群算子提高初代种群的多样性；分组选择策略保证各代中一定数量的劣势个体能参与进化；自适应遗传算子增加劣势个体的交叉和变异概率，避免算法早熟，增强算法的全局搜索能力。在 VC++ 6.0 平台上实现了该算法。

运用 CSEA 分析京津城际接触网系统周期性预防性维修计划优化问题。结果表明，CSEA 比 NSGA-Ⅱ的最优 Pareto 前端的分布更加完整，种群多样性保持良好，随着寿命周期内维修次数的增加，接触网系统平均可靠性不断提高，维修费用不断下降；但当维修次数（或维修间隔）一定时，系统的可靠性随着维修成本的增加而增长，但系统可靠性的增长存在一个极限，实际中应采用哪一个维修计划取决于决策者的偏好。CSEA 的有效性和优越性得以充分体现。

对于某个可能被采纳的维修计划，算例计算结果给出了其各部件的维修策略及部件和系统在寿命周期内的动态可靠性，分析得出京津城际接触网的重点维修部件和整个接触网系统的可靠性主要取决于定位器和吊弦的可靠性和维修方案这一重要结论。这对京津城际接触网下一步精细化维修策略的制定给出了理论依据，起到了重要的指导作用。

第 8 章 基于风险理论的牵引供电系统安全性评估

近年来，我国极端恶劣天气时有发生，电网和铁路运输都不断经历前所未有的巨大考验。2008 年 1—2 月南方大部罕见的低温雨雪冰冻灾害使得湖南、江西、贵州等地接连发生塌网断电。湖南 500 kV 履冰严重停电 14 条，220 kV 停电 8 条，受其影响京广铁路长沙供电段管内 16 个区间 173.4 km 信号自闭线、电力贯通线和部分配电所电源线损毁严重，车站及铁路信号供电全部中断。1 月 12 日起，贵州全省 500 kV 环形网被完全损坏，18 个县完全停电，24 日，贵州电网解裂为 5 个孤立电网运行，全省进入大面积二级停电事件应急状态，25 日，贵州黔南、黔东南电网发生大面积停电，造成沪昆线贵定、龙里、凯里、福泉等牵引变电所和配电室失去外部电源，铁路供电段共组织了 27 次非正常的越区供电，共计 89 km，创造了越区供电的记录。2011 年 7 月 10 日至 14 日，刚开通运营不到半个月的京沪高铁在 5 天时间内连续发生 4 次事故。更为严重的是，7 月 23 日 20 时 50 分，甬温线永嘉至温州南区间，供电系统遭雷击接触网停电，使 D3115 次列车失去动力临时停车，而后信号系统发生故障，D301 次列车与 D3115 次列车发生追尾，导致 6 节列车脱轨，事故造成 40 人遇难，192 人受伤，酿成了震惊中外的“7·23”甬温线特大铁路交通事故。这些事故的发生大多与供电系统故障有着直接或间接的联系。据铁道部运输局对全国 2 万 km 电气化铁路运营事故调查统计的结果表明，因牵引供电系统和电力供电系统发生故障导致铁路运营中断的事故，占所有事故的一半以上。高铁频繁发生的故障告诉我们，我们在高速铁路特别是供电系统的安全运营和安全保障技术方面还有很大的提升空间，高速铁路供电系统的风险评估和早期故障预警技术的研究不但非常必要，而且具有很强的紧迫性。

事实上近年来，牵引供电系统外部电源故障造成铁路运输供电中断的比例较高，恶劣天气影响下情况将更加恶化。天气因素对外部电源和接触网的供电影响都非常大。目前，针对牵引供电系统的风险评估还没有系统的理论、指标体系和方法，本章正是将实时天气数据融入外部电源供电和接触网的风险评估模型，用严重程度函数衡量电力供电线路和接触网线路的载荷风险，运用风险理论定量评估整个牵引供电系统的风险等级，在高速铁路供电系统风险评估理论的研究方面进行了有益的探索。本章结合实时数值天气预报，考虑大风、覆冰和雷击等极端恶劣天气，对牵引供电系统的供电风险进行实时动态评估，为铁路运营调度和维修部门提供了早期风险预警的理论依据。

8.1 恶劣天气下外部电源的供电风险评估

第 3 章中，从概率的角度研究了传统意义上设备和系统的供电可靠性指标，传统的可靠性评估中通常假定电力元件的故障率服从某种概率分布[52]，与天气无关。所得到的评估结论是静态的、概率统计意义下的可靠性，不适宜反映恶劣天气对系统带来的时变影响。而暴露在室外的长距离大容量输电线路极易遭受实时变化的大风、冰冻雨雪等恶劣天气影响，文献［134］指出，我国电网目前抵御灾害的设计标准偏低，难以保证极端恶劣气候条件下电网的安全、稳定、可靠供电。

本章主要研究恶劣天气条件下受冰风载荷的影响输电线路故障率的变化情况，在第 3 章基础上考虑恶劣天气条件和外部电源运行的不确定性和时变性，将可靠性指标转化成时变动态的风险指标来评估高速铁路的供电风险。

8.1.1 恶劣天气下电力系统输电线的故障率建模

为了满足实时评估需要，天气模型的建立需要很好地反应恶劣天气气象带的规模大小、强度、移动的速度、移动方向，所以对传统的考虑恶劣天气影响的理论模型作出改进。对于大风和冰冻雨雪天气，其影响范围可以建立成圆形，这与实际情况亦是比较相近的。在圆形影响范围内，越靠近中心，气象条件越恶劣，越靠近边缘，气象的恶劣程度越低。假设问题所讨论的气象中心坐标为（μ_x，μ_y），被研究线路坐标为（x_1，y_1），在线路上再任取一点（x_2，y_2）。如图 8－1 所示。

向量 $\boldsymbol{r}=((x_1, y_1), (\mu_x, \mu_y))$ 和 $\boldsymbol{u}=((x_1, y_1), (x_2, y_2))$ 之间的夹角为 α，取值范围在 0 到 π 之间，α 角度可以从 $\cos\alpha=\boldsymbol{ru}/(|\boldsymbol{r}||\boldsymbol{u}|)$ 中求得，当 $\alpha\leqslant\pi/2$ 的时候，$\beta=\pi/2-\alpha$；当 $\alpha>\pi/2$ 时，$\beta=\alpha-\pi/2$。风力是垂直于向量 $\boldsymbol{r}$ 的。针对不同的线路区段，β 是时变函数：$w(t)=\sin\beta(t)$。风平行吹向输电线路的时候，$\beta=0$，则 $w(t)=0$，不会对线路造成损伤，相反的，有可能减小积冰厚度。

下面研究气象模型的运动方程，假设气象中心的起始坐标为（$\mu_x(0)$，$\mu_y(0)$），时刻 t 气象中心的位置在（$\mu_x(t)$，$\mu_y(t)$），如图 8－2 所示，那么气象中心的运动方程可以表示为

$$\begin{cases}\mu_x(t)=\mu_x(0)+V_h\cos(\theta)t\\ \mu_y(t)=\mu_y(0)+V_h\sin(\theta)t\end{cases} \tag{8-1}$$

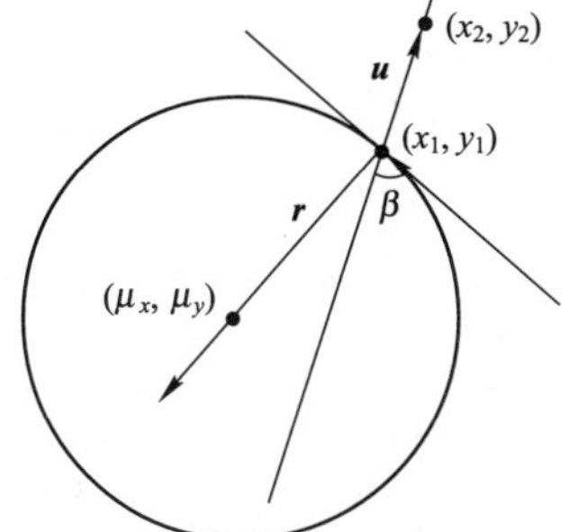

图 8－1　恶劣运动天气影响示意图

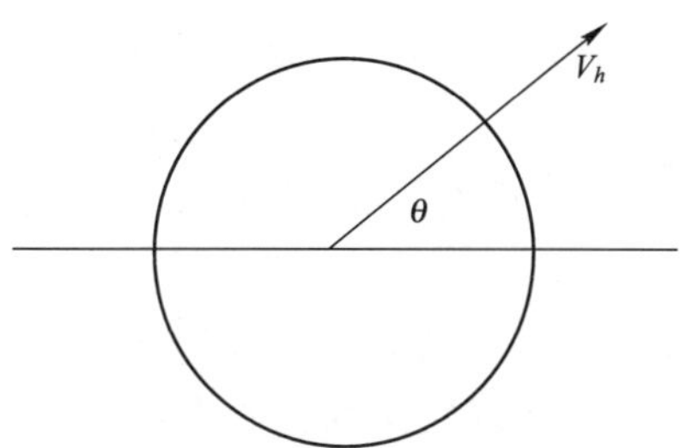

图 8－2　恶劣天气运动示意图

式中，V_h 为气象中心的绝对移动速度。θ 为运动方向和坐标轴之间的夹角。

在考虑恶劣天气对输电线路的影响时，使用载荷值来描述输电线路所承受的不利影响。对于长输电线路，通常将其分段，每一段选取一个影响点，考察该点所受大风或冰冻雨雪灾害天气的影响。

1. 大风天气建模

关于风力载荷，对于某段输电线路（x_j，y_j），其所承受的载荷与气候强度及距离气候中心的距离相关。当气象中心以 $\mu_1(t)$，$\mu_2(t)$ 函数运动时，该段线路所受风载荷函数[135]表示为

$$L_W(x_j,y_j,t)=w(t)\cdot A_1\exp\left\{-\frac{1}{2}\left[\left(\frac{x_j-\mu_1(t)}{\sigma_x}\right)^2+\left(\frac{y_j-\mu_2(t)}{\sigma_y}\right)^2\right]\right\}$$
$$-w(t)\cdot A_2\exp\left\{-\frac{1}{2}\left[\left(\frac{x_j-\mu_1(t)}{\sigma_x}\right)^2+\left(\frac{y_j-\mu_2(t)}{\sigma_y}\right)^2\right]\right\} \qquad (8-2)$$

式中，风向与输电线的夹角为 β，$w(t)=\sin\beta(t)$，表示风从不同方向吹向线路时的严重情况。A_1 为风速峰值；A_2 是风速修正值，通常情况下大风气象条件的气象中心风力为 0，而非最大，A_2 主要来反映这一真实情况。σ_x，σ_y 为载荷影响因子，与气象中心的影响半径有关。风力载荷单位为 m/s。

2. 冰冻雨雪天气建模

对于冰载荷，即积冰厚度，某段线路某时刻的积冰厚度[135]可用如下积分表达：

$$L_I(x_j,y_j,t)=\int_0^t A_3\exp\left\{-\frac{1}{2}\left[\left(\frac{x_j-\mu_1(u)}{\sigma_x}\right)^2+\left(\frac{y_j-\mu_2(u)}{\sigma_y}\right)^2\right]\right\}\mathrm{d}u \qquad (8-3)$$

式中，A_3 为积冰增长速度，积冰增长率通常和多个气候因子相关，伴随着积冰条件的不同，会有不同的数值。冰力载荷单位为 mm。

冰载荷并不会随着时间一直增长，存在一个停止时间 t^{stop}，定义为 $L_I(t)=L_I(t+\varepsilon)$，且 ε 存在，即冰载荷厚度不再变化。在这里需要注意的是，积冰增长速度和单位时间的降雪量是两个完全不同的概念。

下一小节将采用载荷值与设计值比较的方式确定元件故障率，上述两种模型已经能很好地完成这一任务。

3. 恶劣天气对故障率的影响

本节采用如下方法进行不同时间段内电网元件故障率的计算[136]：将计算得到载荷值与输电线风力设计载荷 dl_W 和覆冰设计载荷 dl_I 比较，超过设计值越多，设备的故障率越大。

文献［101］给出了电力输电架空线路故障率随风力载荷比和覆冰载荷比变化的参考值，见表 8－1。

通常情况下，一条输电线路会处在不同严重程度的恶劣天气中。具体计算时，先将整条线路分段，求出每段线路的载荷值并换算成相应的故障率，然后利用串并联原理进行等效，求出整条线路的故障率，再进行风险指标的计算。

表 8-1 风冰载荷与故障率对应关系

L_W	λ_W（次/h，每公里）	L_I	λ_I（次/h，每公里）
$L_W \leqslant 0.9dl_W$	1.2×10^{-5}	$L_I \leqslant 0.3dl_I$	0
$0.9dl_W \leqslant L_W \leqslant 1dl_W$	0.8×10^{-5}	$0.3dl_I \leqslant L_I \leqslant 0.5dl_I$	4.5×10^{-3}
$1dl_W \leqslant L_W \leqslant 1.1dl_W$	0.048	$0.5dl_I \leqslant L_I \leqslant 0.9dl_I$	0.010
$1.1dl_W \leqslant L_W \leqslant 1.2dl_W$	0.060	$0.9dl_I \leqslant L_I \leqslant 1dl_I$	0.015
$1.2dl_W \leqslant L_W \leqslant 1.5dl_W$	0.028	$1dl_I \leqslant L_I \leqslant 1.1dl_I$	0.033
$1.5dl_W \leqslant L_W$	0.04	$1.1dl_I \leqslant L_I \leqslant 1.2dl_I$	0.050
		$1.2dl_I \leqslant L_I \leqslant 1.5dl_I$	0.071
		$1.5dl_I \leqslant L_I$	0.1

8.1.2 恶劣天气下外部电源供电风险指标

风险评估一方面要辨识失效事件发生的可能性和概率，另一方面还要辨识这些事件后果的严重程度。据此，将风险定义为事件发生的概率及后果的函数：

$$\text{Risk}=f(p,\ c) \tag{8-4}$$

式中，p 表示事件发生概率，c 表示事件发生后果。

在第 3 章外部电源对牵引供电系统供电可靠性研究的基础上，牵引供电系统外部电源的供电风险指标定义如下。

1. 牵引负荷削减概率风险（Loss of Load Probability Risk，LOLPR）

$$\text{LOLPR}=\sum_{i=1}^{NL}\Big(\sum_{s\in F_i}\frac{n(s)}{N_i}\Big)\frac{T_i}{T} \tag{8-5}$$

式中，$n(s)$ 是抽样中 s 状态的发生数；N_i是抽样总数；F_i 是多级负荷模型[137]中第 i 级负荷水平下系统失效状态的集合；T_i 是第 i 级负荷水平的持续时间（h），T 是负荷曲线的总时间（h），NL 是负荷水平分级数，牵引负荷为一级负荷。

2. 牵引负荷削减频率风险（Loss of Load Frequency Risk，LOLFR）（次/年）

$$\text{LOLFR}=\sum_{i=1}^{NL}\sum_{s\in F_i}\Big(\frac{n(s)}{N_i}\sum_{j=1}^{m(s)}\lambda_j\Big)\frac{T_i}{T} \tag{8-6}$$

式中 λ_j为元件离开状态 s 的第 j 个增量转移率，含义同公式（3-8）中的 $\lambda_x^m(k)$；$m(s)$ 是离开状态 s 的转移率总数。

3. 牵引负荷电力不足风险（Expected Demand Not Supplied Risk，EDNSR）（MW/年）

$$\text{EDNSR}=\sum_{i=1}^{NL}\Big(\sum_{s\in F_i}\frac{n(s)C(s)}{N_i}\Big) \tag{8-7}$$

式中，$C(s)$ 是状态 s 下牵引负荷的削减量。

4. 牵引负荷电量不足风险（Expected Energy Not Supplied Risk，EENSR）（MWh/年）

$$\text{EENSR}=\sum_{i=1}^{NL}\Big(\sum_{s\in F_i}\frac{n(s)C(s)\cdot T_s}{N_i}\Big) \tag{8-8}$$

式中，T_s是系统状态 s 的持续时间。

5. 铁路失通过能力概率风险（Railway Loss of Carrying Capacity Probability Risk，RLCCR）

在考虑整条铁路的牵引变电站均具备越区供电的能力下，计算表达式如下：

$$\text{RLCCR}\approx 2\sum_{m=1}^{N-1}\text{LOLFR}^m\text{LOLFR}^{m+1}-\text{LOLFR}^1\text{LOLFR}^2-\text{LOLFR}^{N-1}\text{LOLFR}^{N+1}$$

$$
=2\sum_{m=1}^{N-1}\sum_{i=1}^{NL}\frac{\sum_{s=F_i}n^m(s)\cdot\sum_{s=F_i}n^{m+1}(s)}{N_i^2}\left(\frac{T_i}{T}\right)^2-\sum_{i=1}^{NL}\frac{\sum_{s=F_i}n^1(s)\cdot\sum_{s=F_i}n^2(s)-\sum_{s=F_i}n^{N-1}(s)\cdot\sum_{s=F_i}n^N(s)}{N_i^2}\left(\frac{T_i}{T}\right)^2 \quad (8-9)
$$

式中，假设共有 N 个牵引变电站，m 指第 m 个牵引变电站。

8.1.3 评估方法及过程

在恶劣天气影响下，高速铁路牵引供电系统外部电源发生故障的可能性变大，当某个或多个元件失效后，会形成不同的系统运行状态，那么对于新的运行状态就需要重新计算其线路潮流和母线电压，以识别是否在该系统状态中存在电力系统运行所禁止的问题。

当某一状态引起系统问题时，采用就近启发式削负荷策略（见 3.2 节）进行负荷调整。按照故障节点的就近域，逐步增加维度来削减负荷。在每一维度上先削减三级、二级负荷，如运行条件仍不能满足，最后削减一级负荷的牵引变电站，即确保牵引负荷最后削减。调整后，使用交流潮流模型检验系统潮流是否收敛，是否存在节点电压越限和线路功率越限。

评估方法同 3.2 节，评估流程如图 8－3 所示。

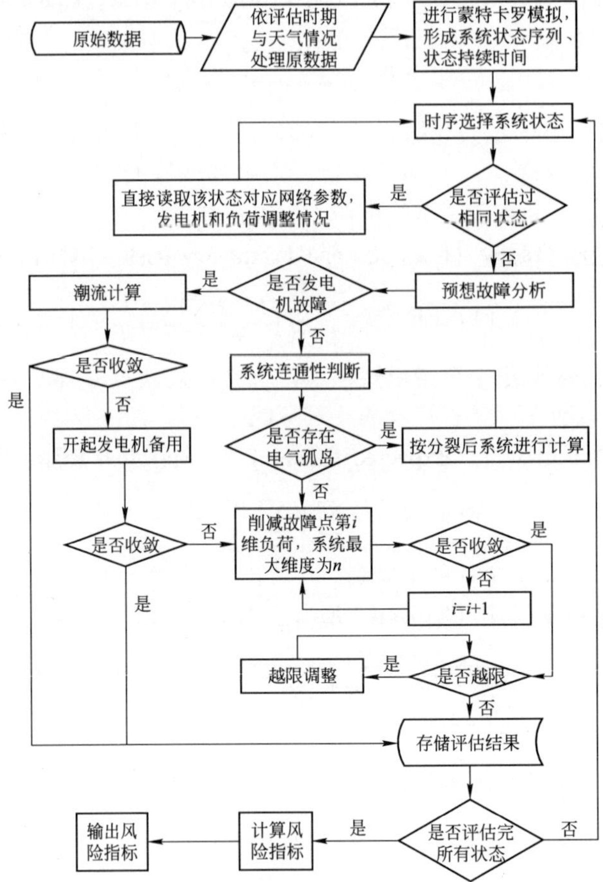

图 8－3　外部电源风险评估流程图

8.2 考虑大风覆冰和雷击的接触网系统运行风险评估

第 6 章曾详细介绍接触网的受流过程，接触网是沿铁路上空架设的一条特殊形式的输电线路，动车组运行时，受电弓顶部的滑板紧贴接触线摩擦滑行取得电能，为了保证滑板的良好受流，接触悬挂应达到下列要求：弹性尽量均匀、接触线坡度适当、良好的稳定性。具体来说，接触悬挂在受电弓压力及恶劣天气影响下应有良好的稳定性，即动车组通过受电弓取流时，接触线不发生剧烈的上下振动。

图 8-4　弓网受流示意图

气象条件对接触网工作质量及技术状态有较大的影响，故气象条件是接触网设计计算时最原始、最重要的基础资料，同时也是设计计算时的基本依据。所选择气象条件的数值恰当与否，对于接触网设计质量至关重要。如果把百年不遇的不利情况作为依据，在设计时，必然会缩小跨距，加强设备结构强度，提高安全系数，结果造成物资浪费，造价过高。所以，设计条件不可能满足所有的要求，这需要在接触网运行后根据其所处状态进行风险评估和管理。

风对接触网来说，不仅增加线索和支柱的机械负荷，而且在各种风速和不同风向风的作用下，会使接触线产生摆动、振动。在偶然遇到的大风作用下，甚至会使支柱折断、接触线断线等。在冬季，接触线及承力索上有时会出现积冰和积雪，称为覆冰。覆冰会增加接触线和承力索的机械负荷，使接触线技术状态改变，以致影响电力机车的正常运行。温度变化会使接触线和承力索的张力、驰度发生变化，有张力补偿时，会产生腕臂偏斜等。雷击会造成牵引变电所及由其供电的接触网停电，位于该区域的动车组因失去外部动力而停驶。

本节在 8.1 节天气运动模型的基础上进一步分析接触网风偏、冰载荷及合成负载的计算方法，采用严重程度函数来描述大风和覆冰的风险，用雷击跳闸率和行车密度来表征接触网的雷击风险，从而综合评估各种恶劣天气下接触网的运行风险。

8.2.1 接触网系统风偏值的建模与计算

当风作用在接触线上时，接触线产生顺风方向偏移。该偏移值在计算出风压后，在工程上可由经验公式确定[138]。

《高速铁路设计规范（试行）》11.5.3 节规定接触网悬挂类型采用链型悬挂。链形悬挂中，风同时作用在承力索和接触线上，由于接触线和承力索通过吊弦的相互作用，接触线风偏移的状态比较复杂，要精确地计算动态下的相互作用力非常困难。我国科研人员通过实践经验的总结和深入的调查分析，提出了较为科学的链形悬挂接触线受风偏移当量理论计算公式。使用当量理论计算，对于链形悬挂，当量系数 m 一般取 0.85～0.90。

1. 在直线区段上，接触线以等之子布置时

$$b_{wd}=\frac{mf_{w0}l^2}{8f_c}+\frac{2z^2f_c}{mf_{w0}l^2}+\gamma \tag{8-10}$$

2. 在曲线区段上

$$b_{wd}=\frac{l^2}{8}\left(\frac{mf_{w0}}{f_c}+\frac{1}{r}\right)-z+\gamma \tag{8-11}$$

3. 在缓和曲线上

$$b_{wd}=\frac{l^2}{8}\left(\frac{mf_{w0}}{f_c}+\frac{l_x}{rl_0}\right)-\frac{z_1+z_2}{2}+\gamma \tag{8-12}$$

式中，b_{wd}为风偏值（mm）；f_c为接触线张力（kN）；l 为跨距（m）；z 为“之”字值（m）；γ 为支柱挠度，表示代表支柱在接触线水平面内受风时的位移（m）；l_0 为缓和曲线长度（m）；l_x为直缓点至观测点的长度（m）；r 为曲线半径（m）。

f_{w0}为接触线单位长度风载荷（kN/m），

$$f_{w0}=0.615a_wKdv^2\sin\theta \tag{8-13}$$

式中，a_w为风速不均匀系数，表征风速的波动；K 为风载荷体型系数，取决于元件材质和形状；d 为线索的直径，对于接触线取平均直径（mm）；v 为设计计算风速（m/s），θ 为风向与线路方向的夹角。a_w和 K 的取值见文献［153］，此处不再赘述。

为了根据天气预报预测某一天气情况下不同时段内接触网的风偏，将大电网的天气运动模型引入，即在计算接触网风载荷 f_{w0}时，风速 v 用公式（8－2）计算。

8.2.2 接触网系统冰载荷的建模与计算

影响覆冰的因素很多，其中气象条件、地形和地理条件是重要因素。根据气象部门提供的资料，在入冬或入春时容易出现覆冰现象，此时气温在 0 ℃上下变化，空气湿度比较大。导线表面覆冰必须满足三个条件：一是大气中必须有足够的过冷却水滴；二是过冷却水滴被导线表面捕获；三是过冷却水滴立即冻结或在离开导线表面前结冰。

接触线与受电弓相互有摩擦，即受电弓滑板的刮冰作用以及接触网在运行过程中有应用除冰技术，且接触网在列车密集通过时流有大电流，接触线受热不易结冰，因此接触导线的工作条件要比其他导线较为有利。在计算时，人们通常把接触线上的覆冰厚度折算为承力索覆冰厚度的一半[107]。

承力索的覆冰可认为是圆筒形，且全线覆冰厚度相等，接触线类似。冰负载乃是冰的重力负载，其方向垂直，按其作用时间，属瞬时负载，表示为

$$g_{b0}=0.25\times10^{-9}\rho_Ig_H\pi[(d+2TH)^2-d^2]=\pi\rho_I\cdot TH(TH+d)g_H\times10^{-9} \tag{8-14}$$

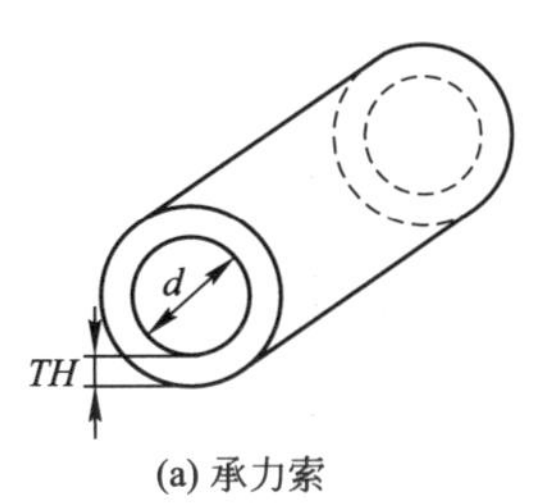

(a) 承力索

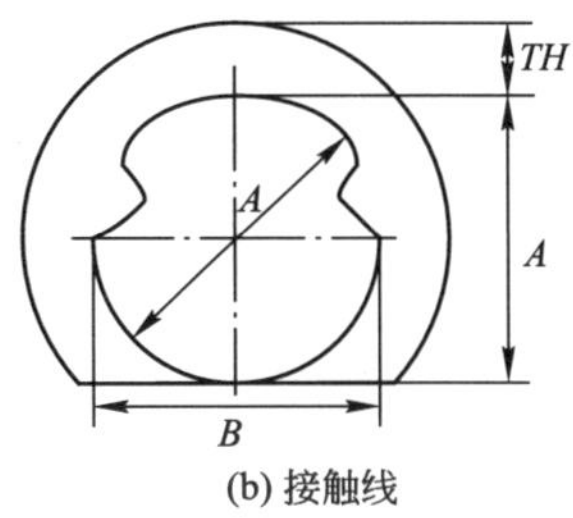

(b) 接触线

图 8-5　覆冰厚度

式中，g_{b0}为单位长度承力索（或接触线）的覆冰重力负载（kN/m）；TH 为覆冰厚度(mm)；d 为线索直径，对于接触线取平均直径，即 $d=(A+B)/2$(mm)；ρ_I为覆冰密度(kg/m^3)；g_H为自由落体重力加速度 9.81（m/s^2）。

为了在评估中能够知道承力索及接触线的覆冰载荷，需要知道对于积冰在一定时期内的增长量或增长速度，也就是要知道该恶劣天气影响下的接触线或是承力索上的积冰厚度，进而计算接触悬挂的冰载荷。本节借鉴架空导线覆冰预测的理论模型，即用公式（8-3）来计算覆冰厚度 TH。

2010 年初，国家气象信息中心研制了实时积雪和电线积冰数据制作流程，该数据是在地面观测报告和重要天气报告的基础上提取分析得到的。目前一天 8 个时次实时生成，每个时次文件在正点 20 min 时生成，40 min 和 59 min 分别更新一次。应用户要求，目前数据已实时分发到公共气象服务中心、国家气候中心提供使用，同时在气象科学数据共享平台也进行了实时发布，国家级内部用户都可以实时下载。这为铁路接触网的风险评估提供了极为有利的条件。

8.2.3　接触网系统的合成负载

1. 自重负载

接触网承受的载荷通过接触悬挂的负载来确定。接触悬挂单位长度负载指每米悬挂本身及外部条件（冰、风）对其所形成的负载。计算负载分为垂直负载和水平负载。在计算中，无论垂直负载还是水平负载，均认为是沿跨距均匀分布的。

垂直负载包括悬挂的自重和覆冰载荷，在计算时，不考虑吊弦及其线夹的冰重。水平载荷包括风载荷和由吊弦横偏造成的载荷，由于吊弦横偏引起的水平负载很小，在计算中一般也不予考虑。另外还有承力索、接触线由于之字力、曲线力及下锚力的作用，这些水平负载将对支柱、支持装置形成水平力。

对于自重负载，一般情况下，对于标准型号的线索，其单位长度自重通过查资料表确认。也可以通过计算公式确定。自重负载[138]的表达式为

$$g=A_s\rho_l g_H\times 10^{-9} \tag{8-15}$$

式中，g 为线索单位长度重力负载（kN/m），A_s为线索的横截面面积（mm^2），ρ_l为线索的密度（kg/m^3），g_H为自由落体重力加速度 9.81（m/s^2）。

对于钢铝接触线，由于钢和铝的密度不同，应分别计算。设 A_{sG}、A_{sL}及ρ_{lG}、ρ_{lL}分别是钢和铝的实际横截面面积和密度。单位长度的自重负载为

$$g=g_H\times10^{-9}(A_{sG}\rho_{lG}+A_{sL}\rho_{lL})\qquad(8-16)$$

式（8-15）和式（8-16）适用于单根导线。对于多股绞合线，其金属丝因为扭转，比单股线约长2%～3%，一般按照2.5%计算，所以多股绞线的计算负载为

$$g=1.025\times A_s\rho_l g_H\times10^{-9}\qquad(8-17)$$

在垂直负载中，应考虑吊弦及线夹的重力负载，通常把它换算为单位长度重力负载，取为0.5×10^{-3} kN/m。

2. 合成负载

在线索同时承受垂直负载（重力负载）和水平负载（风压载）时，合成负载[138]时它们的几何和。在计算链型悬挂的合成负载时（是对承力索而言的），其接触线上所承受的水平风负载，被认为是传给了定位器而予以忽略不计。

当风速最大时，承力索的合成负载由（8-18）式求得

$$q_{cv}=\sqrt{(g_j+g_c+g_d)^2+f_{cv}^2}\qquad(8-18)$$

覆冰时的合成负载由（8-19）式求得

$$q_b=\sqrt{(g+g_{bc})^2+f_{cb}^2}\qquad(8-19)$$

无冰无风时的合成负载：

$$q_0=g_j+g_c+g_d\qquad(8-20)$$

合成负载对铅垂线间的夹角，可由式（8-21）决定，即

$$\varphi=\arctan\frac{f_{cb}}{g+g_{b0}}\qquad(8-21)$$

上述各式中，g_j为接触线单位长度的重力负载（kN/m），g_c为承力索单位长度的重力负载（kN/m），g_d为吊弦及线夹重力负载，取为0.5×10^{-3} kN/m，f_{cv}为承力索在风速最大时单位长度的风负载（kN/m），f_{cb}为承力索在覆冰时单位长度的风负载（kN/m），g_{b0}为承力索和接触线上的纯冰负载（kN/m），q_0为链型悬挂重力负载（kN/m）。

链形悬挂在无冰无风时，即水平负载为零，覆冰负载也为零，此时合成负载为q_0，即链形悬挂的重力负载。

8.2.4 雷电参数和雷击跳闸率

雷电是一种常见的大气放电现象，强大的雷电流可造成接触网的绝缘子闪络和短路，由牵引变电所的继电保护装置感知并切除，造成接触网停电，位于该供电臂内的动车组由于失去外部动力而停驶。工程上常用雷电日、落雷密度和雷击跳闸率等来表征雷电的参数。

雷电日（T_d），也称雷暴日，指一年中某地区发生雷电事件的天数，以听到雷声为准，一天内无论雷击次数多少，无论是云间放电还是云地放电，只要有一次，就计为一个雷电日。由于雷电发生的随机性，应根据二十年以上的雷电日纪录，用算术平均值来表示该地区的雷电日。

雷电造成地面供电设施或建筑物的损坏，主要途径是从雷云向地面放电的线形雷。为了考核某地区可能受到雷击的程度，采用地面落雷密度这个参数，它指每一个雷电日中每km^2地面上受到雷击的平均次数。实测表明，一般情况下地面落雷密度γ与平均雷电日T_d的大致关系为

$$\gamma=0.023\times T_d^{0.3} \tag{8-22}$$

例如，根据近年来的实测数据统计，北京地区的地面落雷密度约为 0.83/km² · a。

所谓雷击跳闸率，是指一定长度（如 100 km）的线路每年因雷击而引起的跳闸次数。雷击跳闸率全面反映了接触网遭受雷击的情况和耐受雷电的能力，是评价线路防雷性能的综合技术指标。牵引网无避雷线，可能引起线路跳闸的雷击方式有以下两种：线路附近地面落雷引起的感应雷过电压造成的跳闸；雷电直击线路所引起的跳闸，包括雷击接触网的承力索、架空地线或回流线、支柱顶部。牵引网的耐雷水平与牵引网结构和尺寸、绝缘子的 50%冲击放电电压、架空地线等值电感、集中接地引下线（吸上线）的等值电感和冲击接地电阻等诸多因素有关。绝缘冲击放电电压越大、架空地线和集中接地引下线（吸上线）的等值电感越小，耐雷水平就越高。雷击接触网导致绝缘发生冲击闪络后，如果建立起稳定的工频接地电弧，就会造成变电所馈线跳闸。牵引网的绝缘水平低，线路上出现的感应雷电过电压可高达 300～400 kV，足以导致线路绝缘子闪络放电，因此，考核线路的雷击跳闸率时还必须计入感应雷电过电压的影响。

8.2.5　雷击跳闸率的计算与验证

1. 感应雷击跳闸率[139]

1）带架空地线的牵引网

考虑线路附近地面落雷产生的感应雷过电压引起的线路跳闸，关键是要计入能够引起线路跳闸的地面落雷次数与超过线路耐雷水平的雷电流概率的相互关系和共同作用。当线路附近地面落雷时，如果在牵引网上产生的感应雷过电压超过线路耐雷水平，将会引起绝缘子的闪络，甚至引起线路跳闸。

带架空地线的单侧牵引网感应雷击示意图如图 8－6 所示，以距离架空地线在地面投影 $2h$ 处为原点，以垂直钢轨方向为 x 轴，垂直地面方向为 y 轴，平行钢轨方向为 z 轴。将牵引网附近地面落雷区划分为多个小区间（图中阴影部分）。从该点开始按照 Δx（单位为 m）的宽度等分，直到无穷远处为止。

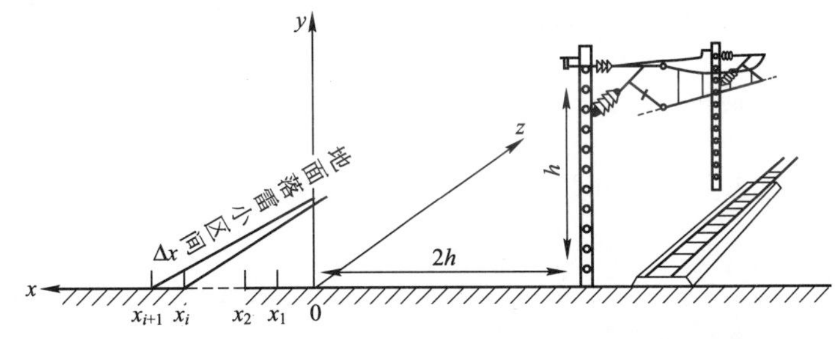

图 8－6　单侧牵引网感应雷击示意图（带架空地线）

对于每个小区间（x_i，x_{i+1}），$i=0$，1，2，…，其宽度与 Δx 牵引网长度（在此为 100 km）的乘积：$100\cdot\Delta x/1\,000=0.1\Delta x$（km²），即为该小区间的受雷面积。该小区间的年落雷次数为

$$N_i=\gamma T_d\times 0.1\Delta x=0.002\,3T_d^{1.3}\Delta x \tag{8-23}$$

在小区间（x_i，x_{i+1}）内落雷时牵引网的耐雷水平为

$$I_i=\frac{U_{50\%}}{25(h_0-k_0h)}(x_i+2h+l/2) \tag{8-24}$$

当雷电流幅值大于该值时线路绝缘会发生闪络，其概率为

$$P(x_i)=10^{\frac{-I_i}{88}}=10^{\frac{-U_{50\%}}{25\times88(h_0-k_0h)}(x_i+2h+l/2)} \tag{8-25}$$

雷击该小区间时的年雷击跳闸次数为

$$\begin{aligned}n_i&=N_i\times P(x_i)\times\eta=0.002\,3T_d^{1.3}\Delta x\times P(x_i)\times\eta\\&=0.0023T_d^{1.3}\Delta x\times10^{\frac{-U_{50\%}}{25\times88(h_0-k_0h)}(x_i+2h+l/2)}\times\eta\end{aligned} \tag{8-26}$$

式中，η为绝缘子的建弧率，表示绝缘子闪络后引起工频续流导致线路跳闸的概率。

计入图8-6模型中所有感应落雷区，从起始点至无穷远的所有小区间雷击跳闸次数之和为

$$n=\sum_{i=0}^{\infty}\left[0.002\,3T_d^{1.3}\eta\times10^{\frac{-U_{50\%}}{25\times88(h_0-k_0h)}(x_i+2h+l/2)}\times\Delta x\right] \tag{8-27}$$

令Δx趋近于0，则可得100 km长度复线牵引网（双侧）的年感应雷击跳闸次数为

$$n_{gy}=2\times0.002\,3T_d{}^{1.3}\eta\int_0^{+\infty}10^{\frac{-U_{50\%}}{25\times88(h_0-k_0h)}(x_i+2h+l/2)}\mathrm{d}x \tag{8-28}$$

2）无架空地线的牵引网

牵引网无架空地线时，其遭受雷击的引雷宽度将发生变化。无架空地线的单侧牵引网感应雷击示意图如图8-7所示，以距离承力索在地面投影$2h$处为原点以垂直钢轨方向为X轴，垂直地面方向为Y轴，平行钢轨方向为Z轴。同样可将牵引网附近地面落雷区划分为多个小区间（图中阴影部分），该小区间的年落雷次数亦可由式（8-23）求得。

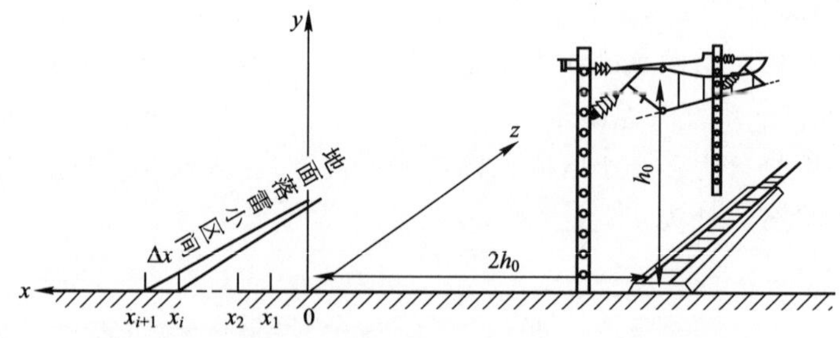

图8-7　单侧牵引网感应雷击示意图（无架空地线）

在小区间内落雷时牵引网的耐雷水平为

$$I_i=\frac{U_{50\%}}{25h_0}(x_i+2h_0) \tag{8-29}$$

雷电流幅值大于该值的概率为

$$P(x_i)=10^{\frac{-I_i}{88}}=10^{\frac{-U_{50\%}}{25\times88h_0}(x_i+2h_0)} \tag{8-30}$$

雷击该小区间时的年雷击跳闸次数为

$$\begin{aligned}n_i&=N_i\times P(x_i)\times\eta=0.002\,3T_d^{1.3}\Delta x\times P(x_i)\times\eta\\&=0.002\,3T_d^{1.3}\Delta x\times10^{\frac{-U_{50\%}}{25\times88h_0}(x_i+2h_0)}\times\eta\end{aligned} \tag{8-31}$$

式中，η为绝缘子的建弧率。

计入图 8－7 模型中所有感应落雷区，从起始点至无穷远的所有小区间雷击跳闸次数之和为

$$n=\sum_{i=0}^{\infty}\left[0.0023T_d^{1.3}\eta\times 10^{\frac{-U_{50\%}}{25\times 88h_0}(x_i+2h_0)}\times\Delta x\right]\tag{8-32}$$

令 Δx 趋近于 0，则可得 100 km 长度复线牵引网（双侧）的年感应雷击跳闸次数为

$$n_{gy}=2\times 0.0023T_d^{1.3}\eta\int_0^{+\infty}10^{\frac{-U_{50\%}}{25\times 88h_0}(x_i+2h_0)}dx\tag{8-33}$$

2. 直接雷击跳闸率

1）带架空地线的牵引网

带架空地线的牵引网遭受直击雷的方式有：雷击承力索及软横跨，雷击两集中接地点之间的非集中接地支柱及架空地线，雷击集中接地支柱及架空地线。

一般情况下，牵引网架空地线两集中接地点之间距离为 2 km，两相邻支柱之间的跨距为 60 m。100 km 长度的线路直接雷击跳闸次数为雷击接触网和雷击支柱及附近架空地线造成的跳闸次数之和，由于集中接地支柱与非集中接地支柱的耐雷水平不同，应分开计算：

$$\begin{aligned}n_{zj}&=\frac{100}{2}\times\gamma T_d\frac{(2l+b+4h)}{1000}\eta\{0.06[\alpha P_z''+(1-\alpha)P_j]+(2-0.06)[\alpha P_z'+(1-\alpha)P_j]\}\\&=1.15T_d^{1.3}\frac{(2l+b+4h)}{1000}\eta\{0.06[\alpha P_z''+(1-\alpha)P_j]+1.94[\alpha P_z'+(1-\alpha)P_j]\}\end{aligned}\tag{8-34}$$

式中，α 为击柱率；P_j 为雷直击接触网的闪络概率；P_z' 为雷击非集中接地支柱（架空地线）的闪络概率；P_z'' 为雷击集中接地支柱的闪络概率。

2）无架空地线的牵引网

无架空地线的牵引网遭受直击雷的方式有两种：雷击承力索及软横跨和雷击独立接地支柱。100 km 长度的线路直接雷击跳闸次数为雷击接触网和雷击支柱的跳闸次数之和：

$$n_{zj}=\gamma T_d\frac{(b+4h_0)}{10}\eta[\alpha P_z+(1-\alpha)P_j]=0.0023T_d^{1.3}(b+4h_0)\eta[\alpha P_z+(1-\alpha)P_j]\tag{8-35}$$

式中，α 为击柱率；P_j 为雷直击接触网的闪络概率；P_z 为雷击独立接地支柱的闪络概率。

3. 总雷击跳闸率

1）带架空地线的牵引网

由式（8－28）和式（8－34）可知，100 km 长带架空地线牵引网年雷击跳闸次数为

$$\begin{aligned}n=n_{gy}+n_{zj}&=0.0046T_d^{1.3}\eta\int_0^{+\infty}10^{\frac{-U_{50\%}}{25\times 88(h_0-k_0h)}(x_i+2h+l/2)}dx\\&\quad+1.15T_d^{1.3}\frac{(2l+b+4h)}{1000}\eta\{0.06[\alpha P_z''+(1-\alpha)P_j]+1.94[\alpha P_z'+(1-\alpha)P_j]\}\end{aligned}\tag{8-36}$$

2）无架空地线的牵引网

由式（8－33）和式（8－35）可知，100 km 长不带架空地线牵引网年雷击跳闸次数为

$$\begin{aligned}n&=n_{gy}+n_{zj}\\&=0.0046T_d^{1.3}\eta\int_0^{+\infty}10^{\frac{-U_{50\%}}{25\times 88h_0}(x_i+2h_0)}dx+0.0023T_d^{1.3}(b+4h_0)\eta[\alpha P_z+(1-\alpha)P_j]\end{aligned}\tag{8-37}$$

4. 雷击跳闸率的算例验证

一类常见复线带架空地线牵引网结构如图8-8所示，图中只列出了单侧的支柱及线路。其中，架空地线的对地平均高度h为8 m，距支柱中心0.3 m，架空地线半径r=7.87 mm，单位等值电感L_0=0.78 μH/m。承力索对地平均高度h_0为7.7 m，距支柱中心为3 m。支柱采用架空地线集中接地，接地点之间距离为2 km，冲击接地电阻R_t=8 Ω，接地引下线总长度为h_t=9 m，支柱上腕臂绝缘子距引下线最底端长度为h_t'=6.8 m，引下线单位等值电感为L_t=1.67 μH/m。另外，复线中心线间距b=6 m，腕臂绝缘子的闪络电压$U_{50\%}$为270 kV，水平拉杆绝缘子的闪络电压$U'_{50\%}$为390 kV。

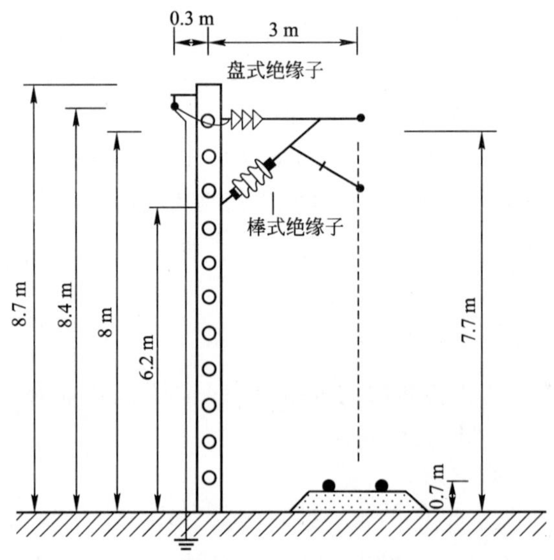

图8-8 一类常见复线带架空地线牵引网的单侧结构示意图

1）耐雷水平计算

（1）感应雷作用下的牵引网耐雷水平计算。

接触网与架空地线的几何耦合系数为

$$k_0=\frac{\ln\frac{\sqrt{(h+h_0)^2+l^2}}{\sqrt{(h-h_0)^2+l^2}}}{\ln\frac{2h}{r}}=\frac{\ln\frac{\sqrt{(8+7.7)^2+3.3^2}}{\sqrt{(8-7.7)^2+3.3^2}}}{\ln\frac{2\times 8}{7.87\times 10^{-3}}}=0.207\ 1$$

牵引网耐雷水平为

$$I_{gy}=\frac{270S}{(192.5-200k_0)}=\frac{270S}{151.08}\ \text{(kA)}$$

当地面落雷点距牵引网距离为$2h$时，牵引网的感应耐雷水平最小临界值为I_{gymin}=31.54（kA），雷电流大于该值的概率为43.8%。

（2）直击雷作用下的牵引网耐雷水平计算。

① 雷击接触网。

取电晕修正系数k_1=1.15，则接触网与架空地线的电晕耦合系数为$k=k_0k_1=0.238\ 2$。牵引网耐雷水平为

$$I_j=\frac{U_{50\%}}{100(1-k)}=3.54\ (\text{kA})$$

出现 3.54 kA 以上雷电流的概率为 $P_j=91.1\%$。

② 雷击非集中接地支柱（架空地线）。

两集中接地点之间架空地线电感的一半为 $L=1000$，$L_0=780\ \mu\text{H}$。牵引网耐雷水平为

$$I_z=\frac{U_{50\%}}{\frac{1}{\tau_f}\left[\frac{L}{2}(1-k)+(h_0-k_0h)\right]}=2.32\ (\text{kA})$$

雷电流大于该值的概率为 $P'_z=94.1\%$。

③ 雷击集中接地的支柱。

支柱的分流系数为

$$\beta=\frac{1}{1+\frac{h_tL_t}{L}+\frac{R_t\tau_f}{2L}}=\frac{1}{1+\frac{9\times1.67}{780}+\frac{8\times2.6}{2\times780}}=0.9684$$

支柱上水平拉杆绝缘子的耐雷水平为

$$I'_z=\frac{U'_{50\%}}{(1-k)\ \beta\left(R_t+\frac{h_tL_t}{\tau_f}\right)+\frac{1}{\tau_f}(h_0-k_0h)}=\frac{390}{12.4908}=31.22\ (\text{kA})$$

支柱上腕臂绝缘子的耐雷水平为

$$I''_z=\frac{U_{50\%}}{(1-k)\beta R_t+\frac{\beta L_t}{\tau_f}(h'_t-kh_t)+\frac{1}{\tau_f}(h_0-k_0h)}=\frac{270}{11.1042}=24.28\ (\text{kA})$$

同一支柱上，由于 $I''_z<I'_z$，取腕臂绝缘子的耐雷水平为雷击集中接地支柱时的耐雷水平，雷电流大于该值的概率为 $P''_z=53\%$。

综上，该类牵引网遭受各种雷击方式的耐雷水平和闪络概率如表 8-2 所示。

表 8-2　不同雷击方式下的牵引网耐雷水平和闪络概率

	感应雷击临界值	雷击接触网	雷击非集中接地支柱	雷击集中接地支柱
耐雷水平 I/kA	31.54	3.54	2.32	24.28
闪络概率 P	43.8%	91.1%	94.1%	53%

2）雷击跳闸率计算

(1) 感应雷击跳闸率计算。

100 km 长该类复线牵引网的年感应雷击跳闸次数由式（8-28）得

$$n_{gy}=2\times0.0023T_d^{1.3}\int_0^{+\infty}10^{\frac{-270}{151.08\times88}(x_i+17.65)}dx=0.0431T_d^{1.3}\eta$$

接触网腕臂绝缘子闪络时的建弧率为

$$\eta=(4.5\times E^{0.75}-14)/100=\left[4.5\times\left(\frac{25}{0.52}\right)^{0.75}-14\right]/100=0.682$$

将该结果代入上式得

$$n_{gy}=0.0294T_d^{1.3}$$

(2) 直接雷击跳闸率计算。

100 km 长度的该类线路年直接雷击跳闸次数由式（8－34）得

$$n_{zj}=0.035T_d^{1.3}[0.06(0.911-\alpha 0.381)+1.94(0.911+\alpha 0.03)]=0.0646T_d^{1.3}$$

（3）总雷击跳闸率计算。

感应雷击跳闸次数加上直接雷击跳闸次数，得总雷击跳闸次数为

$$n=(0.0294+0.0646)T_d^{1.3}=0.094T_d^{1.3}$$

从上式可以看出，感应雷击造成的跳闸次数占总雷击跳闸次数的 31.3％。如果不考虑感应雷击，将会给总雷击跳闸率的计算带来较大的误差。由于我国幅员辽阔，T_d的分散性很大，而且同一地区在不同年份的年雷电日也不一定相同。按照上式计算，当 T_d取不同值时的雷击跳闸率如图 8－9 所示。

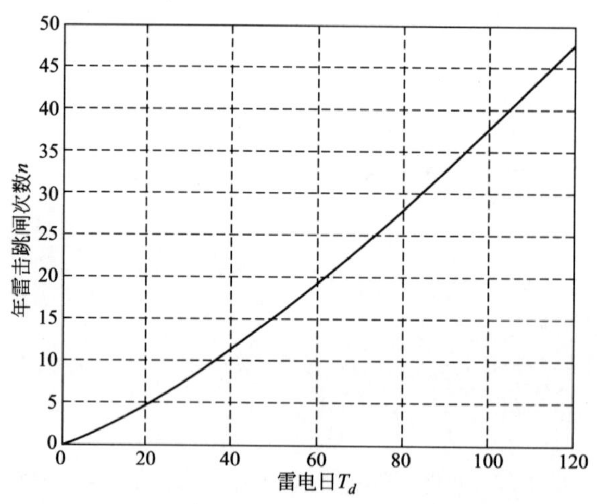

图 8－9　复线带架空地线牵引网的总雷击跳闸率

3）与实际线路情况的比较

为了验证上述雷击跳闸率计算方法的准确性，对一条实际线路情况进行比较；

（1）线路运行情况。

广深线复线牵引网长度为 139.46 km，当地年均雷电日为 90 天，在 1998 年 7 月至 2001 年 4 月共 33 个月间发生雷击牵引网跳闸 140 次，平均年雷击跳闸 50.9 次；在 2000 年全年共发生雷击跳闸 45 次。

（2）计算结果。

按照上述方法计算并折合到实际线路长度条件下（计算得到的总雷击跳闸率乘以实际线路长度再除以 100），得到该线路的年雷击跳闸次数为 45 次，与 1998—2001 年实际运行平均值的相对误差为 11.5％，与 2000 年运行值的相对误差为 0。如按电力规程法计算该线路的年雷击跳闸次数为 31 次，与上述实际运行值的相对误差分别为 39.2％和 31.3％。

可见，所提出的牵引网雷击跳闸率的计算方法具有较高的精度。

8.2.6　考虑风偏覆冰和雷击的接触网系统运行风险评价

1. 评价指标

如前所述，风险指标是某一状态发生的概率与该状态下的严重程度的组合。依据风险定

义，接触网的风险指标统一表达式如下：

$$R=P(Y_t|E_i)\times F(Y_t) \tag{8-38}$$

Y_t是接触网运行在t时刻特定天气条件E_i下的某一运行状态，包括接触线风偏、接触线承受冰载荷或合成载荷等。F表示某一天气状况对接触网造成影响的严重程度。在进行风险指标计算时，同上一节计算外部电源的风险一样，天气预测值自身已经具有概率属性，接触网风险指标的计算使用此概率属性来表征某一天气状况对接触网风险的贡献。

在接触网风险评估中，用严重程度函数来表达某一工况下天气对接触网造成的后果。不同的严重程度函数将对应不同的风险指标。这里定义的严重程度函数定义遵循如下原则：从 0 开始线性刻画风险，值为 1 时，表示风险处于设计临界值，大于 1 时表示风险已经超出承受范围。

1）接触网系统的风偏风险（Windage Yaw Risk，记为 R_w）

任何架空导线在风的作用下都要偏离其起始位置，在情况严重时，可能会破坏线路的工作条件。在电气化铁路接触悬挂上，导线偏离起始位置会导致钻弓事故，挂坏受电弓或拉断导线，这种运行故障会中断或影响行车，这是接触网最严重的故障之一。因此应在实际运行中对接触悬挂导线的偏移给予极大的注意。接触网风偏风险是接触网供电风险评估的一个重要方面。

接触网风偏风险反映的是接触悬挂在大风影响下接触线跨中偏离原始位置的程度，用来描述因风偏引起接触线刮弓、钻弓的可能性和危害程度。表达式定义如下：

$$R_w=P(b_{wd}|E_i)\times F_w(b_{wd}) \tag{8-39}$$

接触网风偏风险评估中定义了风偏严重程度函数，某条接触线在大风影响下的风偏值决定风偏严重程度函数的取值，以此反映不同大风气象条件对接触网供电的危害程度。根据《TB 10020—2009 高速铁路设计规范(试行)》，接触网最大风偏值为 500 mm，而实际运行中，接触网风偏值也不宜超过 450 mm。故从 0.9 倍的最大风偏值处开始考虑风险，如图 8－10 所示，最大风偏值处对应风险值为 1，严重程度函数 F_W 定义为式(8－40)，其中 b_{wd} 表示风偏值。

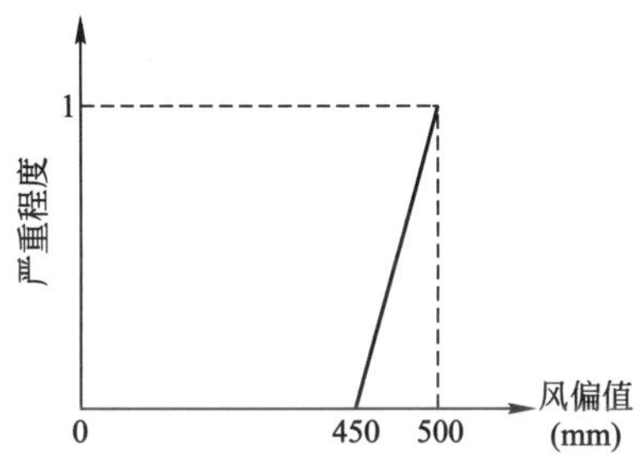

图 8－10　风偏风险严重程度函数

$$F_W=\begin{cases}0 & (b_{wd}<450\ \text{mm})\\ 0.02b_{wd}-9 & (b_{wd}\geqslant 450\ \text{mm})\end{cases} \tag{8-40}$$

2）接触网系统的覆冰风险（Ice Accretion Risk，记为 R_I）

接触网积冰后可能造成过负载事故，即线路实际覆冰超过设计最大覆冰厚度，线路覆冰质量增加，覆冰后风压面积增加，从而导致机械和电气方面的事故；不均匀覆冰或不同期脱冰引起相邻跨的张力差，也会造成机械和电气方面的事故；当覆冰发生后，不均匀覆冰使导线产生自激振荡和舞动，造成接触网零部件损坏及支柱倾斜或倒塌事故；此外，接触线覆冰最直接的影响就是影响机车受电弓取流质量。所以接触网积冰风险也是接触网供电风险评估的一个重要方面。一方面反映电力机车不能受流的风险；另一方面反映接触悬挂在积雪重力作用下其结构承受的风险。表达式定义如下：

$$R_I=P_I(g_{b0}|E_i)\times F_I(g_{b0}) \tag{8-41}$$

对于接触线积冰，风险从接触线开始结冰时就考虑，因为接触网一旦形成结冰，就开始影响受电弓的受流。如图8－11所示，当冰载荷与接触网设计时的计算冰载荷相等时，严重程度记为1。则严重程度函数表示如下：

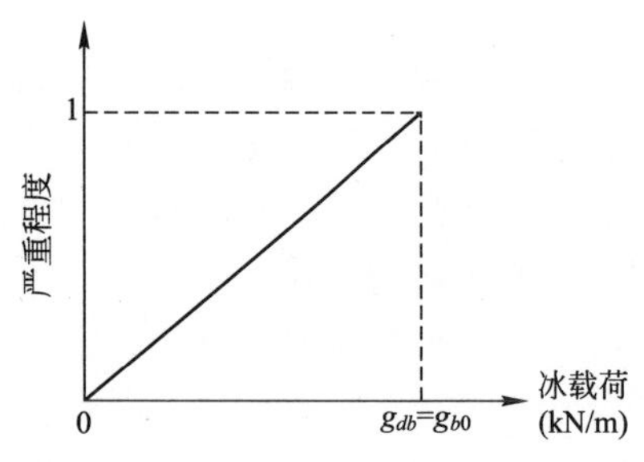

图8－11　冰载荷严重程度函数

$$F_I=\frac{1}{g_{db}}g_{b0} \tag{8-42}$$

式中，g_{db}为接触网的设计冰载荷值。在计算设计值时，积冰厚度根据《TB10020－2009高速铁路设计规范（试行）》选择不小于实际观测到的5年至少出现一次的最大覆冰厚度。

不同天气情况下g_{b0}的计算方法如下。

（1）当E_i代表运动下的恶劣天气时，如暴风雪等形成的积冰，按照公式（8－3）计算积冰厚度，再代入公式（8－14）计算冰载荷。

（2）当E_i代表相对静止的气象条件时，除根据公式（8－14）计算外，需要注意特殊天气下履冰厚度预测模型的变化。如雨淞天气下用公认的Chaine和Skeates模型，雾淞天气下用公认的McComber与Govoni模型。

为了考虑风力和冰力的综合影响，在积冰风险的基础上，可将比较值改为合成负载，依据接触线是否影响受电弓受流，从接触悬挂系统机械承受力的角度考虑恶劣天气带来的风险，称为接触网载荷风险。

3）接触网系统遭雷击停电风险（Thunder Outage Risk，记为R_T）

与前面类似，接触网遭雷击停电的风险评估仍然要综合考虑接触网遭雷击停电的概率和停电所带来的损失。首先，按照上一节介绍的雷击跳闸率的计算方法，根据一条高速铁路每个牵引变电站供电的左右侧上下行接触网系统的结构形式、几何尺寸、是否带架空地线和所处地区的雷电日参数等，计算该牵引变电站供电的接触网系统每百公里的感应雷击跳闸率、直接雷击跳闸率和总雷击跳闸率：

$$n_i=n_{igy}+n_{izj} \tag{8-43}$$

式中，n_i、n_{igy}和n_{izj}分别为第i个牵引变电站供电的接触网系统每100 km的总雷击跳闸率、感应雷击跳闸率和直接雷击跳闸率。

然后，按照该牵引变电站供电的接触网系统的实际长度，换算成该牵引变电站供电接触网的雷击跳闸率：

$$\bar{n}_i=n_i\times L_i/100 \tag{8-44}$$

式中，L_i和$\bar{n}_i$分别是第i个牵引变电站供电的接触网系统的实际长度和换算到实际长度的雷击跳闸率。

换算到实际长度的雷击跳闸率与雷电日的比值，表征了该牵引变电站遭雷击跳闸停电的概率：

$$P_T(n_i|E_i)=\bar{n}_i/T_{di} \tag{8-45}$$

当接触网遭雷击停电后，处于该段接触网内运行的高速列车都将因失去外部动力而停驶，因此可以用单位时间（如1 h）内某接触网内运行的高速动车组的列数来衡量接触网遭雷击停电的损失。根据该高速铁路的运行时间图，设单位时间内第i牵引变电站供电的接触

网内的行车密度为 S_i，单位时间内各牵引变电站供电的接触网内的最大行车密度为 S_{max}，则第 i 牵引变电站供电的接触网遭雷击停电的损失为

$$F_T(n_i)=S_i/S_{max} \tag{8-46}$$

最后，接触网系统遭雷击停电的风险的表达式为

$$R_T=P_T(n_i|E_i)\times F_T(n_i) \tag{8-47}$$

2. 接触网运行风险评估的流程

(1) 输入接触网参数、雷电日参数和未来恶劣天气运动的数值天气预报信息；

(2) 根据风偏模型，求取不同地点接触网在各时间段天气影响下的风压、风偏严重程度函数和风偏风险；

(3) 根据覆冰模型，求取不同地点接触网在各时间段天气影响下的冰载荷、严重程度函数和覆冰风险；

(4) 根据雷击模型，求取不同地点接触网在各时间段天气影响下的雷击跳闸率、遭雷击停运的列车数和雷击停电风险；

(5) 输出对应的运行风险指标。

8.3 基于层次分析法和灰度关联度法的牵引供电系统风险评估

8.3.1 层次分析理论计算风险指标权重

1. 层次分析法

层次分析法（Analytic Hierarchy Process，AHP）的基本原理，是将被评价对象的各种错综复杂的因素按照相互作用、影响及隶属关系划分成有序的递阶层次结构，根据一定客观现实的主观判断，对相对于上一层次的下一层次中的因素进行两两比较，然后经过数学计算及检验，获得最底层相对于最高层的相对重要性权数，并进行排序，再进行总体层次的分析或决策。它体现了决策思维的基本特征：分解、判断、综合，具有系统性、综合性与简便性的特点。

在运用层次分析法进行系统分析、设计、决策时，建模大体上可按下面四个步骤进行[140]。

1) *分析层次*

使研究对象或研究问题条理化、层次化，构造出一个有层次的结构模型，如图 8-12 所示。

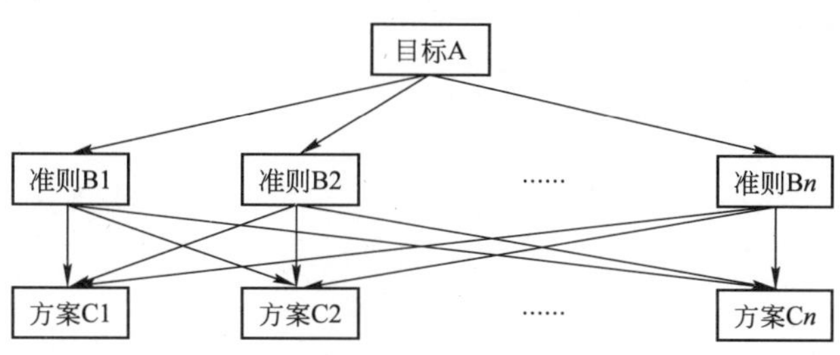

图 8-12 层次结构模型

最高层：描述了评价的目的。这一层次中只有一个元素，一般它是分析问题的预定目标或理想结果，因此也称为目标层。

中间层：这一层次为评价准则和影响评价的因素，是对目标层的具体描述和扩展。这一层次中包含了为实现目标所涉及的中间环节，它可以由若干个层次组成，包括所需考虑的准则、子准则，因此也称为准则层。

方案层：这一层次是对评价准则层的细化（实现目标可供选择的各种措施、决策方案等），即对准则层的具体化。也称为最底层或措施层。

递阶层次结构中层次数与问题的复杂程度有关，层次数一般不受限制。但为了避免两两比较时过于困难，元素一般不超过 9 个。

2）构造两两比较判断矩阵

层次结构模型确定后，上下层次元素之间的隶属关系也就确定了，但层次中的各元素在目标衡量中所占权重并不一定相同。假设上层目标为 C，下层元素为 $u_1u_2\cdots u_n$，通常会遇到以下两种情况：

（1）如果 $u_1u_2\cdots u_n$ 对 C 的重要性可定量，其权重可直接确定；

（2）$u_1u_2\cdots u_n$ 对 C 的重要性无法直接定量，而只能定性，那么确定权重用两两比较方法。

两两判断矩阵构造方法：对于准则 C，元素 u_i 和 u_j，通常按照 1～9 比例标度对重要性程度赋值，来确定两个元素谁更重要，如表 8-3 所示，取值通常根据资料、统计数据、征求专家意见以及系统分析员的经验而确定。对于准则 C，n 个元素之间相对重要性的比较得到一个两两比较判断矩阵。

$$\mathbf{A}=(a_{ij})_{n\times n} \tag{8-48}$$

表 8-3　1～9 标度含义

标度	含义
1	表示两个元素相比，具有同样重要性
3	表示两个元素相比，前者比后者稍重要
5	表示两个元素相比，前者比后者明显重要
7	表示两个元素相比，前者比后者强烈重要
9	表示两个元素相比，前者比后者极端重要
2，4，6，8	表示上述相邻判断的中间值
倒数	若元素 i 与 j 的重要性比较值为 a_{ij}，那么元素 j 与 i 的重要性比较值为 a_{ji}^{-1}

3）正互反矩阵和一致矩阵的若干定义

比较结果虽然由两两比较得出，但需要比较各元素的一致性，这里引入正互反矩阵和一致矩阵两种特殊矩阵。

定义：n 阶矩阵 $\mathbf{A}=(a_{ij})_{n\times n}$，如果 $a_{ij}>0$，$a_{ij}=a_{ji}^{-1}$，则称 $\mathbf{A}$ 为正互反矩阵，若矩阵 $\mathbf{A}$ 的元素还满足：

$$a_{ij}a_{jk}=a_{ik},\ \forall i,\ j,\ k=1,\ 2,\ \cdots,\ n \tag{8-49}$$

则正互反矩阵 $\mathbf{A}$ 称为一致矩阵，正互反矩阵有如下定理。

定理 1：正互反矩阵 A 的最大特征根 λ_{max} 必为正实数，其对应特征向量的所有分量均为正实数，$\boldsymbol{A}$ 的其余特征值的模均严格小于 $\lambda_{\max}$。

定理 2：若 $\boldsymbol{A}$ 为一致矩阵，则

① $\boldsymbol{A}$ 必为正互反矩阵；

② $\boldsymbol{A}$ 的转置矩阵 $\boldsymbol{A}^{\mathrm{T}}$ 也是一致矩阵；

③ $\boldsymbol{A}$ 的任意两行成比例，比例因子大于零，从而 $\mathrm{rank}(\boldsymbol{A})=1$，同样，$\boldsymbol{A}$ 的任意两列也成比例；

④ $\boldsymbol{A}$ 的最大特征值 $\lambda_{\max}=n$，其中 n 为矩阵 $\boldsymbol{A}$ 的阶，$\boldsymbol{A}$ 的其余特征根均为零；

⑤ 若 $\boldsymbol{A}$ 的最大特征值 $\lambda_{\max}$ 对应的特征向量为 $\boldsymbol{W}=(w_1, w_2, \cdots, w_n)^{\mathrm{T}}$，则 $a_{ij}=\dfrac{w_i}{w_j}$，$\forall i, j=1, 2, \cdots, n$，即

$$\boldsymbol{A}=\begin{bmatrix} \dfrac{w_1}{w_1} & \dfrac{w_1}{w_2} & \cdots & \dfrac{w_1}{w_n} \\ \dfrac{w_2}{w_1} & \dfrac{w_2}{w_2} & \cdots & \dfrac{w_2}{w_n} \\ \vdots & \vdots & & \vdots \\ \dfrac{w_n}{w_1} & \dfrac{w_n}{w_2} & \cdots & \dfrac{w_n}{w_n} \end{bmatrix} \tag{8-50}$$

定理 3：n 阶正互反矩阵 $\boldsymbol{A}$ 为一致矩阵当且仅当其最大特征根 $\lambda_{\max}=n$，且当正互反矩阵 $\boldsymbol{A}$ 非一致时，必有 $\lambda_{\max}>n$。

4）权重的确定方法与一致性检验

构造好判断矩阵后，需要根据判断矩阵计算针对某一准则层各元素的相对权重，并进行一致性检验。

权重向量由 $\boldsymbol{A}$ 的特征向量归一化求得，按照常规的矩阵分析方法，由 $|\boldsymbol{A}-\boldsymbol{\lambda I}|=0$，求得 λ_i，找出 $\lambda_{\max}$，然后将 $\lambda_{\max}$ 代入 $\boldsymbol{A}\boldsymbol{w}=\lambda_{\max}\boldsymbol{w}$ 解出相应的特征向量 $\boldsymbol{w}=(w_1, w_2, \cdots, w_n)^{\mathrm{T}}$。式中，$\lambda_{\max}$ 是 $\boldsymbol{A}$ 的最大特征根，$\boldsymbol{W}$ 是相应的特征向量，所得到的 $\boldsymbol{w}$ 经归一化后就可作为权重向量 $\boldsymbol{W}$。

根据定理 3，当矩阵 A 完全一致时，存在 $\lambda_{\max}=n$，不一致时，$\lambda_{\max}>n$，即可用（$\lambda_{\max}-n$）这个差值大小来检验一致性的程度，引入 CI(Consistency Index)，RI(Random Index)，CR(Consistency Ratio) 三个一致性指标，具体计算方法如下：

(1) 计算一致性指标 CI。

$$\mathrm{CI}=\frac{\lambda_{\max}-n}{n-1} \tag{8-51}$$

CI 指标是求这 $n-1$ 个特征根的平均值。CI 愈小，说明一致性愈好。

(2) 查找相应的平均随机一致性指标 RI。

考虑到一致性偏差还有可能是随机原因造成的，必须查找相应 n 的平均随机一致性指标 RI，如表 8-4 所示。

表 8-4　平均随机一致性指标

n	1	2	3	4	5	6	7	8	9
RI	0	0	0.58	0.90	1.12	1.24	1.32	1.41	1.45

(3) 计算一致性比例CR。

由表8-4可见，RI与判断矩阵的阶数有关，一般阶数愈大，出现一致性随机偏离的可能性也愈大。因此，在检验判断矩阵是否具有满意一致性时，必须将一致性指标CI与平均随机一致性指标RI进行比较，得出检验数CR，即一致性比例。

$$CR=\frac{CI}{RI} \tag{8-52}$$

CR值的标准：对于一、二阶矩阵，可以满足 $a_{ij}a_{jk}=a_{ik}$，所以不必检验。对于三阶以上的判断矩阵，当CR愈小时，判断矩阵的完全一致愈好，其极限值为0；一般认为当CR<0.1时，即要求专家判断的一致性与无智能傻瓜（随机）判断的一致性之比小于10%时，认为判断矩阵的一致性是可以接受的。反之，当CR≥0.10时，一般认为初步建立的判断矩阵是不能令人满意的，需要重新进行赋值，仔细修正直到检验通过为止。

2. 模糊层次分析法

在某些情况下，人们使用层次分析法时，可能因为主观判断的差异性造成元素一致性不满足要求，进而需要反复调整的情况。而模糊层次分析法可以较好地处理模糊问题的尺度，减少人为干扰，在直接使用层次分析法难以达成一致性时，从数学角度求得合理的各元素权重值。

模糊层次分析法（Fuzzy Analytic Hierarchy Process，FAHP）的步骤和A. L. Saaty提出的AHP的步骤基本一致，仅有两点不同。①在AHP中通过元素的两两比较构造判断矩阵；而在FAHP中通过元素两两比较构造模糊一致判断矩阵；②由模糊一致矩阵求表示各元素的相对重要性权重的方法同由判断矩阵求权重的方法不同。

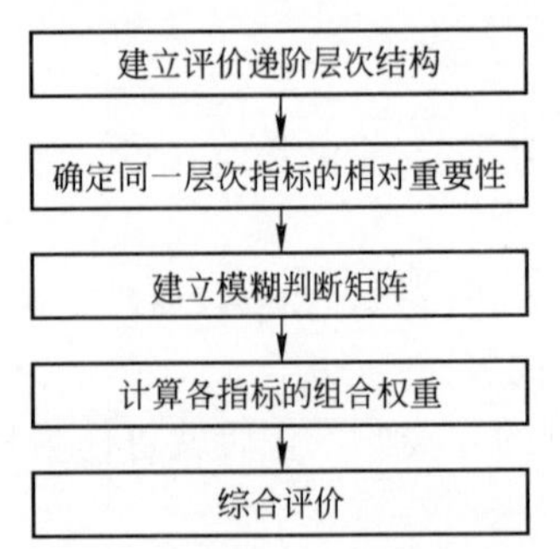

图8-13 模糊层次分析步骤

模糊层次分析法的基本步骤如图8-13所示。

下面介绍如何建立模糊一致判断矩阵，以及由模糊一致判断矩阵求权重的方法。

1) 模糊一致判断矩阵的建立

模糊一致判断矩阵 R 表示针对上一层某元素，本层次与之有关元素之间相对重要性的比较，假定上一层次的元素 C 同下一层次中的元素 a_1，a_2，$\cdots a_n$有联系，则模糊一致判断矩阵如表8-5所示。

表8-5 模糊一致判断矩阵

C	a_1	a_2	…	a_n
a_1	r_{11}	r_{12}	…	r_{1n}
a_2	r_{21}	r_{22}	…	r_{2n}
…	…	…	…	…
a_n	r_{n1}	r_{n2}	…	r_{nn}

元素 r_{ij} 具有如下实际意义：r_{ij} 表示元素 a_i 和元素 a_j 相对于元素 C 进行比较时，元素 a_i 和元素 a_j 具有模糊关系"…比…重要得多"的隶属度。为了使任意两个方案关于某准则的相对重要程度得到定量描述，可采用如表8-6所示的0.1～0.9标度给予数量标度。

表 8-6　0.1~0.9 标度分值说明

标度	定义	说明
0.5	同等重要	两元素相比较，同等重要
0.6	稍微重要	两元素相比较，一个比另一个稍微重要
0.7	明显重要	两元素相比较，一个比另一个明显重要
0.8	重要的多	两元素相比较，一个比另一个重要得多
0.9	极端重要	两元素相比较，一个比另一个极端重要
0.1，0.2，0.3，0.4	反比较	

有了上面的数字标度之后，元素 a_1，a_2，…，a_n相对于上一层元素 C 进行比较，可得到如下模糊判断矩阵

$$\boldsymbol{R}=\begin{bmatrix} r_{11} & r_{12} & \cdots & r_{1n} \\ r_{21} & r_{22} & \cdots & r_{2n} \\ \vdots & \vdots & & \vdots \\ r_{n1} & r_{n2} & \cdots & r_{nn} \end{bmatrix} \tag{8-53}$$

R 具有如下性质：

① $r_{ii}=0.5$，$i=1$，2，…，n；

② $r_{ij}=1-r_{ji}$，i，$j=1$，2，…，n；

③ $r_{ij}=r_{ik}-r_{jk}$，i，j，$k=1$，2，…，n；

即 $\boldsymbol{R}$ 是模糊一致矩阵。模糊判断矩阵的一致性反映了人们思维判断的一致性，在构造模糊判断矩阵时非常重要，但在实际决策分析中，由于所研究问题的复杂性和人们认识上可能产生的片面性，使构造出的判断矩阵往往不具有一致性。这时可应用模糊一致矩阵的充要条件进行调整。具体的调整步骤如下。

(1) 确定一个同其余元素的重要性相比较得出的判断有把握的元素，不失一般性，设决策者认为对该判断比较有把握。

(2) 用 $\boldsymbol{R}$ 的第一行元素减去第二行对应元素，若所得的 n 个差数为常数，则不需调整第二行元素。否则，要对第二行元素进行调整，直到第一行元素减第二行的对应元素之差为常数为止。

(3) 用 $\boldsymbol{R}$ 的第一行元素减去第三行的对应元素，若所得的 n 个差数为常数，则不需调整第三行的元素。否则，要对第三行的元素进行调整，直到第一行元素减去第三行对应元素之差为常数为止。

上面步骤如此继续下去直到第一行元素减去第 n 行对应元素之差为常数为止。

2) 权重值的确定

利用模糊一致判断矩阵 $\boldsymbol{R}$ 求元素 a_1，a_2，…，a_n的权重值 w_1，w_2，…，w_n。设元素 a_1，a_2，…，a_n进行两两重要性比较得到的模糊一致性矩阵为 $\boldsymbol{R}=(r_{ij})_{n\times n}$，则有如下关系式成立：

$$r_{ij}=0.5+a(w_i-w_j),\ i,\ j=1,\ 2,\ \cdots,\ n \tag{8-54}$$

通过计算又可得

$$w_i=\frac{1}{n}-\frac{1}{2a}+\frac{1}{na}\sum_{k=1}^{n}r_{ik},\ i=1,\ 2,\ \cdots,n \tag{8-55}$$

式中，a 是人们对所感知对象的差异程度的一种度量。由式（8-54）可知，a 越大，权重之差越小；a 越小，权重之差则越大，当 $a=(n-1)/2$ 时权重之差达到最大。因此，a 越小表明决策者非常重视元素间重要程度的差异，a 越大表明决策者不是非常重视元素间重要程度的差异。在实际应用中我们经常取 $a=(n-1)/2$，但其差异当 n 较大时已经很小。

当模糊判断矩阵 $\boldsymbol{R}$ 不是一致矩阵的时候，式（8-55）中等号不严格成立，这时可采用最小二乘法求权重向量 $\boldsymbol{W}=[w_1, w_2, \cdots, w_n]^{\mathrm{T}}$，即求解如下的约束规划问题

$$(\mathrm{P1})\quad \begin{cases} \min z = \sum_{i=1}^{n}\sum_{j=1}^{n}[0.5+a(w_i-w_j)-r_{ij}]^2 \\ \mathrm{s.t.} \sum_{i=1}^{n} w_i = 1,\ w_i \geqslant 0,\ (1 \leqslant i \leqslant n) \end{cases} \tag{8-56}$$

由拉格朗日乘子法知，约束规划问题（P1）等价于如下无约束规划问题（P2）

$$(\mathrm{P2})\quad \min L(w,\lambda) = \sum_{i=1}^{n}\sum_{j=1}^{n}[0.5+a(w_i-w_j)-r_{ij}]^2 + 2\lambda\Big[\sum_{i=1}^{n} w_i - 1\Big] \tag{8-57}$$

式中，λ 是 Lagrange 乘子。

将 $L(w, \lambda)$ 关于 w_i（$i=1, 2, \cdots, n$）求偏导数，并令其为零，得 n 个代数方程组成的方程组（P3）

$$(\mathrm{P3})\quad a\sum_{j=1}^{n}[0.5+a(w_i-w_j)-r_{ij}] - a\sum_{k=1}^{n}[0.5+a(w_k-w_i-r_{ki})] + \lambda = 0 \tag{8-58}$$

即

$$(\mathrm{P4})\quad \sum_{j=1}^{n}[2a^2(w_i-w_j)-a(r_{ji}-r_{ij})] + \lambda = 0 (r_{ii}=0.5) \tag{8-59}$$

方程组（P4）含有 $n+1$ 未知数 $w_1, w_2, \cdots, w_n, \lambda$，$n$ 个方程，解此方程组还不能确定唯一解。又因 $w_1+w_2+\cdots+w_n=1$，故将此式加到方程组（P4）中可得到含有 $n+1$ 个方程，$n+1$ 个未知量的方程组：

$$\begin{cases} 2a^2(n-1)w_1 - 2a^2w_2 - 2a^2w_3 - \cdots - 2a^2w_n + \lambda = a\sum_{j=1}^{n}(r_{1j}-r_{j1}) \\ 2a^2w_1 - 2a^2(n-1)w_2 - 2a^2w_3 - \cdots - 2a^2w_n + \lambda = a\sum_{j=1}^{n}(r_{2j}-r_{j2}) \\ \vdots \\ 2a^2w_1 - 2a^2w_2 - 2a^2w_3 - \cdots - 2a^2(n-1)w_n + \lambda = a\sum_{j=1}^{n}(r_{nj}-r_{jn}) \\ w_1+w_2+\cdots+w_n = 1 \end{cases} \tag{8-60}$$

解此方程组即可求得权重向量 $\boldsymbol{W}=[w_1, w_2, \cdots, w_n]^{\mathrm{T}}$。

8.3.2 灰度最大关联度法定量评估牵引供电系统供电风险

通过权重计算，层次分析法能够确定不同因素对所研究问题的贡献量，但还需要采用一种定量的评价方法来衡量所研究问题的严重性，此时可以使用灰色理论中的相关决策方法。灰色关联决策的基本思想是依据问题的实际背景，找出理想最优方案对应的效果评价向量，

由决策问题中各个方案的效果评价向量与理想最优方案的效果评价向量之间灰色关联度的大小来确定问题的最优方案及方案的优劣排序。该方法具有简单可靠的特点，已经在许多领域得到了应用。

使用灰色最大关联度法需要将评价指标优劣程度划分为不同等级，并给各等级赋予不同的值来度量风险大小。风险差异不同，所分的等级也不同。参考铁路部门相关抢修文件，可以看到铁路部门常用四个等级划分来描述对一个事物的划分[141,142,143]，所以为了方便铁路相关部门做出决策，在考虑恶劣天气影响下的牵引供电系统风险评估中可将等级划分为 4 级，即风险标准集为：$V=\{V_1, V_2, V_3, V_4\}$，对应的风险程度可描述为：{低，较低，中等，高}，并分别赋值为{4，3，2，1}，若指标介于两相邻等级之间，其相应评分为 3.5，2.5，1.5，0.5。具体步骤如下。

1. 评分和构造评分矩阵

组织 r 位专家通过资料查阅、讨论等方式对风险指标进行分析，分别对各个风险指标 R_{ij} 按评分等级标准打分，记为 d_{ijk}（$i=1, 2, \cdots, m$；$j=1, 2, \cdots, n$；$k=1, 2, \cdots, r$）。综合专家对所有评价指标的评价数据，得到评价矩阵

$$\boldsymbol{D}=\begin{bmatrix} d_{111} & d_{112} & \cdots & d_{11r} \\ \vdots & \vdots & & \vdots \\ d_{ij1} & d_{ij2} & \cdots & d_{ijr} \\ \vdots & \vdots & & \vdots \\ d_{mn1} & d_{mn2} & \cdots & d_{mnr} \end{bmatrix} \tag{8-61}$$

2. 确定评价灰数

由于各位专家在知识结构和认识上的差异，只能给出一个灰数的白化值。为真实反映属于某类的程度，需要确定评价灰类的白化权函数。根据评价等级 V，确定评价灰类为 4 类，即设灰数序号 $h=1, 2, 3, 4$。把评价灰类取为优（低风险）、良（较低风险）、中（中等风险）、差（高风险），各评价灰类及白化权函数为：

第一灰类，“优”，评分在 4 分或者 4 分以上，对应低风险，白化权函数为 f_1：

$$f_1=\begin{cases} d_{ijk}/4 & d_{ijk}\in[0, 4) \\ 1 & d_{ijk}\in[4, \infty) \\ 0 & d_{ijk}\in(-\infty, 0) \end{cases} \tag{8-62}$$

第二灰类，“良”，评分在 3 分左右，对应较低风险，白化权函数为 f_2：

$$f_2=\begin{cases} d_{ijk}/3 & d_{ijk}\in[0, 3) \\ (6-d_{ijk})/3 & d_{ijk}\in[3, 6] \\ 0 & d_{ijk}\notin[0, 6] \end{cases} \tag{8-63}$$

第三灰类，“中”，评分在 2 分左右，对应中等风险，白化权函数为 f_3：

$$f_3=\begin{cases} d_{ijk}/2 & d_{ijk}\in[0, 2) \\ (4-d_{ijk})/2 & d_{ijk}\in[2, 4] \\ 0 & d_{ijk}\notin[0, 4] \end{cases} \tag{8-64}$$

第四灰类，“差”，评分在 1 分左右，对应高风险，白化权函数为 f_4：

$$f_4=\begin{cases}1 & d_{ijk}\in[0,\ 1)\\ 2-d_{ijk} & d_{ijk}\in[1,\ 2]\\ 0 & d_{ijk}\notin[0,\ 2]\end{cases} \tag{8-65}$$

3. 计算灰色评价系数

对评价指标 R_{ij}，其属于第 h 个评价灰类的灰色评价系数记为 M_{ijh}，则

$$M_{ijh}=\sum_{k=1}^{r}f_h(d_{ijk}) \tag{8-66}$$

其属于各个评价灰类的灰色评价系数记为 M_{ij}，则有 $M_{ij}=\sum_{h=1}^{4}M_{ijh}$。

4. 计算灰色评价权向量及权矩阵

根据基于“功能驱动”的赋值法，所有评价专家就评价指标 R_{ij} 对各个灰类评价权向量 $\boldsymbol{q}_{ij}=[q_{ij1},\ q_{ij2},\ q_{ij3},\ q_{ij4}]$。

将所有评价指标 R_{ij} 的灰色评价权向量 $\boldsymbol{q}_{ij}$ 综合后，即得到第 i 个一级指标 R_i 所属指标对于各评价灰类的灰色评价权矩阵 $\boldsymbol{Q}_i$，记为

$$\boldsymbol{Q}_i=\begin{bmatrix}\boldsymbol{q}_{i1}\\ \boldsymbol{q}_{i2}\\ \vdots\\ \boldsymbol{q}_{i4}\end{bmatrix}=\begin{bmatrix}q_{i11} & \boldsymbol{q}_{i12} & q_{i13} & q_{i14}\\ q_{i21} & \boldsymbol{q}_{i22} & q_{i23} & q_{i24}\\ \vdots & \vdots & \vdots & \vdots\\ q_{ij1} & \boldsymbol{q}_{ij2} & q_{ij3} & q_{ij4}\end{bmatrix} \tag{8-67}$$

$(i=1,\ 2,\ \cdots,\ m;\ j=1,\ 2,\ \cdots,\ n)$，其中 $\boldsymbol{q}_{ijh}=M_{ijh}/M_{ij}$。

5. 综合评价

对评价指标 R_{ij} 做综合评价，其综合评价结果记为 $\boldsymbol{B}_i$，记 $\boldsymbol{B}_i=\boldsymbol{W}_i\boldsymbol{Q}_i=[b_{i1},\ b_{i2},\ b_{i3},\ b_{i4}]$，从而得到 R_i 指标对各个评价灰数的灰色评价权系数矩阵 $\boldsymbol{Q}$，记

$$\boldsymbol{Q}=\begin{bmatrix}\boldsymbol{B}_1\\ \boldsymbol{B}_2\\ \vdots\\ \boldsymbol{B}_m\end{bmatrix}=\begin{bmatrix}b_{11} & b_{12} & b_{13} & b_{14}\\ b_{21} & b_{22} & b_{23} & b_{24}\\ \vdots & \vdots & \vdots & \vdots\\ b_{m1} & b_{m2} & b_{m3} & b_{m4}\end{bmatrix} \tag{8-68}$$

再对一级指标 R 做综合评价，其综合评价结果记为 $\boldsymbol{B}$，记为 $\boldsymbol{B}=\boldsymbol{WQ}=[\boldsymbol{b}_1,\ \boldsymbol{b}_2,\ \boldsymbol{b}_3,\ \boldsymbol{b}_4]$。

6. 计算综合评价值，评价风险

设将各评价灰类等级按“灰水平”（阀值）赋值，则各评价灰类等级值化为向量 $\boldsymbol{C}=[4,\ 3,\ 2,\ 1]$。则综合评价值为

$$\text{Risk}=\boldsymbol{BC}^{\mathrm{T}} \tag{8-69}$$

8.3.3 牵引供电系统风险评估的层次分析模型

首先，按照层次分析法的步骤，结合专家意见，将评估的总目标选定为整条电气化铁路在恶劣天气影响下的风险值，该总体目标是从全局角度综合衡量可能造成高速铁路停运的各个要素，即将有可能造成运输中断的对象要素列入目标层和准则层。

其次，从牵引供电系统外部、内部及其他因素角度出发，经过分析并结合专家意见，建立层次评估的准则层：外部电源、接触网系统和牵引供电系统设备及其他意外风险。

再次，建立层次分析的方案层。因为一条高速铁路总是由若干牵引变电站和供电臂组成，所以不妨将最底层元素选为自然的牵引变电站和供电臂。那么，对于外部电源建立方案层，将铁路包含的各个牵引变电站选为目标层元素，同时，选取缺供电量指标来使其具有可比性。对于接触网系统的目标层，基于同样的考虑选择各个供电臂为方案层，选取过载荷风险值为比较量。对于牵引供电系统设备和其他因素风险，经过调查和资料分析，选取牵引变电所、牵引供电系统绝缘子、信号系统、大电网高压线和树害为目标层。牵引变电所是连接外部电网和接触网系统的纽带，在恶劣天气下保证正常运行和所有保护动作正确才能使其负责的供电臂内列车正常运行；绝缘子在覆冰时闪络电压低于耐污电压，发生闪络的可能性在恶劣天气下增加；信号系统属于铁路的电力供电部分，在恶劣天气影响下，如果丧失电源信号系统停止工作的话，将直接影响列车运行；目前我国电气化铁路存在较多的接触线穿大电网高压线路的情况，倘若外部电网电线掉落，将直接损坏接触线或没有地埋的自闭线和贯通线；树害在大风及冰冻雨雪灾害天气下都容易发生，树枝摇摆或折断掉落在接触线上将造成接触线损坏或短路。

牵引供电系统风险评估评估层次如图8-14所示。

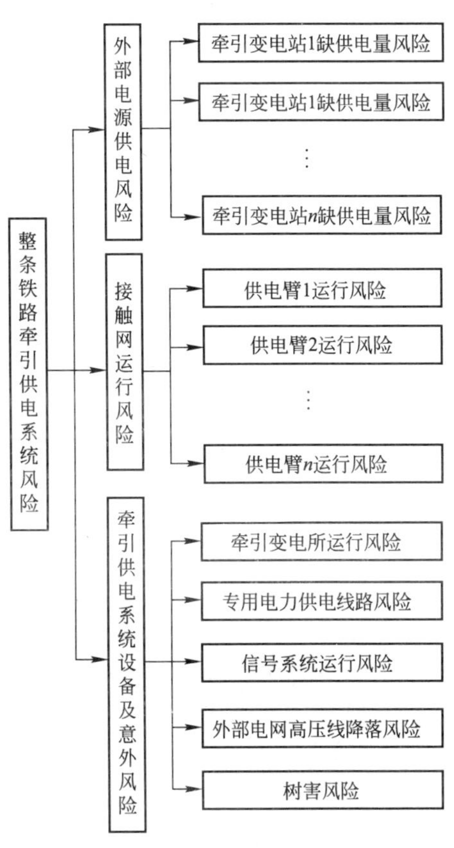

图8-14　牵引供电系统风险评估评估层次

8.4　恶劣天气下RBTS对某高速铁路的供电风险综合评估

RBTS（Roy Billinton Test System）系统由加拿大Saskatchewa大学R. Billinton教授的电力系统研究室提出，后在1989年1月29日至2月3日纽约召开的IEEE PES冬季会议上发表，得到IEEE电气工程学会所属的IEEE电气工程教育委员会一致承认，用于电力系统可靠性教育方面的研究[144,145,146]。

假设RBTS系统向某高速铁路供电，该铁路含有5座牵引变电站，每个牵引变电站采用双回路（或双回线）供电，其中B2通过双回线向TPS1供电，B1和B3向TPS2供电，B4引出双回线向TPS3供电，B4和B5向TPS4供电，B5和B6向TPS5供电。其供电方式满足《高速铁路设计规范（试行）》。运动恶劣天气下RBTS向高速铁路供电示意图见图8-15。算例中采用恒定负荷模型，每个牵引负荷均为20 MW。输电线路故障率随时间变化，按照表8-1计算生成，其余参数见表8-7、表8-8和表8-9。

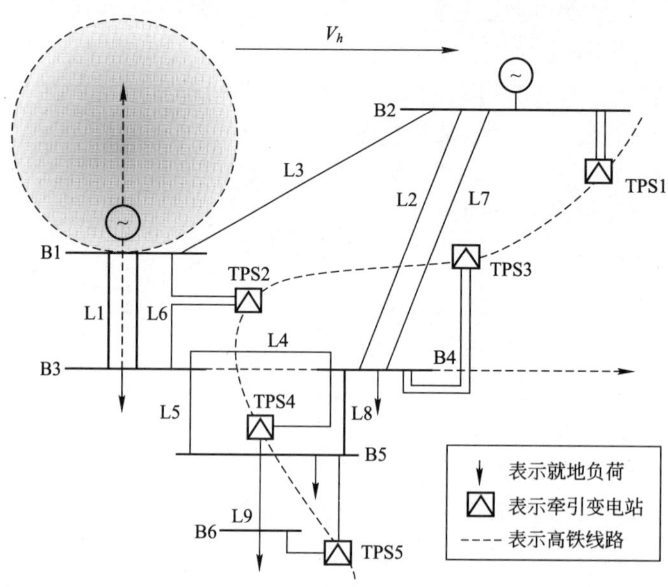

图8-15 运动恶劣天气下RBTS向高速铁路供电示意图

需要说明的是，本章的主旨在于建立考虑大风、覆冰和雷击等恶劣天气下高速铁路供电系统综合风险评估的理论，包括各种风险的指标体系、计算模型和计算方法，因此在本节算例的恶劣天气过程中同时考虑了大风、覆冰和雷击的影响。但这并不意味着这些恶劣天气会同时出现，本章的理论和评估方法完全适用于单一类型的恶劣天气下的风险评估。

表8-7 输电线路长度和故障率参数

线路编号	起点母线编号	终点母线编号	长度/km	恢复时间/h
1	1	3	75	10
2	2	4	250	10
3	1	2	200	10
4	3	4	50	10
5	3	5	50	10
6	1	3	75	10
7	2	4	250	10
8	4	5	50	10
9	5	6	50	10

表8-8 母线负荷数据

母线编号	负荷量/MW	牵引变电站	牵引负荷峰值/MW	占系统负荷量的百分比/%
2	20	1	20	10.81
3	85	2	20	45.95
4	40	3	20	21.62
5	20	4	20	10.81
6	20	5	20	10.81

表 8-9　发电机组可靠性数据

母线编号	机组容量/MW	机组类型	数量台	故障率/(次/年)	故障修复时间/h
2	5	水电	2	2.0	45
1	10	火电	1	4.0	45
2	20	水电	4	2.4	55
1	20	火电	1	5.0	45
2	40	水电	1	3.0	60
1	40	火电	2	6.0	45

RBTS 具有 6 个节点、11 台发电机和 9 条线路，其中 4 台发电机与母线节点 1 相连，7 台发电机与母线节点 2 相连，方便起见，记 1G1 为连接在节点 1 的 1 号发电机，记 1L1-3 为节点 1 和节点 3 之间的线路 1，其余标记同上。

在考虑风冰恶劣天气影响下，综合评估外部电源、接触网各自的供电风险以及对牵引供电系统的供电风险进行综合评价。天气参数具体如下：$A_1=25$ m/s，$A_2=5$ m/s，$A_3=20$ mm/h，风力设计载荷 $dl_W=18.95$ m/s，覆冰设计载荷 $dl_I=20$ mm，风力影响半径为 200 km，冰力影响半径为 130 km，$V_h=90$ km/h，载荷影响因子分别取为 0.4 倍的风力和冰力影响半径。该恶劣天气过程中还伴随着雷击天气。根据公式计算输电线路载荷值，各项风险指标根据公式每小时计算一次。

忽略母线长度、平行输电线间距离，以 3 号母线为坐标原点，将算例坐标化，见图 8-16。图中圆圈是对输电线路用等距 50 km 分割后得到的，为计算中线路考察时的代表点。从左下向上至右下，坐标分别为 u_1（27，117），u_2（54，159），u_3（81，201），u_4（108，243），u_5（96，194），u_6（85，151），u_7（73，102），u_8（61，47）。5 段供电臂第 1、2 供电臂（起始至 TPS3）为 80 km，第 3 供电臂（TPS3 至 TPS2）为 60 km，第 4、5 供电臂（TPS4 至 TPS5）长度为 50 km。

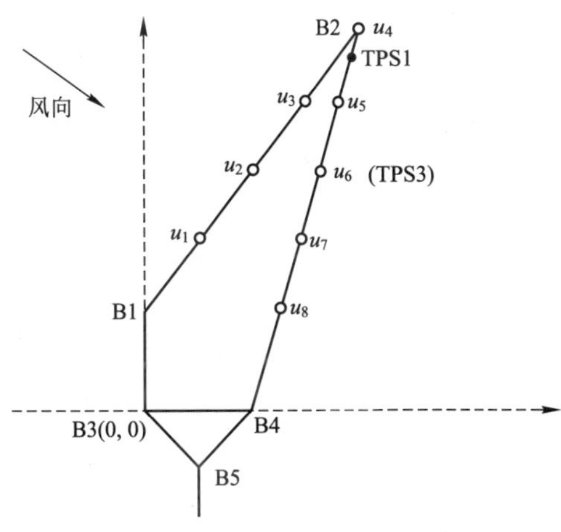

图 8-16　算例坐标化示意图

恶劣天气气象中心初始位置位于（−162，263），坐标原点在 B3 母线处，气象中心沿水平方向向右移动。计算时，将 L_2 与 L_7、L_1 与 L_6 之间的间距忽略。风力垂直作用于 L_3，与 L_2 夹角为 71°。恶劣天气气象中心 7 小时后完全移动出该供电系统。根据公式计算输电线路载荷值，各项风险指标根据公式每小时计算一次。

8.4.1　RBTS 对高速铁路供电风险评估

图 8-17～图 8-20 表示各牵引变电站在不同时间段内的风险指标值的变化，图 8-21 给出了各时间段内整条铁路的失通过能力风险。

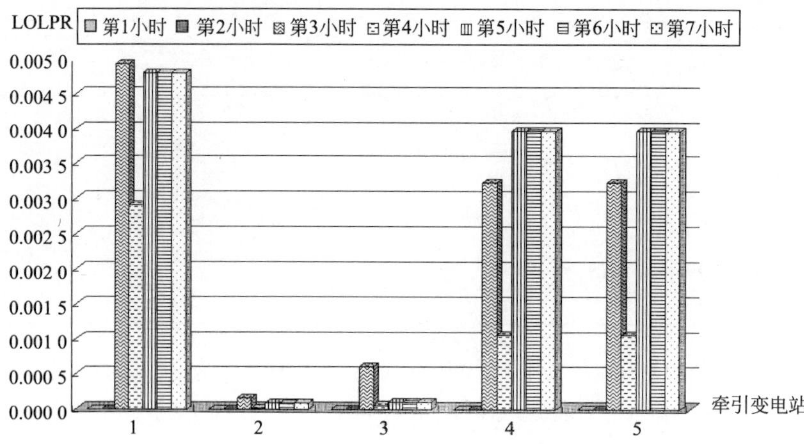

图 8－17 短期牵引负荷削减概率风险

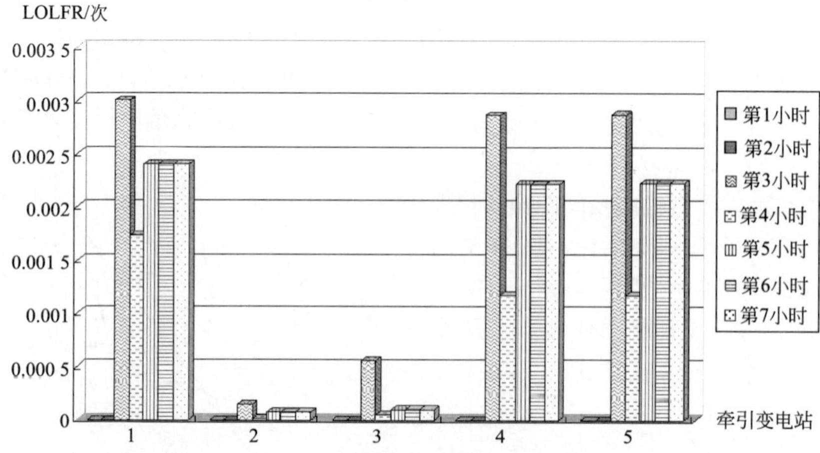

图 8－18 短期牵引负荷削减频率风险

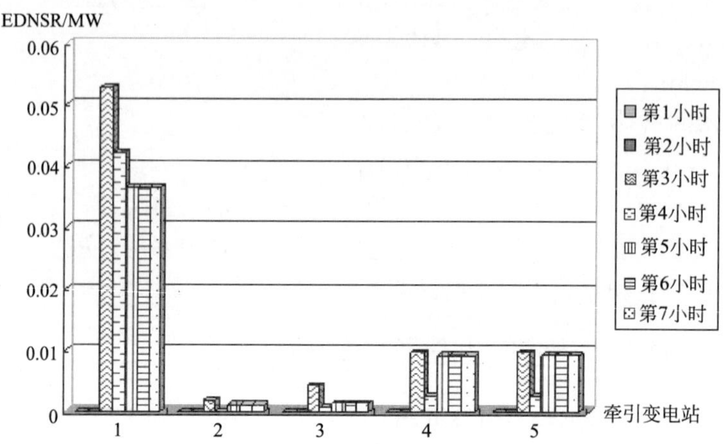

图 8－19 短期牵引负荷缺供电力风险

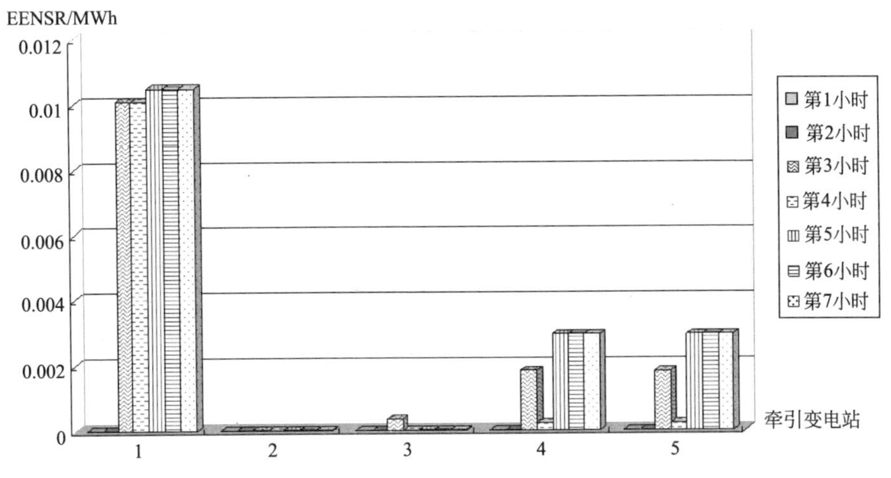

图 8－20　短期牵引负荷缺供电量风险

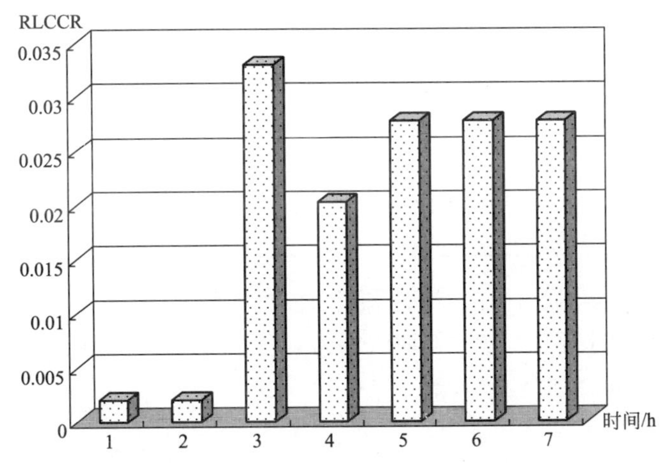

图 8－21　铁路失通过能力风险结果

分析计算结果，可以得到如下结论。

（1）各元件故障率随气象中心移动实时改变，从而使得各牵引变电站风险值实时变化。不同的天气、不同的气象中心运动方式对风险影响不同。

（2）恶劣天气使各牵引变电站的风险值大幅增加，相对于正常天气下的第一、二小时而言，风险值最大时相差五个数量级。

（3）从计算结果还能看出，风载荷与冰载荷的共同作用最大时，系统风险最大。算例中第 4 小时虽然积冰厚度处于快速增长期，但风载荷明显减弱，故风险值有所下降。最后 3 h 风载荷影响极小，风险主要由冰载荷造成，而此时积冰厚度已不再变化，风险值基本不变。

（4）在本算例中，1 号牵引变电站受天气影响最大，其次是 4、5 号牵引变电站，且风险值接近，2、3 号牵引变电站在系统中的各种风险相对于其他牵引变电站要小。从结果可以看出，在负荷削减策略下，牵引负荷占总负荷比例越小，其风险越小。

8.4.2 接触网系统的运行风险评估

接触网的设计风速为 v=20 m/s，覆冰载荷设计值为 15 mm，积冰时设计风速 v_b=10 m/s。

接触网计算条件如下：接触网采用半补偿弹性链形悬挂，悬挂类型为 GJ－70＋TCG－100。线索计算基本参数[147]如表 8－10 所示。

表 8－10 线索计算基本参数

型号＼参数	g_0 /(N/m)	h /mm	S /mm²	T /kN	a /(℃·10⁻⁶)	E /MPa	γ /(g/cm³)
GLCA $\frac{100}{215}$	9.25	16.5	215	10	17.4	980 66.5	4.3
GLCB $\frac{80}{173}$	7.44	16.7	173	8.5	17.0	961 05.2	4.3
TCG－100	8.9	11.8	100	10	17.0	127 486.5	8.9
TCG－85	7.6	10.8	85	8.5	170	127 486.5	8.9
GJ－70	6.15	11.0	72.2	15	12.0	196 133	7.85
GJ－50	4.11	9.0	48.3	10	12.0	196 133	7.85
LJ－185	5.06	17.5	183	12	23.0	617 81.9	2.70

承力索张力—温度变化表如表 8－11 所示。

表 8－11 承力索张力—温度关系

T_{cx}/kN	15	14	13	12	11	10	9	8.4
t_x/℃	−20	−12	−4	5	14	24	33	40

通过计算，可得该接触悬挂在设计时采用的合成负载为 31 N/m。

计算中考虑到有积冰存在，选取当时气温为 t_b=−4 ℃，选取张力为 13 kN；

当量系数 m=0.85；

供电臂 1 的跨距为 l=65 m，其余供电臂跨距为 l=60 m；

之字值 z=300 mm；

当风速较大时，计入挠度值 γ=20 mm。

计算的起始时刻为 0 时刻，每 3 min 计算一次风险值。

从线路拓扑结构分析，整条铁路 5 个供电臂中，仅有供电臂 1 和供电臂 2 受到该天气影响。

下面计算风偏风险值。

供电臂 1 的风偏风险值结果如图 8－22 所示。

供电臂 2 在本次天气过程中，虽然受风影响，接触线发生风偏，但风力较小，风偏值小于 450 mm，风偏风险值为 0。

供电臂 1 载荷风险如图 8－23 所示。

供电臂 2 载荷风险如图 8－24 所示。

对于接触网的雷击风险，第 3 和第 4 时段内各牵引变电站供电的接触网区段的雷击风险如表 8－12 所示。表中，接触网长度包含了上下行两个方向，雷击概率和雷击风险按照式（8－45）和式（8－47）计算。由于此次运动天气过程只在第 3 和第 4 时段覆盖了第 1 和第 3 牵引变电站供电的接触网区段，故其他接触网区段的雷击风险为 0。由表 8－12 可见，在第

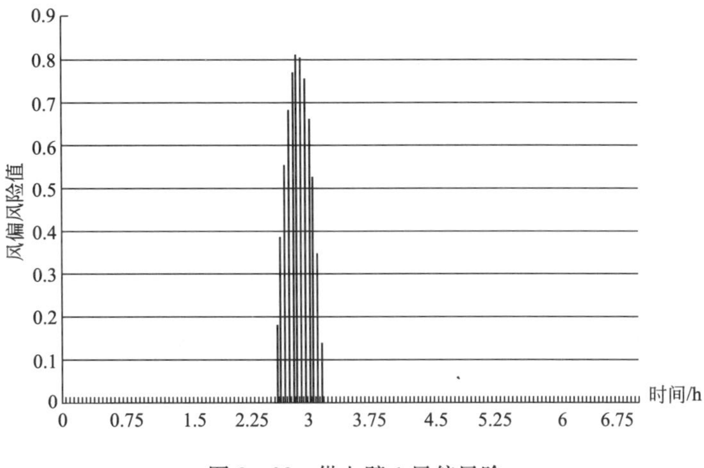

图 8-22　供电臂 1 风偏风险

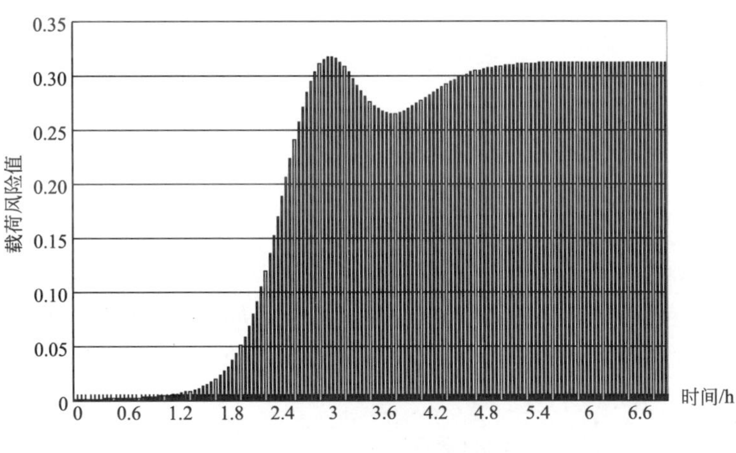

图 8-23　供电臂 1 载荷风险

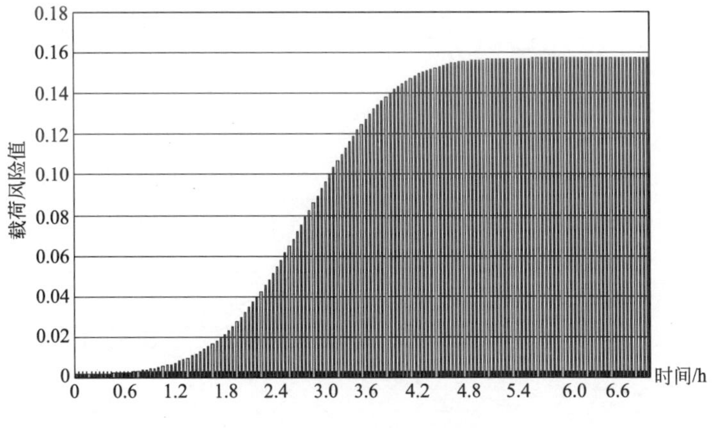

图 8-24　供电臂 2 载荷风险

3和第4小时段内，第1和第3牵引变电站接触网系统遭雷击停电的风险最大，而第2、第4和第5牵引变电站接触网系统的雷击风险为零。

表8－12　接触网的雷击风险（第3和第4小时）

牵引变电站	1	2	3	4	5
雷击日	90	90	90	75	75
接触网长度	160	120	150	100	90
雷击概率	0.581	0.435	0.544	0.343	0.309
行车密度	5	5	6	6	5
雷击风险	0.483 4	0	0.543 9	0	0

从计算结果可以得到如下结论。

（1）和外部电源风险特征不同，风险最大的供电臂就是直接受恶劣天气影响的供电臂。风偏风险在恶劣天气影响范围内随时间变化，供电臂2虽然受到恶劣天气影响，但因为风压较小，没有形成风偏风险。对于供电臂1，风偏最大值出现在第3个小时附近。

（2）载荷风险最大值出现在风力载荷和冰载荷共同作用最大的时刻，之后由于风力的减弱，积冰厚度的不再增加而趋于稳定。在本算例中，供电臂1所受载荷风险约是供电臂2的两倍。通过评估，可以判断积冰量是否会造成重大结构性损害。

（3）遭雷击停电风险最大值出现在第3和第4小时段的供电臂1和供电臂3上，第2、第4和第5供电臂的雷击风险为零。

（4）综合8.4.1节计算结果可知，在此次运动天气情况下，供电臂1上的列车受到的影响最大，供电臂3上的电力机车受到的影响次之。

通过对风险的判断，铁路相关部门可以看出恶劣天气对高速铁路运行的影响，提前发出限速、停运等的信号；同时可以提前派出接触网作业车进行积冰预防，或者在积冰形成时快速向打冰点派出工作人员。加强易受雷击停电接触网区段的巡视和在线故障定位，以缩短停电时间，尽快恢复铁路的正常运行。

8.4.3　牵引供电系统风险评估

首先，构造评价递阶层次，如表8－13所示。

表8－13　牵引供电系统风险评估层次

牵引供电系统风险 R	外部电源供电风险 R_1	牵引变电站1缺供电量风险 R_{11}
		牵引变电站2缺供电量风险 R_{12}
		牵引变电站3缺供电量风险 R_{13}
		牵引变电站4缺供电量风险 R_{14}
		牵引变电站5缺供电量风险 R_{15}
	接触网运行风险 R_2	供电臂1运行风险 R_{21}
		供电臂2运行风险 R_{22}
		供电臂3运行风险 R_{23}
		供电臂4运行风险 R_{24}
		供电臂5运行风险 R_{25}

续表

牵引供电系统风险 R	牵引供电系统设备及意外风险 R_3	牵引变电站运行风险 R_{31}
		专用电力供电线路风险 R_{32}
		信号系统运行风险 R_{33}
		外部电网高压线降落风险 R_{34}
		树害风险 R_{35}

对于 R_1、R_2层次下的指标，因为有具体计算的数值，含义明确，专家可以直接构造出两两判断矩阵，分歧小且容易通过层次分析法的一致性检验。对于 R_3层次下的各指标，因为没有定量的数值衡量，在构造两两判断矩阵后一致性检验时可能难以通过，需要多次调整。所以采用模糊层次分析法由专家根据知识和经验形成两两判断矩阵。

根据专家打分得出的两两判断矩阵如下：

（1）方案层的两两判断矩阵

① 外部电源供电风险 R_1的两两判断矩阵：

$$\begin{array}{c} \\ R_{11} \\ R_{12} \\ R_{13} \\ R_{14} \\ R_{15} \end{array}\begin{array}{c} \begin{array}{ccccc} R_{11} & R_{12} & R_{13} & R_{14} & R_{15} \end{array} \\ \begin{bmatrix} 1 & 9 & 9 & 6 & 6 \\ 1/9 & 1 & 1 & 1/4 & 1/4 \\ 1/9 & 1 & 1 & 1/4 & 1/4 \\ 1/6 & 3 & 3 & 1 & 1 \\ 1/6 & 3 & 3 & 1 & 1 \end{bmatrix} \end{array}$$

② 接触网运行风险 R_2的两两判断矩阵：

$$\begin{array}{c} \\ R_{21} \\ R_{22} \\ R_{23} \\ R_{24} \\ R_{25} \end{array}\begin{array}{c} \begin{array}{ccccc} R_{21} & R_{22} & R_{23} & R_{24} & R_{25} \end{array} \\ \begin{bmatrix} 1 & 3 & 5 & 5 & 5 \\ 1/3 & 1 & 3 & 3 & 3 \\ 1/5 & 1/3 & 1 & 1 & 1 \\ 1/5 & 1/3 & 1 & 1 & 1 \\ 1/5 & 1/3 & 1 & 1 & 1 \end{bmatrix} \end{array}$$

③ 对牵引供电系统设备及意外风险 R_3的模糊判断矩阵：

$$\begin{array}{c} \\ R_{31} \\ R_{32} \\ R_{33} \\ R_{34} \\ R_{35} \end{array}\begin{array}{c} \begin{array}{ccccc} R_{31} & R_{32} & R_{33} & R_{34} & R_{35} \end{array} \\ \begin{bmatrix} 0.5 & 0.2 & 0.4 & 0.4 & 0.3 \\ 0.8 & 0.5 & 0.7 & 0.7 & 0.6 \\ 0.6 & 0.3 & 0.5 & 0.5 & 0.4 \\ 0.6 & 0.3 & 0.5 & 0.5 & 0.4 \\ 0.7 & 0.4 & 0.6 & 0.6 & 0.5 \end{bmatrix} \end{array}$$

（2）准则层的模糊判断矩阵

牵引供电系统风险 R 的模糊判断矩阵：

$$\begin{array}{c} \\ R_1 \\ R_2 \\ R_3 \end{array}\begin{array}{c} \begin{array}{ccc} R_1 & R_2 & R_3 \end{array} \\ \begin{bmatrix} 0.5 & 0.7 & 0.8 \\ 0.3 & 0.5 & 0.6 \\ 0.2 & 0.4 & 0.5 \end{bmatrix} \end{array}$$

(3) 指标体系权重的计算

① 对外部电源风险方案层的权重计算：

判断矩阵最大特征根 $\lambda_{max}=5.07729$

一致性指标 CI=0.019 322

一致性比例 CR=0.017 252

通过一致性指标可以看到判断矩阵具有很好的一致性，使用特征根法求取权重向量得到：

$$W_1=[0.6218 \quad 0.0523 \quad 0.0523 \quad 0.1368 \quad 0.1368]^T$$

② 对接触网运行风险方案层的权重计算：

判断矩阵最大特征根 $\lambda_{max}=5.04174$

一致性指标 CI=0.010 434

一致性比例 CR=0.009 316

通过一致性指标可以看到判断矩阵具有很好的一致性，使用特征值法求取权重向量得到：

$$W_2=[0.4981 \quad 0.2362 \quad 0.0886 \quad 0.0886 \quad 0.0886]^T$$

③ 对牵引供电系统设备及意外风险方案层的权重计算：

选取 $a=2$，解以下方程组求取各方案层权重：

$$\begin{cases}32w_1-8w_2-8w_3-8w_4-8w_5+\lambda=-2.8\\-8w_1+32w_2-8w_3-8w_4-8w_5+\lambda=3.2\\-8w_1-8w_2+32w_3-8w_4-8w_5+\lambda=-0.8\\-8w_1-8w_2-8w_3+32w_4-8w_5+\lambda=-0.8\\-8w_1-8w_2-8w_3-8w_4-32w_5+\lambda=1.2\\w_1+w_2+w_3+w_4+w_5=1\end{cases}$$

解得权重向量为：$W_3=[0.13 \quad 0.28 \quad 0.18 \quad 0.18 \quad 0.23]^T$

④ 牵引供电系统风险评估方案层的权重计算：

选取 $a=1$，解以下方程组求取各方案层权重：

$$\begin{cases}4w_1-2w_2-2w_3+\lambda=1\\-2w_1+4w_2-2w_3+\lambda=1\\-2w_1-2w_2+4w_3+\lambda=1\\w_1+w_2+w_3=1\end{cases}$$

解得权重向量为：$W=[0.5 \quad 0.3 \quad 0.2]^T$

为了方便相关部门作出决策，评分等级按照之前的介绍分为四级。聘请4位专家对该恶劣天气影响下的牵引供电系统供电风险进行评价。所得的评价矩阵为

$$D=\begin{bmatrix}1 & 3 & 3 & 2.5 & 2.5 & 2 & 2.5 & 3.5 & 4 & 4 & 3.5 & 2 & 3.5 & 2.5 & 1.5\\1 & 3.5 & 3.5 & 2 & 2 & 2 & 2.5 & 4 & 4 & 4 & 3.5 & 2 & 3.5 & 3 & 2\\1 & 3 & 3 & 2 & 2 & 2 & 2.5 & 4 & 4 & 4 & 4 & 2.5 & 4 & 3 & 2\\1 & 3 & 3 & 2.5 & 2.5 & 1.5 & 2 & 4 & 4 & 4 & 4 & 2 & 4 & 3 & 2\end{bmatrix}^T$$

由上计算得灰色评价权矩阵为

$$\boldsymbol{Q}_1=\begin{bmatrix}\boldsymbol{q}_{11}\\\boldsymbol{q}_{12}\\\boldsymbol{q}_{13}\\\boldsymbol{q}_{14}\\\boldsymbol{q}_{15}\end{bmatrix}=\begin{bmatrix}0.12 & 0.16 & 0.24 & 0.48\\0.3589 & 0.4401 & 0.20 & 0\\0.3589 & 0.4401 & 0.20 & 0\\0.2571 & 0.3429 & 0.4 & 0\\0.2571 & 0.3429 & 0.4 & 0\end{bmatrix}$$

$$\boldsymbol{Q}_2=\begin{bmatrix}\boldsymbol{q}_{21}\\\boldsymbol{q}_{22}\\\boldsymbol{q}_{23}\\\boldsymbol{q}_{24}\\\boldsymbol{q}_{25}\end{bmatrix}=\begin{bmatrix}0.2174 & 0.2898 & 0.4348 & 0.058\\0.2701 & 0.3602 & 0.3697 & 0\\0.5569 & 0.4071 & 0.036 & 0\\0.6 & 0.4 & 0 & 0\\0.6 & 0.4 & 0 & 0\end{bmatrix}$$

$$\boldsymbol{Q}_3=\begin{bmatrix}\boldsymbol{q}_{31}\\\boldsymbol{q}_{32}\\\boldsymbol{q}_{33}\\\boldsymbol{q}_{34}\\\boldsymbol{q}_{35}\end{bmatrix}=\begin{bmatrix}0.5172 & 0.4138 & 0.069 & 0\\0.244 & 0.3254 & 0.4306 & 0\\0.5172 & 0.4138 & 0.069 & 0\\0.3209 & 0.4279 & 0.2512 & 0\\0.2174 & 0.2898 & 0.4348 & 0.058\end{bmatrix}$$

对各层风险指标作综合评价

$$\boldsymbol{B}_1=\boldsymbol{W}_1\boldsymbol{Q}_1=[0.1825\quad 0.2393\quad 0.2797\quad 0.2985]$$

$$\boldsymbol{B}_2=\boldsymbol{W}_2\boldsymbol{Q}_2=[0.3277\quad 0.3364\quad 0.307\quad 0.0289]$$

$$\boldsymbol{B}_3=\boldsymbol{W}_3\boldsymbol{Q}_3=[0.3364\quad 0.3631\quad 0.2872\quad 0.0133]$$

则

$$\boldsymbol{B}=\boldsymbol{WQ}=\boldsymbol{R}\begin{bmatrix}\boldsymbol{B}_1\\\boldsymbol{B}_2\\\boldsymbol{B}_3\end{bmatrix}=[0.2569\quad 0.2932\quad 0.2893\quad 0.1606]$$

由此计算可得本次恶劣天气影响下牵引供电系统总的供电风险为

$$\text{Risk}=\boldsymbol{BC}^{\mathrm{T}}=[0.2569\quad 0.2932\quad 0.2893\quad 0.1606][4\quad 3\quad 2\quad 1]^{\mathrm{T}}=2.6464$$

通过计算结果可知，该牵引供电系统在此恶劣天气影响下风险值介于灰数评价 2 和 3 之间，表示风险目前虽可以接受，但需要相关部门积极采取措施尽量规避。同时，从评价权重来看，1 号牵引变电站和供电臂 1 对整条铁路的风险影响最大。

8.5　本章小结

结合风冰天气模型建立输电线的动态故障率模型，在可靠性评估的基础上，采用 Monte-Carlo 仿真生成系统状态和启发式就近削负荷评估牵引变电站缺电概率、频率、大小，评估了牵引变电站受恶劣天气影响供电的薄弱时段和程度。

建立了接触网系统的风偏载荷和积冰载荷的模型，用严重程度函数刻画接触网的风偏和覆冰风险；提出了接触网的雷击跳闸率计算方法，用单位时间接触网内同时运行的动车组相对密度来衡量遭雷击停运的损失，建立了考虑大风、覆冰和雷击等恶劣天气的接触网运行风险指标体系。

确定了牵引供电系统风险的目标层、准则层和方案层，根据各层次风险指标的确定性程度，分别运用层次分析法和模糊层次分析法计算权重矩阵并进行一致性检验，用灰色最大关联度法计算目标层的综合风险值。

以 RBTS 系统向一条高速铁路供电为例，模拟恶劣运动天气经过部分铁路区段，对牵引供电系统外部电源、接触网系统和整个牵引供电系统的综合风险进行了实时定量的评估。

外部电源供电风险评估结果表明，1 号牵引变电站受天气影响最大，其次是 4、5 号牵引变电站，且风险值接近，2、3 号牵引变电站在系统中的各种风险相对于其他牵引变电站要小。而且牵引负荷占总负荷比例越小，其风险越小。

接触网系统运行风险评估结果表明，供电臂 1 的风偏最大值出现在第 3 个小时附近，载荷风险最大值出现在风力载荷和冰载荷共同作用最大的时刻，之后由于风力的减弱，积冰厚度的不再增加而趋于稳定。本算例中供电臂 1 所受载荷风险约是供电臂 2 的两倍。雷击风险最大值出现在第 3 和第 4 时段的供电臂 1 和供电臂 3 上，其他为零。

整个牵引供电系统的综合风险评估结果为，恶劣天气影响下风险值为 2.646 4，介于灰数评价 2 和 3 之间，目前风险在可以接受范围内，但需要相关部门积极采取措施尽量规避。同时，从评价权重看，1 号牵引变电站和供电臂 1 对整条铁路的风险影响最大。

以上结果验证了风险模型和评估算法的有效性，实现了高速铁路供电系统综合风险的实时定量评估和早期故障预警，为铁路运营调度和维护部门科学决策提供了理论依据。

附录 A

IEEE - RTS 79 系统

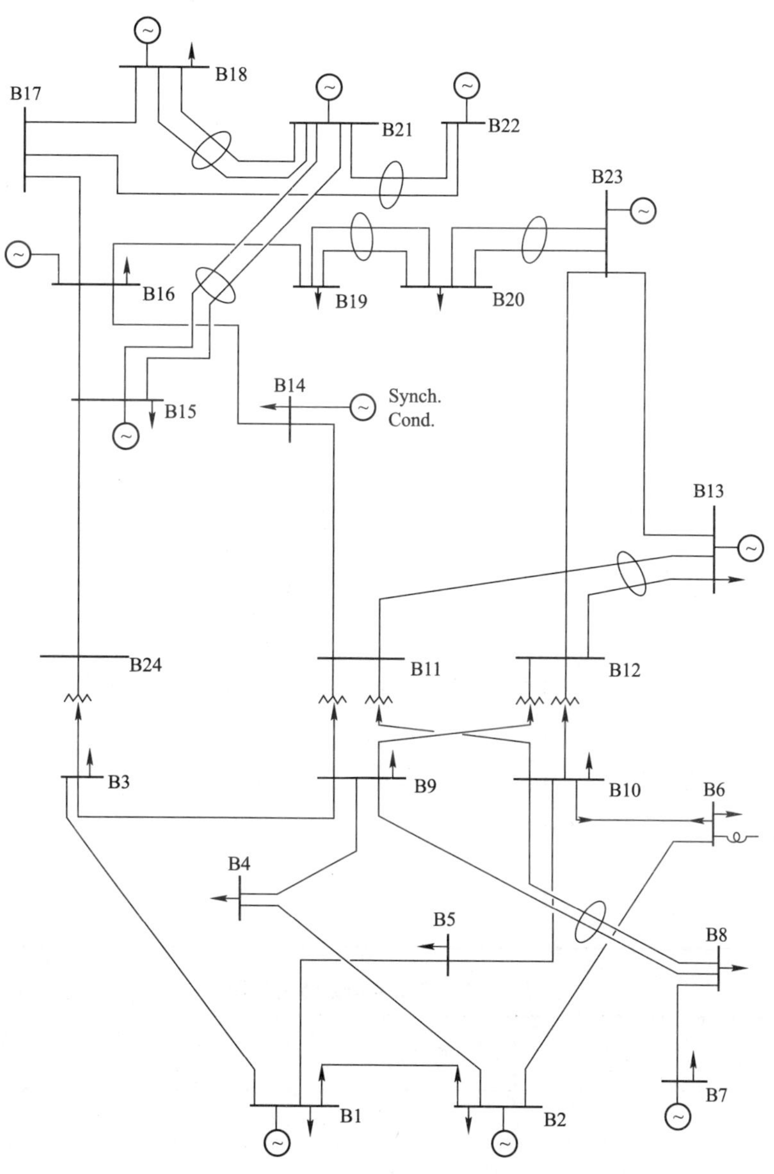

图 A - 1 IEEE - RTS 79 可靠性测试系统

表 A-1 输电线路长度和故障率参数

线路编号	起点母线编号	终点母线编号	长度/km	故障率/(次/年)	恢复时间/h
1	1	2	3	0.24	16
2	1	3	55	0.51	10
3	1	5	22	0.33	10
4	2	4	33	0.39	10
5	2	6	50	0.48	10
6	3	9	31	0.38	10
7	3	24	0	0.02	768
8	4	9	27	0.36	10
9	5	10	23	0.34	10
10	6	10	16	0.33	35
11	7	8	16	0.30	10
12	8	9	43	0.44	10
13	8	10	43	0.44	10
14	9	11	0	0.02	768
15	9	12	0	0.02	768
16	10	11	0	0.02	768
17	10	12	0	0.02	768
18	11	13	33	0.40	11
19	11	14	29	0.39	11
20	12	13	33	0.40	11
21	12	23	67	0.52	11
22	13	23	60	0.49	11
23	14	16	27	0.38	11
24	15	16	12	0.33	11
25	15	21	34	0.41	11
26	15	21	34	0.41	11
27	15	24	36	0.41	11
28	16	17	18	0.35	11
29	16	19	16	0.34	11
30	17	18	10	0.32	11
31	17	22	73	0.54	11
32	18	21	18	0.35	11
33	18	21	18	0.35	11
34	19	20	27.5	0.38	11
35	19	20	27.5	0.38	11
36	20	23	15	0.34	11
37	20	23	15	0.34	11
38	21	22	47	0.45	11

表 A-2 牵引变电站负荷数据

母线编号	负荷量/MW	牵引变电站	牵引峰值负荷/MW	占系统负荷量的百分比/%
4，5	145	1	20	13.79
9，10	370	2	20	5.40
13	265	3	20	7.55
19，20	309	4	20	6.47
16，18	433	5	20	4.62

表 A-3　发电机组可靠性数据

母线编号	机组容量/MW	数量/台	故障率	故障修复时间/h
15	12	5	0.02	60
1	20	2	0.10	50
2	20	2	0.10	50
22	50	6	0.01	20
1	76	2	0.02	40
2	76	2	0.02	40
7	100	3	0.04	50
15	155	1	0.04	40
16	155	1	0.04	40
23	155	2	0.04	40
13	197	3	0.05	50
23	350	1	0.08	100
18	400	1	0.12	150
18	400	1	0.12	150

附录 B

高速铁路接触网设备故障（缺陷）及处理措施

设备名称	故障或设备缺陷内容	处理措施
接触导线	局部损伤或磨耗超标	用接触线接头线夹进行电气机械补强（如磨耗超过20%，须整锚段换线）
	接触线线面不正，造成线夹偏斜，容易打碰弓	接触线校正扳手，整正线面
	接触线有弯曲部分	用五轮直弯器直弯，橡皮锤、垫板敲直
	拉出值不符合标准	重新安装定位器或调整定位支座的位置
	接触网高度不符合标准（接触线坡度或者接触线的不平顺度超标）	重新安装吊弦，必要时调整接触悬挂的结构高度
	非支接触线磨工支定位管	调整斜拉线定位管钩环的位置
	接触导线磨断或烧断	整锚段换线
承力索	烧伤断股	补强或接头处理
	发生横向偏移	调整腕臂柱承力索座、软横跨定位线夹位置
	承力索及连接部件有锈蚀、腐蚀现象	用砂纸打磨后涂电力复合脂进行防腐处理
	承力索螺栓力矩不达标	按标准紧固
	支柱定位点处附近有接头	在施工过程中极力避免的情况，一旦出现该种情况，在设备验收交接时，不会通过验收的；如在运行过程中出现，日常加强巡视监控力度，定期检查
	工、非支承力索有接头	日常巡视过程中，加强设备监控，检查接头状态
	非支承力索与工支定位斜拉线互磨	调整吊弦移位
吊弦	吊弦偏移超标	根据吊弦偏移值 E 调整吊弦到符合要求的位置
	吊弦过松或过紧	松开调节螺栓，调整吊弦到合适长度或更换整体吊弦
	吊弦线出现断股、散股、烧伤等本身缺陷	更换吊弦
	接触线吊弦线夹倾斜	用接触线扭面器扭正接触线面，然后紧固接触线吊弦线夹
	承力索吊弦线夹倾斜	松开承力索吊弦线夹，调正后紧固
	线鼻子倾斜可能引起打弓	松开接触线吊弦线夹调整至顺线路方向 45 度角以上
	线夹载流环线鼻子折断	更换线夹载流环

续表

设备名称	故障或设备缺陷内容	处理措施
吊弦	吊弦载流环与接触线夹角过小	松开接触线吊弦线夹紧固螺母，调整载流环与接触线角度
	调节螺栓损坏、不能进行调节	更换调节螺栓
	各部螺栓紧固力矩不符合标准	按螺栓紧固力矩标准紧固各部螺栓
	定位两侧相邻吊弦松弛/不受力	调整吊弦使其受力
	两端高差大，即动态检测压力大（与上述接触悬挂中接触线坡度超标重复）	调整吊弦的位置或更换吊弦
	非支吊弦距中锚承力索较近	调整该处吊弦的位置
	工支吊弦距非支导线/承力索距离较近	调整该处吊弦的位置
	吊弦与电联结互磨	调整该处吊弦的位置
软（硬）横跨	横梁角钢出现锈蚀	先用砂纸（或专用除锈喷砂机）进行除锈直至露出金属本色，然后喷涂防锈漆，最后喷涂银粉漆
	横梁出现驰度	在拼接法兰的上半部分添加适量垫片，按标准紧固拼接螺栓，使横梁略有负驰度
	吊柱的竖直度倾斜度超过1°	调整吊柱底座，松动吊柱倾斜方向同侧的螺栓，插入适量薄垫片，按要求紧固螺栓，使其竖直
	下部定位索距工作支接触线的距离小于250 mm	调整下部定位索位置
	横梁弯曲变形严重	更换该横梁
	各部螺栓紧固力矩不符合标准	按照标准紧固各部螺栓
中心锚结（承力索和接触线中心锚结绳）	中心锚结绳有断股	断股不严重时，作绑扎处理；断股严重时，更换该组中心锚结绳
	中心锚结绳两侧张力、长度不等相等，有松弛情况	调整两侧补偿装置的补偿坠砣或者调整补偿装置的补偿张力
	中心锚结线夹偏夹	使用校正扳手整正线夹处接触线线面，使线夹符合要求
	中心锚结线夹有裂纹缺陷	更换相对应的中心锚结线夹
	各部螺栓不紧固或缺失	按照规定力矩紧固/补齐
	各部螺栓未按规定涂油	涂油
	中心锚结线夹处接触线高于/低于要求	紧固外侧/内侧钢线夹子
关节式分相	两支承力索的水平间距不符合标准	1. 卸载工作支承力索，将其位置调整到标准位置；2. 以工作支承力索为基准，松开非工作支承力索座（拉杆式腕臂可调整调节板），按调整方向和数据，将非工作支承力索调整至符合标准
	两支承力索垂直间距（高差）不符合标准	1. 卸载工作支承力索，将其位置调整到标准位置；2. 以工作支承力索为基准，松开非组合承力索线夹（拉杆式腕臂可调整调节板），按调整方向和数据，将非工作支承力索调整至符合标准
	两支接触线水平间距不符合标准	1. 卸载工作支接触线，将其位置调整到标准位置；2. 以工作支接触线为基准，松开非工作支接触线锚支卡子，按调整方向和数据，将非工作支接触线调整至符合标准
	两支接触线垂直间距（高差）不符合标准	1. 调整或更换工作支定位点两侧吊弦，将工作支接触线高度调整至标准值；2. 以工作支接触线为基准，调整或更换非工作支定位点两侧第一根吊弦，使高差符合标准；再依次调整或更换其他吊弦

续表

设备名称	故障或设备缺陷内容	处理措施
关节式分相	两支接触线等高位置或等高值不符合标准	适当调整或更换等高点两侧吊弦，使两接触线等高点位于跨中，且两线的弛度均匀，两线平滑升高
	两支接触线偏移值不符合标准	先对一中心柱处工作支接触线的拉出值调整到标准值，以工作支接触线为基准，然后根据调整量，对非工作支接触线的拉出值进行调整，使其符合设计要求
	定位管坡度不符合标准	用水平尺或接触网多功能检测仪测量定位管坡度，确定调整量，调整定位管卡子位置
	分段绝缘子高度不符合标准	更换分段绝缘子附近的非工作支吊弦，使非支分段绝缘子下裙边距工支接触线不少于 200 mm
	分段绝缘子损坏、烧伤或接缝开胶	更换分段绝缘子
	各部件有裂纹、损伤、短缺	更换、补齐
	各部螺栓紧固有脱扣、锈蚀，各部位连接不正确	按标准力矩进行紧固，按标准安装
	两悬挂各部分（包括零部件）之间的距离在设计极限温度下不符合标准值	重新调整，两悬挂各部分（包括零部件）之间的距离在设计极限温度下应保持 50 mm 以上
	关节内工作支与非工作支交叉侧的吊弦相磨	移动非工作支吊弦位置，保证距离在设计极限温度下应保持 50 mm 以上
	关节式分相地面标志中各种标志牌的相对距离位置不符	移设标志牌
	地面感应器安装位置不符合标准	地面感应器安装位置不符合标准
锚段关节（绝缘/非绝缘）	两支承力索交叉处间隙不符合要求	同交叉线岔检修工艺
	定位柱处拉出值不符合标准	手扳葫芦一端固定在定位管顶端（曲线区段或正定位可根据线索受力方向固定手扳葫芦），另一端与接触线连接，摇动手板葫芦将接触线卸载，松开定位支座（或定位环），按调整方向和调整数据，将拉出值调整到标准值
	交叉点拉出值不符合标准	调整定位点处拉出值
	抬高量不符合标准	以工作支接触线高度为基准，更换非工作支吊弦，使非工作支接触线比工作支接触线抬高符合标准
	固定筋条卡滞	松开固定筋条两端线夹螺栓，根据安装曲线确定偏移量，调整固定筋条位置
	固定筋条卡滞活动间隙不符合要求	调整或更换侧线吊弦
	固定筋条本体缺陷	更换
	定位器坡度不符合标准	利用大绳或手扳葫芦等，将定位器卸载（卸载方法见接触线检修工艺），松动定位环线夹螺栓，调整定位管高度
	锚段关节电联结存在缺陷	补强或更换电联结
	各部件有脱扣、锈蚀、裂纹、损伤、短缺	更换、补齐
	各部螺栓紧固、连接不正确	按标准力矩进行紧固，按标准安装
	两悬挂各部分（包括零部件）之间的距离在设计极限温度下不符合标准值	重新调整，两悬挂各部分（包括零部件）之间的距离在设计极限温度下应保持 50 mm 以上
	关节内工作支与非工作支交叉侧的吊弦相磨	移动非工作支吊弦位置，保证距离在设计极限温度下应保持 50 mm 以上

续表

设备名称	故障或设备缺陷内容	处理措施
附加导线（供电线/回流线/正馈线/负馈线/保护线/吸上线含其联结线夹/架空地线/电缆）	附加导线的弛度不符合要求	紧固各悬挂点螺栓或两端对向下锚处加绝缘子串
	附加导线的各部绝缘距离不符合要求	增加或调整固定点、加装绝缘保护或更换肩架
	附加导线散股或断股	剪断重接
	绝缘子有烧伤、破损、釉面剥落超过300 mm	更换绝缘子
	绝缘子脏污	清洗绝缘子
	螺栓紧固力矩不符合标准	按标准紧固各部位螺栓
附加导线悬挂装置	支持悬挂部件出现损坏	更换支持悬挂部件
器件式分相绝缘器	绝缘滑道有裂纹、烧伤、破损、老化或严重磨损	更换绝缘滑道
	金属滑道烧伤、严重锈蚀	更换金属滑道
	主绝缘滑道底面有炭化通道	用酒精将主绝缘滑道或绝缘杆底平面擦干净或将绝缘棒旋转72°使用
	承力索分段绝缘子裂纹、烧伤、破损和老化	更换新绝缘子
	绝缘器高度不符合标准	调整或更换绝缘器两侧吊弦
	绝缘器与轨面连线不平行	调节绝缘器吊线的调节螺栓致水平
	绝缘器中心（顺线路方向）与受电弓中心偏移超过规定	适当增大或减小相邻定位点拉出值
	绝缘器导线接头处过渡不平滑	用平锉锉平，严重磨损时应及时更换
	消弧角变形，损坏	更换消弧角
	消弧角有放电痕迹	用砂纸进行打磨
	调节吊弦有断股	更换调节吊弦
	调节螺栓锈蚀、损坏	更换调节螺栓
	地面标志不符合标准	通知工务部门进行调整
	地面未安装自动过分相设备	安装分相设备
分段绝缘器	主绝缘滑道有裂纹、烧伤、破损、老化或严重磨损	更换主绝缘滑道
	导流板的下部球状部分磨损余下1～2 mm	更换导流板
	主绝缘滑道底面有炭化通道	用酒精将主绝缘滑道或绝缘杆底平面擦干净或将绝缘棒旋转72°使用
	承力索分段绝缘子裂纹、烧伤、破损和老化	更换新绝缘子
	绝缘器高度不符合标准	调整或更换绝缘器两侧吊弦
	绝缘器与轨面连线不平行	调节绝缘器吊线的调节螺栓致水平
	绝缘器中心（顺线路方向）与受电弓中心偏移超过规定	适当增大或减小相邻定位点拉出值
	绝缘器导线接头处过渡不平滑	用平锉锉平，严重磨损时应及时更换

续表

设备名称	故障或设备缺陷内容	处理措施
分段绝缘器	消弧角变形，损坏	更换消弧角
	消弧角有放电痕迹	用砂纸进行打磨
	调节吊弦有断股	更换调节吊弦
	两调节吊弦受力不均	据分段绝缘器的高度调整两调节吊弦到受力状态
	调节螺栓锈蚀、损坏	更换调节螺栓
	分段绝缘器损坏严重时	整体更换分段绝缘器
普通线岔	线岔交叉点横向位置不符合要求	调整正线或侧线拉出值
	线岔交叉点纵向位置不符合要求	调整道岔定位柱拉出值
	线岔交叉点横向和纵向位置都不符合要求	反复调整正线或侧线拉出值至符合标准
	两支工作支高差不符合标准	调整或更换侧线吊弦，达到高差标准
	非工作支和工作支的接触线高差不符合标准	调整或更换非工作支吊弦，达到高差标准
	道岔柱接触线高度不符合标准	调整定位点两端吊弦使其符合标准
	道岔柱拉出值不符合标准	调整或更换定位器
	定位器坡度不符合标准	调整定位管高度，在软横跨处调整斜吊线
	限制管卡滞	调整限制管位置
	限制管活动间隙不符合要求	调整或更换侧线吊弦
	限制管本体缺陷	更换限制管
	承力索间距小于60 mm	调整侧线承力索高度
	线岔始触区有线夹（非吊弦线夹）	除必须安装的吊弦线夹外，其他线夹必须移出
	交叉吊弦间距小于60 mm	调整使两交叉吊弦间距不小于60 mm
	螺栓紧固力矩不符合标准	按标准紧固
	线岔限制管吊弦磨定位管	调整线岔限制管
复式交分线岔	复式交分线岔承力索交叉点的垂直投影与线路的交叉点不重合	调整使得复式交分线岔承力索交叉点的垂直投影与线路的交叉点重合，允许误差±50 mm
	两附加接触线在两间隔管内附加接触线偏移线路中心的偏移值不符合标准	调整使得两附加接触线在两间隔管内附加接触线偏移线路中心的偏移值为300 mm，允许误差为30 mm
	线夹安装位置不符合标准	调整使得岔线两间隔管间距4 m，正线两间隔管间距8 m，两接触线终端线夹间距22 m
	线岔始触区有线夹（非吊弦线夹）	始触区除必须安装的交叉吊弦的线夹外，不得安装任何线夹，附加接触线交叉点接触线终端线夹须在始触区外
	线岔紧固筋条（接触线附线）活动间隙不足	在线岔紧固筋条（接触线附线）内，侧线接触线距离线岔紧固筋条（接触线附线）1～3 mm的活动间隙，且侧线接触线应伸缩活动自如
	复合交分道岔的线岔两端高差不符合标准	复式交分道岔的线岔两端500 mm处，两接触线均为工作支，因此线岔两端500 mm处应调成水平，允许误差±20 mm

续表

设备名称	故障或设备缺陷内容	处理措施
电联结器（锚段关节电联结器/线岔电联结器/横向电联结器/线索交叉处的等电位线）	电联结线夹处接触线高度超标	减小或增大电联结线在承力索与接触线间的预留量
	电联结松股	用同材质电联结线进行适当绑扎固定
	电联结线伸缩圈松弛无力、变形	整理伸缩圈的形状使之符合标准
	电联结线有机械损伤断股、电弧烧伤断股	安装新的整组电联结
	电联结线夹与线索连接处有烧伤痕迹	更换电连接线夹
	电联结线夹扭斜	校正电联结线夹处接触线线面，使接触线电联结线夹在直线处处于铅垂状态，在曲线处与接触线的倾斜度一致
	电联结线预留量过紧/过松	移动位置或更换
	各部位螺栓紧固力矩不符合标准	按标准紧固
定位环/定位支座（含等电位线）	定位环/定位支座/定位支持器/套管绞环有裂纹或损伤短缺	立即更换补齐相应部件
	定位环未沿线路方向垂直安装	调整或重新安装定位环
	定位钩与定位环的铰接状态不良	调整定位环使其铰接良好
	定位拉线受力不当或有严重锈蚀	调整定位拉线使其受力适，对锈蚀部分进行除锈处理
斜拉线（含钩形线夹）（同防风支撑）	定位拉线受力不符合标准	调整定位管上斜拉线钩形线夹的位置，使斜拉线处于受力状态
	斜拉线/防风支撑（防风拉线）损坏或严重锈蚀	更换斜拉线/防风支撑
	斜拉线定位管端载流环烧伤断股或烧断	更换斜拉线
	斜拉线载流环绕主线	拆卸下载流环线鼻子，顺受力方向安装载流环线鼻子
	斜拉线下部载流环线鼻子折断	重新压接一个线鼻子
	斜拉线下钩载流环螺母生锈	更换载流环螺母
	斜拉线下部载流环从线鼻子中脱出	更换斜拉线
定位管	定位器的定位管管口封堵不良/管帽脱落	利用天窗点补齐
定位器	定位器偏移值不符合标准	将定位器调至标准位置，按标准力矩紧固
	定位器坡度不符合标准	松动定位环线夹螺栓，调整定位管高度及斜拉线钩形线夹的位置，保证定位器坡度符合技术标准
	限位定位器的限位间隙不符合标准	调整定位管高度或调整定位支座的位置，保证定位器的限位间隙符合技术标准
	定位器弯曲、损坏	更换定位器
	定位器未处于受拉状态	调整定位支座或定位环的位置，使定位器受力
	各部螺栓有脱扣、锈蚀或缺垫片	更换补齐螺栓或垫片
	各部螺栓受力不达标	按标准力矩进行紧固
	转换支柱处定位器卡滞	调整定位器排除卡滞
	非工作支与工作支定位器、定位管、斜拉线之间间隙不符合标准	调整使间隙不小于 50 mm
	软横跨定位器（工作支）动态抬升后距离软横跨下部固定绳的距离不符合标准	调整使距离不小于 50 mm
	转换支柱处两定位器卡滞	调整使其自由转动

续表

设备名称	故障或设备缺陷内容	处理措施
定位线夹	定位线夹有裂纹或损坏	更换定位器或定位线夹（一般该种情况定位器、定位线夹均会出现损坏）
	定位线夹受力面装反	拆卸下定位线夹，旋转定位线夹的受力面后紧固定位线夹螺栓
	定位线夹未垂直于受电弓平面	调整定位线夹使其垂直于受电弓平面
	定位线夹倾斜	调整定位器坡度或接触线扭面
	定位线夹处导线有偏磨、硬点现象	更换定位线夹
防风拉线	高路堤、高架桥等“风口”地段，没有防风措施	高路堤（一般指高出自然地面5 m）、高架桥等“风口”地段，应装有防风措施（如在腕臂与定位管之间加设定位管防风拉线等）
棒式绝缘子/悬式绝缘子	绝缘子表面脏污	瓷质绝缘子用去中性清洁剂擦洗至无明显痕迹，再用清洁干燥的袜布擦拭绝缘部分；硅橡胶绝缘子一般只需用干抹布扫去表面灰尘即可，如确需清洗时，用清水或中性清洗液擦洗，然后用清洁干抹布擦拭干净
	瓷釉破裂或复合绝缘子裙边受损以及表面龟裂老化	当瓷釉脱落或复合绝缘子裙边损坏超过300 mm^2及表面龟裂老化严重时，对该绝缘子进行更换
	绝缘子与铁件连接处出现松动	更换该绝缘子
	绝缘子出现环状或贯通性放电痕迹	更换该绝缘子
	弹簧销出现锈蚀导致弹性不足	更换该弹簧销
	棒式绝缘子本体弯曲度超过1%	更换该绝缘子
	棒式绝缘子滴水孔方向安装错误	拆除该绝缘子，排除其内部积水，然后按照正确方式重新安装
	各部螺栓力矩不达标	按照标准紧固各部螺栓
水平腕臂/斜腕臂管（本体）	腕臂上的部件与腕臂不在同一垂直面内	将与腕臂不在同一垂直面内零部件螺栓稍松动，调整至同一垂直面内
	平腕臂棒式绝缘子顶丝（凸头压板）未顶进	松开套管单耳，用管钳转动平腕臂使平腕臂尾部顶丝孔对准顶丝（凸头压板）
	03腕臂管有弯曲变形	更换腕臂管
	腕臂管有锈蚀	对锈蚀部分用砂纸打磨除锈后涂防锈漆
	腕臂端口封堵不良/腕臂管帽脱落	更换腕臂管帽
	腕臂支撑有锈蚀	对腕臂支撑锈蚀部位用砂纸打磨除锈后涂防腐漆、银粉漆
	套管双耳缺螺母、开口销	补装腕臂支撑双耳终端线夹缺少的开口销、螺母
	腕臂顺线路的偏移值不符合规定	按照腕臂偏移温度曲线调整腕臂偏移值，移动腕臂到规定偏移值处
	螺栓未按标准力矩紧固	按标准力矩进行紧固，螺纹外漏部分涂防腐油
底座（腕臂底座/拉杆底座/压管底座（含支持装置联结件）/辅助支撑管（接触悬挂降低结构高度区段）/承力索座（含组合型）/腕臂支撑（斜支撑））	底座装设不水平、扭转	调整底座水平和扭转状态
	腕臂底座故障	更换腕臂底座
	拉杆底座故障	更换拉杆底座
	压管底座（含支持装置联结件）故障	更换压管底座（含支持装置联结件）
	辅助支撑管（接触悬挂降低结构高度区段）故障	更换辅助支撑管（接触悬挂降低结构高度区段）
	承力索座（含组合型）故障	更换承力索座（含组合型）
	腕臂支撑（斜支撑）故障	更换腕臂支撑（斜支撑）

续表

设备名称	故障或设备缺陷内容	处理措施
张力补偿装置	补偿器本体安装与下锚方向不在同一直线上	调节下锚角度调整器，使补偿器出线与渐开线轮轮槽基本平行
	弹簧补偿安装各零部件螺栓不紧固或缺失	按照规定力矩紧固/补齐
	弹簧补偿安装各零部件未按规定涂油	涂油
	制动卡块卡滞	调整制动卡块的螺栓及其位置
	渐开线轮卡滞	该情况一般情况下不会发生，如有该种情况，清除卡滞物
补偿绳	补偿绳存在散股、断股	更换补偿绳
	补偿绳存在偏磨现象	调整使弹簧补偿器本体与下锚方向在同一直线
	渐开线轮余量小，不能满足随温度升高而变化的需求	重新做补偿绳的回头（即改变补偿绳的长度，补偿绳一般预留该处余量）或重新裁断线索，重新做该处的终端
	测量补偿绳伸缩长度 a 值不符合安装曲线图	按照温度曲线对应长度进行调整
支柱本体	中间柱倾斜率超标	停电后支柱卸载，松动基础螺栓的螺母并同时安装正杆器或手板葫芦，松动基础螺栓的螺母，调整支柱底板下的调节螺母，慢慢进行正杆，正不动时可继续松动基础螺栓螺母继续调整支柱底板下的调节螺母，直至将杆整正符合标准后紧固基础螺栓的螺母，撤除整杆器或手板葫芦
	锚柱顺线路倾斜超标	支柱向拉线反向侧倾斜；如向拉线方向倾斜过大，逆向操作
	钢柱倾斜超标	天窗点内进行，将支柱上负载卸载，松开基础螺栓的螺母，通过调整支柱底板下的调整螺母对支柱进行整正。符合标准后重新将各种负载加上
	金属支柱锈蚀	局部锈蚀砂纸打磨至露出金属本色、刷防锈漆、刷银粉漆；锈蚀超标时应整体除锈、刷漆
	钢柱上有鸟窝	用绝缘工具清除，安装驱鸟器
	金属支柱副角钢弯曲	弯曲较轻的垫上木头用大锤砸直，弯曲较重的用千斤顶校正
	主角钢弯曲不符合标准	更换钢支柱：支柱卸载，用轨道吊吊住支柱，卸下基础螺母，吊下支柱，换上新支柱，新支柱整正，将负载倒到新支柱上
支柱基础及基础防护	支柱基础积水	清除积水，并将水坑填至略高于周围或疏通排水设施
	基础破损	修补。如破损体积较大，应用木板制模，对基础进行修复
	基础坑塌陷	回填，并分层夯实
	边坡不符合标准	培土或砌护坡
支柱防护	支柱防护桩或基础破损	修复或更换
	防护桩破损	修复或更换
	防护基础破损	修复

续表

设备名称	故障或设备缺陷内容	处理措施
支柱拉线及拉线基础	拉线受力不符合标准	调整可调螺旋扣直至符合
	拉线有断股、锈蚀	程度较轻可采用除锈措施，锈蚀严重影响其机械强度则必须更换处理
	拉线绑线、可调螺旋扣锈蚀	除锈、涂黄油
	轨面标准线红线及字迹不清或位置与实际线路轨面误差过大	会同工务部门共同测量，重新标定
	附近有危树，距接触网负馈线距离近，大风天气情况下易造成负馈线出现接地跳闸故障	人工修枝，为长期供电设备安全考虑，最好的措施是采取截干处理
支柱接地极（轨面标准线）	红线及字迹不清	重新标画。一人按支柱上既有红线位置，在接触网支柱的线路侧水平放置好轨面红线模板，另一人用喷漆进行标识
	红线位置与实际线路轨面误差超过30 mm；标明侧面限界与实际误差大于30 mm；标明超高与实际超高误差大于3 mm	会同工务部门共同测量，重新标定
隔离开关（含隔离开关引线部分）	开关托架不水平	调整斜撑角钢与水平角钢连接处的位置，直至托架水平
	绝缘子状态不良	清扫或更换
	接地跳线与螺栓连接处松动	按标准紧固螺栓
	接地跳线锈蚀	用砂纸对其除锈，直至露出金属本色，然后涂防腐漆
	开关分闸角度不合适	调整交叉连杆的长度，直至分闸角度符合要求
	开关合闸角度不合适	将开关倒至合闸的位置，调交叉连杆，使刀片合闸呈直线
	开关触头状态不良	用扳手校正或调整触头弹簧压力
	操作机构转动时有卡滞或冲击现象	对转动部分注入润滑油
	手动操作机构分合闸与标识不一致	调整标识，重新安装
	传动杆与操作机构连接松动	按照标准紧固法兰盘连接螺栓
	传动杆安装不垂直	调整操作机构安装位置，直至其垂直
	开关引线驰度过小/过大	移动引线 & 承力索接触线的连接点与开关的位置
	引线距接地体的距离小于350 mm	将引线与承力索和接触线的连接点向远离开关方向移动
	引线与设备线夹连接螺栓松动	按标准力矩对螺栓进行紧固
	设备线夹有裂纹	更换设备线夹
	引线有烧伤、断股、散股	更换引线或绑扎
	绝缘、接地电阻不合格	更换绝缘子及添加降阻剂或增加接地极
	隔离开关拒动	排除隔离开关故障
避雷器（含火花间隙）	避雷器本体损坏/爆炸	更换避雷器
	绝缘子状态不良	清扫或更换
	接地跳线与螺栓连接处松动	按标准紧固螺栓

续表

设备名称	故障或设备缺陷内容	处理措施
避雷器（含火花间隙）	接地跳线锈蚀	用砂纸对其除锈，直至露出金属本色，然后涂防腐漆
	避雷器引线距接地部分距离较小	减小引线弛度，增大其距离
	避雷器引线连接螺栓松动	按标准力矩对螺栓进行紧固
	避雷器引线连接板有毛刺、裂纹	清除引线连接板上的毛刺，涂电力复合脂，重新安装
	避雷器引线有烧伤或断股	比照原有长度按电联结安装要求进行预制更换
	绝缘电阻测量结果小于 10 000 MΩ 或比上次测量结果显著下降	更换绝缘子
	接地电阻超标	添加降阻剂或增加接地极
保安装置及标志	标志牌（杆号牌、邻线有电标志牌、接触网终点标、高压危险牌）缺失	补换标志牌
	标志牌悬挂连接螺栓缺失，造成标志牌侵限	补充螺栓和标志牌

参考文献

[1] 何华武. 快速发展的中国高速铁路. 学术动态（成都），2006（4）：1-16.

[2] 孙翔. 世界各国的高速铁路. 成都：西南交通大学出版社，1992.

[3] 朱飞雄.《高速铁路设计规范（电力牵引供电部分）》的主要技术创新. 铁道经济研究，2010（3）.

[4] 刘永红. 300～350 km/h 高速铁路牵引供电系统集成主要技术方案的探讨. 铁路标准设计，2009（1）：91-91.

[5] 谭秀炳，刘向阳. 交流电气化铁道牵引供电系统. 成都：西南交通大学出版社，2002.

[6] 铁道部. TB10020-2009. 高速铁路设计规范（试行）. 北京：铁道第三勘察设计院集团有限公司等，2009.

[7] EN 50126—1999. Railway application - specification of railway reliability，availability，maint - enance and safety (RAMS). Paris：European Committee for Electrotechnical Standardization，1999.

[8] IEC 62278—2002. Railway applications：specification and demonstration of reliability，availability，maintainability and safety (RAMS). Geneva，Switzerland，2002.

[9] Patrick D. T. O' Connor，David Newton，Richard Bromley. Practical Reliability Engineering. Fourth Edition. John Wiley & Sons Inc，2002.

[10] 郭永基. 可靠性工程原理. 北京：清华大学出版社，2002.

[11] 周正伐. 可靠性工程基础. 2 版. 北京：中国宇航出版社，2009.

[12] Robert Shishko，Robort G. Chamberlain，Robert Aster，Beth Bain，Guy Beutelschies，et al. NASA Systems Engineering Handbook (SP-610S). U. S. National Aeronautics and Space Administration，1995：56，108，111-118.

[13] Failure Modes，Effects and Criticality Analysis (FMECA). ECSS-Q-30-02A. European Space Agency，1991.

[14] Kara-Zaitri C，Keller A Z，Baroby I. An improved FMEA methodology. IEEE Proceeding Annual Reliability and Maintenance Symposium，1991：248-252.

[15] Price C J，Taylor N S. FMEA for multiple failures. IEEE Proceeding Annual Reliability and Maintenance Symposium，1998：43-47.

[16] Rhee S J，Kosuke I. Using cost based FMEA to enhance reliability and serviceability. Advanced Engineering Informatics，2003，17 (3-4)：179-188.

[17] Lee W S，Grosh D L，Tillman F A，Lie C H. Fault tree analysis，methods，and applications - a review. IEEE Transactions on Reliability，1985，34 (3)：194-203.

[18] Fussell J B，Hen ley E J，J. Lynn (Eds.). Fault tree analysis：concepts and techniques. Generic Techniques in Reliability Assessment. Nordoff，Leyden，

Holland，1976.

[19] Chakravarthy S. Reliability analysis of a parallel system with exponential life times and phase type repairs. OR Specktrum，1983：(5) 25-32.

[20] 杨林，郑刚，马恒太. 基于随机网络编码的无线广播重传方案及性能分析. 信号处理，2010，26 (1)：110-114.

[21] Pérez-Ocón R，Ruiz Castro J E. Two models for a repairable two-system with phase type sojourn time distributions. Reliability Engineering and System Safety，2004，84 (3)：253-260.

[22] Pérez-Ocón R，Montoro-Cazorla D. Transient analysis of a repairable system，using phase-type distribution and geometric processes. IEEE Transactions on Reliability，2004，53 (2)：185-192.

[23] Neuts M F，Pérez-Ocón R，Torres-Castro I. Repairable models with operating and repair times governed by phase type distributions. Advances in Applied Probability，2000，32 (2)：468-479.

[24] 李瑞德，马永红，王一蓉. EPON 接入保护架构及其性价比分析. 光通信技术，2010 (3)：40-43.

[25] 周平，牟洪刚，刘勇，张乐. 机电引信串联和并联模型可靠性评估方法. 探测与控制学报，2009，31 (6)：51-54.

[26] 何昱，历军，聂华. 曙光作业管理系统的可用性评价. 系统仿真学报，2007，19 (A01)：227-232.

[27] 刘哲锋. 航天产品可靠性框图自动评估系统实现与研究. 装备指挥技术学院学报，2009，20 (6)：65-67.

[28] 高会生，赵建立，王宁，等. SDH 自愈环网有效性模型的研究. 华北电力大学学报，2009，36 (1)：91-94.

[29] Barlow R E. Using influence diagrams. In：Clarotti CA，Lindley DV，editors. Accelerated Life Testing and Expert' s Opinions in Reliability，1988：145-157.

[30] Martz H，Waller R. Bayesian reliability analysis. New York. John Wiley&Sons，1991.

[31] Vaurio J K. Uncertainties and quantification of common cause failure rates and probabilities for system analyses. Reliability Engineering and System Safety，2005，90 (2-3)：186-195.

[32] Ferdous J，Borhan Uddin M，Pandey M. Reliability estimation with Weibull inter failure times. Reliability Engineering and System Safety，1995，50 (3)：285-296.

[33] Grabski F，Sarhan A. Empirical Bayes estimation in the case of exponential reliability. Reliability Engineering and System Safety，1996，53 (2)：105-113.

[34] Vaurio J K，Jankala K E. Evaluation and comparison of estimation methods for failure rates and probabilities. Reliability Engineering and System Safety，2006，91 (2)：209-221.

[35] McCulloch W S，Pitts W. A logical calculus of the ideas immanent in nervous activity. Bulletin of Mathematical Biology，1943，5 (4)：115-133.

[36] 钟波，赵渊，周家启. 基于粗神经网络的电力系统可靠性评估方法. 重庆大学学报，

2005，28（7）：38-42.

[37] 国防科工委军用标准化中心. GJB1379-92. 装备预防性维修大纲的制定要求与方法. 北京：中国人民解放军总后勤部，1992.

[38] 张建华，侯志刚. "RCM" 理论应用的若干情况与分析. 维修理论，2000.

[39] 马海峰. RCM 研究与某歼击机维修大纲的编制. 飞机设计，1995.

[40] 大岛荣次. 在装置工业中应用 RCM. 设备工程师，1990.

[41] 刘岑，黄汪平，杜洪奎. 以可靠性为中心的维护（RCM）技术在石化企业中的应用. 通用机械，2005.

[42] A. K. S. Jardine. Optimizing condition based maintenance decisions. Annual Reliability and Maintainability Symposium. Seattle，USA. 2002：90-97.

[43] Andrew K. S. Jardine，Albert H. C. Tsang. Maintenance，Replacement，and Reliability：Theory and Applications. Boca Raton，FL，U. S.. CRC Press，2006.

[44] Cox D R. Regression models and life tables. Royal Statistical Society. Meeting organized by the Research Section. Marth 8th，1972.

[45] Zuashkiani A，Banjevic D，Jardine A K S. Estimating parameters of proportional hazards model based on expert knowledge and statistical analysis. Journal of the Operational Research Society，2009，60（12）：1621-1636.

[46] 李文沅. 电力系统风险评估：模型・方法和应用. 周家启，卢继平，等译. 北京：科学出版社，2006.

[47] Saaty T L. The Analytic Hierarchy Process. New York. McGraw-Hill，1980.

[48] 汪培庄. 模糊集合论及其应用. 上海：上海科学技术出版社，1983.

[49] 董锡明. 轨道列车可靠性、可用性、维修性和安全性（RAMS）. 北京：铁道出版社，2009.

[50] S. Sagareli. Traction Power Systems Reliability Concepts. Proceeding of the 2004 ASME/IEEE Joint Rail Conference. April 6-8 2004. Baltimore. Maryland. USA. Vol. 1：35-39.

[51] Billinton R. Reliability Evaluation of Power System. New York. Plenum Press，1984.

[52] 郭永基. 电力系统可靠性分析. 北京：清华大学出版社，2003.

[53] 郭永基. 加强电力系统可靠性的研究和应用：北美东部大停电的思考. 电力系统自动化，2003. 27（19）：1-5.

[54] 赵儆，康重庆，夏清等. 电力市场中可靠性问题的研究现状与发展前景. 电力系统自动化. 2004，28（5）：6-10.

[55] 赖业宁，薛禹胜，高翔，等. 发电容量充裕度的风险模型与分析. 电力系统自动化，2006，30（17）：1-6.

[56] 王锡凡. 电网可靠性评估的随机网流模型. 电力系统自动化，2006，30（12）：1-6.

[57] 万官泉，任震，汪穗峰，等. 基于系统伪故障指标截断的电力系统可靠性算法. 电力系统自动化，2004，28（23）：56-60.

[58] 霍利民，朱永利，范高锋，等. 一种基于贝叶斯网络的电力系统可靠性评估新方法. 电力系统自动化，2003，27（5）：36-40.

[59] 彭卉，张焰，温兴文，等. 输电网供电可靠性的实用化定量评估软件包. 电力系统自

动化. 2004, 28 (21): 81-84.

[60] 赵渊, 周家启, 周念成, 等. 大电力系统可靠性评估的解析计算模型. 中国电机工程学报. 2006, 26 (5): 19-25.

[61] 赵渊, 周念成, 谢开贵, 等. 大电力系统可靠性评估的灵敏度分析. 电网技术, 2005, 29 (24): 25-30.

[62] 赵渊, 周家启, 刘洋. 发输电组合系统可靠性评估中的最优负荷削减模型分析. 电网技术, 2004, 28 (10): 34-37.

[63] Melo A., Pereira M. Sensitivity analysis of reliability indices with respect to equipment failure and repair rates. IEEE Transactions on Power Systems, 1995, 10 (2): 1014-1019.

[64] 张卫东, 贺威俊. 电力牵引接触网系统可靠性模型研究. 铁道学报, 1993, 15 (1): 31-38.

[65] 万毅, 邓斌, 李慧杰, 等. 基于 FTA 的接触网系统可靠性研究. 铁道工程学报, 2005, 90 (6): 56-59.

[66] 陈绍宽. 铁路牵引供电系统维修计划优化模型与算法 [D]. 北京: 北京交通大学, 2006: 18-32.

[67] 冯永青, 吴文传, 张伯明, 等. 基于可信性理论的电力系统运行风险评估—(二) 理论基础. 电力系统自动化, 2006, 30 (2): 11-21.

[68] Allan R N, Billinton R, Breipohl A M, et al. Bibliography on the application of probability methods in power system reliability evaluation (1992-1996). IEEE Transactions on Power Systems, 1999, 14 (1): 51-57.

[69] Bansal R C. Bibliograpgy on the fuzzy set theory applications in power systems (1994-2001). IEEE Transactions on Power Systems, 2003, 18 (4): 1291-1299.

[70] 张焰. 电网规划中的模糊可靠性评估方法. 中国电机工程学报, 2000, 20 (11): 77-80.

[71] 王峻峰, 周家启, 谢开贵. 中压配电网可靠性的模糊评估. 重庆大学学报: 自然科学版. 2006, 29 (2): 46-49.

[72] 雷秀仁, 任震, 黄雯莹. 处理配电系统可靠性评估不确定性的未确知数学方法. 电力系统自动化, 2005, 29 (17): 28-33.

[73] 刘宝碇, 彭锦. 不确定性理论教程. 北京: 清华大学出版社, 2005.

[74] 冯永青, 吴文传, 张伯明, 等. 基于可信性理论的电力系统运行风险评估—(一) 运行风险的提出与发展. 电力系统自动化, 2006, 30 (1): 17-23.

[75] 冯永青, 吴文传, 张伯明, 等. 基于可信性理论的电力系统运行风险评估—(三) 应用与工程实践. 电力系统自动化, 2006, 30 (3): 11-16.

[76] 谢将剑, 吴俊勇, 吴燕. 基于遗传算法的牵引供电系统可靠性建模. 铁道学报, 2009, 31 (4): 47-51.

[77] Kim H, Hayashi Y, Nara K. An algorithm for thermal unit maintenance scheduling through combined use of GA. SA and TS. IEEE Transactions on Power Systems, 1997, 12 (1): 329-335.

[78] Chattopadhyay D. A practical maintenance scheduling program: mathematical model

and case study. IEEE Transactions on Power Systems，1998，13（4）：1475-1480.

[79] Higgins A. Scheduling of railway track maintenance activities and crews. Journal of the Operational Research Society，1998，49（10）：1026-1033.

[80] El-Amin I，Duffuaa S，Abbas M. A Tabu search algorithm for maintenance scheduling of generating units. Electric Power Systems Research，2000，54（2）：91-99.

[81] Lapa C M F，Pereira C M N A，Barros M P. A model for preventive maintenance planning by genetic algorithms based in cost and reliability. Reliability Engineering and System Safety，2006，91（2）：233-240.

[82] Tsai Y T，Wang K S，Tsai L C. A study of availability-centered preventive maintenance for multi-component systems. Reliability Engineering and System Safety，2004，84（3）：261-270.

[83] Sriram C，Haghani A. An optimization model for aircraft maintenance scheduling and re-assignment. Transportation Research Part A：Policy and Practice，2003，37（1）：29-48.

[84] Budai G，Huisman D，Dekker R. Scheduling preventive railway maintenance activities. IEEE International Conference on Systems，Man and Cybernetics. Netherlands. IEEE. Vol. 5. Oct 11-18 2004：4171-4176.

[85] Lapa C M F，Pereira C M N A，Mol A C A. Maximization of a nuclear system availability through maintenance scheduling optimization using a genetic algorithm. Nuclear Engineering and Design，2000，196（2）：219-231.

[86] 于毅，刘红，阮继华. 基于层次分析法优化船舶维修计划. 江苏船舶，2001，18（4）：14-16.

[87] 易迈群. 维修计划的优化设计. 中南林学院学报，2003，23（2）：106-110.

[88] 厉红，钱省三. 集束型半导体制造设备的预防维修计划优化. 半导体技术，2005，30（11）：39-42.

[89] 周宇，许玉德. 基于遗传算法的轨道状态最优综合维修计划模型改进. 华东交通大学学报，2005，22（1）：15-20.

[90] 徐林生，王执铨. 多属性群决策和多目标规划的维修备件筛选方法. 火力与指挥控制，2008，33（7）：93-95.

[91] 边晶梅，朱浮声，陈耕野，等. 基于小生境Pareto遗传算法的混凝土桥面板维修优化. 东北大学学报，2008，29（1）：125-129.

[92] Ho T K，Chi Y L，Ferreira L，Leung K K，Siu L K. Evaluation of maintenance schedules on railway traction power systems. Proceedings of the Institution of Mechanical Engineers. Part F：Journal of. Rail and Rapid Transit，2006，220（2）：91-102.

[93] 商奇志. 电气化铁路接触网设备维修策略研究. 清华大学，2008：55-56.

[94] 陈为化，江全元，曹一家. 基于风险理论和模糊推理的电压脆弱性评估. 中国电机工程学报，2005，25（24）：20-25.

[95] 周韩，刘东，吴子美，等. 电力系统安全预警评估指标及其应用. 电力系统自动化，

2007，31（20）：45－48.

[96] Ming Ni，James D. McCalley，Vijay Vittal，Tayyib Tayyib. Online risk－based security assessment. IEEE Transactions on Power Systems，2003，18（1）：258－265.

[97] 王英，谈定中，王小英，等. 基于风险的暂态稳定性安全评估方法在电力系统中的应用. 电网技术，2003，27（12）：37－41.

[98] Wenyuan Li，Jiaqi Zhou，Kaigui Xie，Xiaofu Xiong. Power system risk assessment using a hybrid method of fuzzy set Monte Carlo simulation. IEEE Transactions on Power Systems，2008，2（23）：336－343.

[99] 丁明，戴仁昶，洪梅，等. 影响输电网可靠性的气候条件模拟. 电力系统自动化，1997，21（1）：18－20.

[100] 何剑，程林，孙元章，等. 条件相依的输变电设备短期可靠性模型. 中国电机工程学报，2009，21（7）：39－46.

[101] Elin Broström，Jesper Ahlberg，Lennart Söder. Modelling of ice storms and their impact applied to a part of the Swedish transmission network. Proceedings of IEEE Lausanne Powertech. Lausanne，Switzerland. July 2－5 2007：1593－1598.

[102] 王少华，蒋兴良，孙才新. 覆冰导线舞动特征及其引起的导线动态张力. 电工技术学报，2010，25（1）：159－166.

[103] 白天玉. 接触网风载故障的探讨. 铁道机车车辆，2002（1）：49－52.

[104] 隋延民. 接触线风偏计算需要注意的几个问题. 电气化铁道，2003（3）：25－27.

[105] 班瑞平. 接触网线索舞动现象的研究. 铁道机车车辆. 2004，24（1）：65－66.

[106] 汤文斌，刘和云，李会杰，等. 模拟大气环境下电气化铁路接触网覆冰实验研究. 华东电力，2009，37（2）：250－252.

[107] 中铁电气化局集团有限公司，中铁电气化勘测设计研究院. TB10009－2005 J424－2005. 铁路电力牵引供电设计规范. 北京：中国铁道出版社，2005.

[108] Melo A.，Pereira M. Sensitivity analysis of reliability indices with respect to equipment failure and repair rates. IEEE Transactions on Power Systems，1995，10（2）：1014－1019.

[109] Billinton R，Allan R. Reliability evaluation of engineering systems：concepts and techniques. New York. Plenum Press，1994.

[110] Fotuhi－Firuzabad M，Billinton R，Munian T S，et al. A novel approach to determine minimal tie－sets of complex network. IEEE Transactions on Reliability，2004，53（1）：61－70.

[111] 贺国芳. 可靠性数据的收集与分析. 北京：国防工业出版社，1995.

[112] Abemethy R B. 威布尔分析手册. 北京：北京航空航天大学出版社，1992.

[113] http://www. weibull. com/hotwire/issue16/relbasics16. htm. Comparison of MLE and Rank Reg－ression Analysis When the Data Set Contains Suspensions.

[114] Robert B. Abernethy. The New Weibull Handbook. 4th edn. Florida. Dr. Robert B. Abernethy，2006.

[115] 刘品. 可靠性工程基础. 北京：中国计量出版社，1995.

[116] 具光花，周艳魏，姜今锡．完全样本下威布尔分布平均寿命的评估．延边大学学报：自然科学版，2008，34（4）：246－249.

[117] 谢将剑，吴俊勇，吴燕．牵引供电系统可靠性建模方法．交通运输工程学报，2008，8（5）：23－26，32.

[118] 彭霈．MIS 软件寿命服从 Weibull 分布的可靠性分析．学会会刊，2002（8）：53－54.

[119] 崔逊学．多目标进化算法及其应用．北京：国防工业出版社，2006.

[120] 李敏强，寇纪淞，林丹．遗传算法的基本理论与应用．北京：科学出版社，2002.

[121] 周明，孙树栋．遗传算法原理与应用．北京：国防工业出版社，1999.

[122] DEB K. Multiobjective Optimization Using Evolutionary Algorithms. Chichester，U. K. Wiley Press，2001.

[123] 王建宇，周春光，郭东伟，等．基于 Rank 的进化算法解决多目标 TSP 问题．计算机工程与科学，2008（2）：75－77.

[124] 樊纪山，刘冠蓉，王鲁，等．一种改进快速稳定的多目标优化算法．计算机应用研究，2007，24（4）：52－53，76.

[125] 井祥鹤，魏冬峰，周献中．运输方式选择多目标优化问题的混合遗传算法．计算机工程与应用，2008，44（6）：210－212，224.

[126] 徐大明，康龙云，曹秉刚．风光互补独立供电系统的优化设计．太阳能学报，2006，27（9）：919－922.

[127] J. Knowles，D. Corne. The Pareto archived evolution strategy：A new baseline algorithm for multiobjective optimization. Proceedings of the 1999 Congress on Evolutionary Computation. Piscataway，New Jersey. IEEE Press，1999：98－105.

[128] E. Zitzler. Evolutionary algorithms for multiobjective optimization：Methods and applications［Dissertation］. Zurich，Switzerland. Swiss Federal Institute of Technology，1999.

[129] N. Srinivas and K. Deb. Multiobjective function optimization using nondominated sorting genetic algorithms. IEEE Transactions on Evolutionary Computation，1995，2（3）：221－248.

[130] K. Deb，A. Pratap，S. Agarwal，T. Meyarivan. A fast and elitist multiobjective genetic algorithm：NSGA－Ⅱ. IEEE Transactions on Evolutionary Computation，2002，6（2）：182－197.

[131] 王志良，邱林，付强．混沌优化算法在非线性约束规划问题中的应用．华北水利水电学院学报，2002，23（2）：1－3，7.

[132] 张成，李影，邢伟．基于适应度分组的进化策略．系统仿真学报，2007，19（21）：5081－5083.

[133] 刘勇，张晓红．遗传算法的多目标优化资源选择算法．火力与指挥控制，2008，33（2）：89－92.

[134] 林韩等．电网防灾减灾应急管理系统建设与应用．北京：国防工业出版社，2009.

[135] Elin Broström，Jesper Ahlberg，Lennart Söder. Modelling of ice storms and their impact applied to a part of the Swedish transmission network. 2007 IEEE Lausanne POW-

ERTECH, Proceedings. Lausanne, Switzerland. July 2 - 5 2007: 1593 - 1598.

[136] Tech. Lic, Elin Broström, Lennart Söder. Ice Storm Impact on Power System Reliability. Proceeding of the 12th International Workshop on Atmospheric Icing on Structures IWAIS 2007. Yokohama, Japan. October 2007.

[137] Billiton R, Li Wenyuan. Direct Incorporation of Load Variations in Monte Carlo Simulation of Composite System Adequacy. Inter - RAMQ Conference for the Electric Power Industry, Philadelphia, PA. August 25 - 28 1992.

[138] 于万聚. 高速电气化铁路接触网. 成都：西南交通大学出版社，2003：13 - 19 .

[139] 刘靖. 牵引网雷击跳闸研究. 北京交通大学硕士学位论文，2009.

[140] 孙建军，成颖. 量分析方法. 江苏：南京大学出版社，2005.

[141] 薛艳红，刘方中. 接触网运行与检修. 北京：中国铁道出版社，2009.

[142] 王金榜，蒋之良等. 电气化铁路供电设施的抢修. 北京：铁道部电气化工程局.

[143] 张万里. 接触网事故抢修. 北京：中国铁道出版社，1994.

[144] R. Billinton, S. Kumar, N. Chowdhury, K. Chu, K. Debnath, L. Goel, et al. A reliability test system for educational purposes - basic data. IEEE Transactions on Power Systems, 1989, 4 (3): 1238 - 1244.

[145] R. Billinton, S. Kumar, N. Chowdhury, K. Chu, L. Goel, E. Khan, et al. A reliability test system for educational purposes - basic results. IEEE Transactions on Power Systems, 1990, 5 (1): 319 - 325.

[146] N. Chowdhury, R. Billinton. A reliability test system for educational purposes - spinning reserve studies in isolated and interconnected systems. IEEE Transactions on Power Systems, 1991, 6 (4): 1578 - 1583.

[147] 吉鹏霄. 接触网. 北京：化学工业出版社，2001.